EUL VERLAG

EINZELSCHRIFTEN

Christina Weiß
Personalentwicklung von Projektleitern – Methoden zur Erweiterung von Kompetenzprofilen
Siegburg 2018 • 268 S. • € 62,- (D) • ISBN 978-3-8441-0555-1

Dirk Lauscher
Einfluss gesundheitswirtschaftlicher Regulierung auf das Krankenhauscontrolling – Eine internationale Vergleichsstudie
Siegburg 2018 • 344 S. • € 70,- (D) • ISBN 978-3-8441-0560-5

Simon Becker
Die steuerliche Abziehbarkeit von Geldstrafen und Geldbußen
Siegburg 2018 • 264 S. • € 62,- (D) • ISBN 978-3-8441-0566-7

Daniela Baumhauer
Transfer von Erfahrungswissen im Arbeitsprozess der Produktionsplanung in der Automobilindustrie
Siegburg 2018 • 192 S. • € 56,- (D) • ISBN 978-3-8441-0568-1

Thomas Bernhardt
German Foreign Economic Policy in the Tension Field of East and West – The Case of the Nord Stream 2 Gas Pipeline
Siegburg 2019 • 100 S. • € 46,- (D) • ISBN 978-3-8441-0575-9

Anne Kathrin Bischoff
Stakeholder Support and Collaboration in Entrepreneurial Ecosystems – An Analysis of the Roles of Sustainability, Education and Culture
Siegburg 2019 • 176 S. • € 54,- (D) • ISBN 978-3-8441-0577-3

Marc-Julian Thomas
Einflussfaktoren von Online-Rezensionen – Eine empirische Analyse zu Online-Bewertungsportalen
Siegburg 2019 • 496 S. • € 86,- (D) • ISBN 978-3-8441-0579-7

Maximilian Regenfelder
Closed Loop Business Models – Ein Geschäftsmodellkonzept für die ressourceneffiziente Produktherstellung
Siegburg 2019 • 244 S. • € 60,- (D) • ISBN 978-3-8441-0584-1

JOSEF EUL VERLAG

Closed Loop Business Models
-
Ein Geschäftsmodellkonzept für die ressourceneffiziente Produktherstellung

Graduate School of Excellence advanced Manufacturing Engineering
Unviersität Stuttgart
zur Erlangung der Würde eines Doktors der Wirtschafts- und Sozialwissenschaften
(Dr. rer. pol.)
genehmigte Abhandlung

vorgelegt von

Maximilian Regenfelder
aus Heilbronn

Hauptberichter:	**Prof. Dr. rer. pol. Erich Zahn**
Mitberichter:	**Prof. Dr. rer. pol. Dipl.-Ing. Meike Tilebein**
Mitberichter:	**Prof. Dr. Alexander Gerybadze**

Tag der mündlichen Prüfung: 23. Oktober 2018

Graduate School of Excellence advanced Manufacturing Engineering
Universität Stuttgart
2019

Maximilian Regenfelder

Closed Loop Business Models

Ein Geschäftsmodellkonzept für die ressourceneffiziente Produktherstellung

EUL VERLAG

Bibliografische Information der Deutschen Nationalbibliothek

Die Deutsche Nationalbibliothek verzeichnet diese Publikation in der Deutschen Nationalbibliografie; detaillierte bibliografische Daten sind im Internet über <http://dnb.d-nb.de> abrufbar.

Dissertation, Universität Stuttgart, 2019

D 93

ISBN 978-3-8441-0584-1
1. Auflage Mai 2019

JOSEF EUL VERLAG GmbH
Zeithstr. 356
53721 Siegburg
Tel.: 0 22 05 / 90 10 6-80
Fax: 0 22 05 / 90 10 6-88
https://www.eul-verlag.de
info@eul-verlag.de

Bei der Herstellung unserer Bücher möchten wir die Umwelt schonen. Dieses Buch ist daher auf säurefreiem, 100% chlorfrei gebleichtem, alterungsbeständigem Papier nach DIN 6738 gedruckt.

Vorwort

Diese Dissertation entstand im Rahmen meiner Tätigkeit an der Graduate School of Excellence advanced Manufacturing Engineering der Universität Stuttgart und wurde praktisch validiert in europäischen Forschungs- und Innovationsprojekten.

Die Arbeit hat zum Ziel, aus der Forschungsrichtung der Industriellen Ökologie unternehmerische Handlungsempfehlungen abzuleiten und diese über einen Geschäftsmodellansatz in die Praxis zu überführen. Der Gedanke dahinter ist: Nachhaltige Entwicklung muss immer ein transformativer Prozess sein – dies ergänzt sich spiegelbildlich mit der Dynamik von Geschäftsmodellinnovationen.

Ich danke an erster Stelle meinem Doktorvater Prof. Dr. rer. pol. Erich Zahn für seinen Einsatz und große Unterstützung, ohne welche die Arbeit in dieser Form nicht möglich gewesen wäre. Ich wusste die mir gegebenen Freiheiten, welche die Kombination aus praktischer und wissenschaftlicher Arbeit ermöglicht haben, sehr zu schätzen. Ich danke Prof. Dr. rer. pol. Dipl.-Ing. Meike Tilebein für die kurzfristige Übernahme der Mitberichterstattung. Ebenso danke ich meinem Mitberichter Herrn Prof. Dr. Alexander Gerybadze von der Universität Hohenheim, bei dem ich bereits während meines Studiums erstmals Erfahrung mit qualitativer, empirischer Innovationsforschung sammeln konnte und somit die Grundlage für die Vorgehensweise in dieser Arbeit gelegt wurde

Ich danke Prof. Dr. André Reichel für seine Begeisterung für Nachhaltigkeitsthemen. Die Arbeit begann als Teil seines Forschungsclusters ‚Nachhaltigkeit in der Produktion'. Wesentlicher Teil meiner Arbeit ist der Kontakt zur Unternehmensrealität. Die 20 Interviewpartner in den Fallstudien haben mir ihr Fachwissen zugänglich gemacht und somit entscheidend zum Abgleich mit der Praxis beigetragen. Ich danke hier stellvertretend für die Automobilrecyclingfallstudie Dr. Stefan Dully und für die Fallstudie zur Wiederverwendung von IT-Produkten Stefan Ebelt.

Ohne die Unterstützung meiner Familie und Freunde wäre die Promotion nicht möglich gewesen. Danke!

Abstatt, im April 2019 Max Regenfelder

Inhaltsverzeichnis

Abbildungsverzeichnis

Tabellenverzeichnis

Abkürzungsverzeichnis

BSI:	British Standards Institution
CEN:	European Committee for Standardisation
CENELEC:	European Committee for Electro-technical Standardisation
CLI:	Closed-Loop-Innovation
CL-GM:	Closed-Loop-Geschäftsmodell
CL-GMK:	Closed-Loop-Geschäftsmodellkonzept
CSR:	Corporate-Social-Responsibility
EC:	Europäische Kommission
EU:	Europäische Union
EoL:	End-of-Life, Lebenszyklusende
DIN:	Deutsches Institut für Normung
IT:	Informationstechnische
IKT:	Informations- und kommunikationstechnisch(e)
IPAT:	Impact, Population, Affluence, Technology
ISO:	International Organization for Standardization
LANUV:	Landesamt für Natur, Umwelt und Verbraucherschutz Nordrhein-Westfalen
LCA:	Life Cycle Analysis; Lebenszyklusanalyse
MIPS:	Materialintensität pro Serviceeinheit
OECD:	Organisation für wirtschaftliche Zusammenarbeit und Entwicklung
OEM:	Original Equipment Manufacturer, hier auch Automobilhersteller
PET:	Polyethylenterephthalat
REACH:	Registration, Evaluation, Authorisation and Restriction of Chemicals

RoHS:	Restriction of Hazardous Substances
UG:	Untersuchungsgegenstand
USGS:	United States Geological Survey
UNEP:	United Nations Environmental Programme
VDA:	Verband der Automobilindustrie
VDI:	Verein Deutscher Ingenieure
WCED:	World Commission on Environment and Development
WEEE:	Waste End-of-Life Electr(on)ic Appliances, Elektroschrott
WWF:	World Wildlife Fund

Kurzzusammenfassung

Diese Arbeit trägt eine Geschäftsmodellperspektive zur Industriellen Ökologie bei. Die Kernforderung dieser Forschungsrichtung ist es, die industrielle Produktion besser in die umgebende Ökosphäre einzubetten, u. a. durch die Kreislaufführung von Produkten, Komponenten und Materialien. Ein solches Vorgehen transformiert die Wertschöpfungsstruktur und steigert die zu beherrschende Komplexität in den Geschäftsmodellen von Unternehmen. Ziel dieser Arbeit ist es, mit einem Managementinstrument die Umsetzung von Closed-Loop-Geschäftsmodellen zu unterstützen sowie Wettbewerbsvorteile im turbulenten Marktumfeld durch eine effektive Rekonfiguration von Geschäftsmodellen zu ermöglichen.

In der Arbeit wird das Nachhaltigkeitsverständnis der Industriellen Ökologie herausgearbeitet und ein geeigneter Bewertungsmaßstab für ökologisch vorteilhaftes und ökonomisch tragbares Wirtschaften entwickelt. Für die ressourceneffiziente Produktherstellung stehen – abhängig von den Produkteigenschaften – Recycling- oder Re-Use-Strategien zur Wahl. Eine Re-Use-Strategie bedeutet, dass ein Produkt durch die Verwendung einzelner bereits gebrauchter Komponenten oder eines gebrauchten Produkts hergestellt wird. Ziel von Re-Use-Strategien ist es, die Produktfunktionalitäten wiederherzustellen oder zu erhalten sowie gebrauchte oder aus dem Betrieb ausgeschiedene Produkte oder Komponenten einer erneuten Verwendung zuzuführen. Bei einer Recyclingstrategie wird ein Produkt aus Material hergestellt, das bereits einmal zur Herstellung eines Produkts verwendet wurde.

Die Komplexitätstreiber dieser Strategien in Produktentwicklung, Produktion, Beschaffung und Vermarktung werden integriert betrachtet. Ein Geschäftsmodellkonzept wird entwickelt, um Closed-Loop-Geschäftsmodelle zu managen und die Komplexität handhaben zu können. Das entwickelte Close-Loop-Geschäftsmodellkonzept wird in zwei qualitativen, empirischen Fallstudien illustriert. Auf diese Weise werden die Theorieentwicklung mit der Unternehmenspraxis verknüpft und die entsprechenden generischen Konfigurationen des Geschäftsmodellkonzepts für Recycling und Re-Use fallübergreifend analysiert. Als für die Unternehmenspraxis relevantes Ergebnis der Arbeit wurde eine Beratungsmethodik entwickelt, um basierend auf dem entwickelten Geschäftsmodellkonzept neue Closed-Loop-Geschäftsmodelle zu designen.

Abstract

This thesis contributes a business and managerial perspective to the field of industrial ecology, a field which subsumes concepts of re-integrating industrial production processes into material flows of the ecosphere. In practice, implementation of re-integration requires the re-use and recycling of products, components and materials at companies' level, including a more resource-efficient manufacturing of products and savings in scarce natural raw materials. It is an approach that transforms the structure of value creation, while it also implies that companies need to cope with more complexity in their business models. The new contribution of the thesis is especially to develop a novel management tool that supports implementation of closed-loop business models and in doing so, enables competitive advantages, anticipating turbulent markets and effectively re-configurating the given business models of a firm.

Conceptually, the thesis develops an understanding of 'sustainability' rooted in industrial ecology and develops an indicator for ecologically beneficial and economically viable processes. Two strategies of choice for achieving resource efficient production process were identified, a choice which depends on product characteristics: First, recycling and second, re-use strategies. Recycling strategies are those where a product is manufactured from materials that have at least already once been introduced to the production process. Re-use strategies are those that pursue restoring product functionality and that repurpose used or end-of-life products and components for another use phase.

Drivers of complexity which these strategies face are located across business functions, may it be product development, production, procurement or marketing. This thesis demonstrates how the complexity can only effectively assessed by an integrated perspective. A business models concept is developed as opposed to just a business model blueprint. The novel closed-loop business models concept shall be illustrated by two qualitative case studies; theory development thereby is linked to corporate practice and, generic configurations of such concept are analysed.

Finally, the thesis facilitates transfer of the findings into corporate practice by introducing a business consultancy methodology for the design of new closed-loop business models that is conceptually grounded upon the techniques which the thesis generated.

1. Einleitung

1.1. Problemstellung und Motivation

Die globalen Verbräuche von natürlichen Ressourcen haben zur Folge, dass einzelne Rohstoffe zunehmend knapper werden und die dauerhafte Tragfähigkeit der aktuellen Wirtschaftsweise fraglich erscheint. Für Volkswirtschaften und Unternehmen stellt dies ein Risiko dar. So hat die Europäische Union beispielsweise im Jahr 2010 begonnen, einzelne Rohstoffe als ‚kritisch' oder ‚strategisch' zu deklarieren, da diese für eine Reihe von Industrien und Produkten von entscheidender Bedeutung sind.[1]

Für Deutschland ist diese Problemstellung aufgrund des starken industriellen Sektors hochgradig relevant: Im Jahr 2015 waren rund 7,3 Millionen Beschäftigte in der Industrie und im verarbeitenden Gewerbe tätig. Bei einem Umsatz von ca. 2.052 Milliarden Euro betrugen die Aufwendungen für Materialien rund 1.157 Milliarden Euro. Der industrielle Sektor trägt somit maßgeblich zum Verbrauch natürlicher Ressourcen bei.[2] Eine sichere Rohstoffversorgung der Industrie ist Vorbedingung für dauerhafte wirtschaftliche Prosperität.

Verarbeitende Unternehmen sehen sich mit der Begrenztheit von natürlichen Rohstoffen konfrontiert. Als Träger wirtschaftlicher Prozesse, die Auswirkungen auf die Umwelt und die Gesellschaft haben, müssen sie zunehmend Nachhaltigkeitskriterien genügen. Diese Arbeit legt den Fokus ausschließlich auf die ökologische und ökonomische Dimension der Nachhaltigkeit und geht der Frage nach: Wie können Unternehmen ressourceneffizienter wirtschaften? Als Betrachtungsgegenstand wurden die von Unternehmen hergestellten materiellen Produkte gewählt, weil in deren Herstellung in großem Maße natürliche Ressourcen fließen, zu erheblichen Teilen gebunden werden und schließlich als Abfall nicht mehr weiter nutzbar sind oder zum Recycling zur Verfügung stehen.

Die Teildisziplin Industrielle Ökologie der Nachhaltigkeitsforschung sieht das menschliche Wirtschaften und somit auch die industrielle Sphäre als ein in eine übergeordnete Ökosphäre eingebettetes Subsystem, das sich den Naturgesetzen nicht entziehen kann.[3] Als Lösung für den hohen industriellen Rohstoffbedarf werden unter dem Begriff Konsistenzstrategien Arten von Materialnutzung diskutiert, die in hohem Umfang aufrechterhalten

---

1 Vgl. EC (2014a); Faulstich et al. (2010), S. 2–7; Meadows et al. (1972); WWF (2016), S. 13.
2 Vgl. Destatis (2017).
3 Vgl. Zahn (1973), S. 76 f.

werden können. Ein Ansatz ist die Kreislaufführung von Stoffströmen (Produkten, Komponenten und Materialien).[4]

Die vorliegende Arbeit betrachtet die Beschränktheit natürlicher Ressourcen als Anforderung an Unternehmen, die als Ausgangspunkt für innovative Lösungen dienen kann. Auf der praktischen Ebene bedeutet dies, dass Produkte aus Recyclingmaterialien hergestellt werden oder Produkte als Ganzes bzw. in ihren Komponenten wieder- oder weiterverwendet werden. Die Remanufacturing-Industrie wurde beispielsweise bereits als ‚versteckter Gigant' beschrieben.[5] Für komplexe Produkte, die hohen technischen Spezifikationen gerecht werden müssen, reich an Funktionalitäten sind oder aus mehreren Komponenten bestehen, umfasst das Remanufacturing eine Reihe von Anforderungen. Zudem wird beim Re-Use und Recycling die Wertschöpfungskette verlängert: Rückführ- und Sammelsysteme werden notwendig und weitere Lebenszyklen des Materials, der Komponenten oder des Produkts müssen bereits früh im Lebenszyklus des ursprünglichen Produkts Berücksichtigung finden. Das alles erhöht die Komplexität im Vergleich zu einem Business-as-Usual (Durchflussproduktion: vom Rohstoff über das Neuprodukt bis zum Abfall). An diesem Punkt kann Innovation ansetzen. Sie ist aber nicht rein technologisch, sondern eher organisational und geschäftsbezogen. Gegenstand der Innovation wird somit das Geschäftsmodell.[6]

Die kardinale Problemstellung in der vorliegenden Arbeit wird in der praktischen Umsetzung von Closed-Loop-Geschäftsmodellen (CL-GM), also von Geschäftsmodellen, die Produkte mit Re-Use- und Recyclingansätzen herstellen, gesehen. Wie können Unternehmen durch ein integriertes Managementinstrument die gesteigerte Komplexität dieser Geschäftsmodelle beherrschen? Wie können sie in der Umsetzung und Entwicklung neuer Geschäftsmodelle praktisch unterstützt werden? Geschäftsmodellkonzepte sind ein geeignetes Instrument zur Problemlösung. Sie bilden ausgehend von der Wertschöpfung Unternehmen und ihr Interaktionsumfeld strukturorientiert ab. Geschäftsmodelle dienen zugleich als taktische Vermittlungsebene zwischen der übergeordneten Unternehmensstrategie und deren operativer Implementierung in den Geschäftsprozessen.[7]

---

4 Vgl. Bauer (2008), S. 276; Huber (2000), S. 109–126.
5 Vgl. Lund (1996).
6 Vgl. Slowak und Regenfelder (2017), S. 456.
7 Vgl. Wirtz (2011), S. 26–28; Zahn (2001), S. 16 f.

1.2. Zielstellung und Forschungsfragen mit Begründung

Das wissenschaftliche Erkenntnisinteresse dieser Arbeit ist zweigeteilt und bezieht sich sowohl auf die Theorie als auch auf die Praxis. Der erste Teil der Arbeit (Kapitel 2, 3 und 4) ist theoretisch-konzeptionell angelegt, während der zweite, empirische Teil darauf aufbaut und auf praktische Umsetzung ausgerichtet ist. Auf wissenschaftlich fundierter Grundlage werden Praktikern Managementinstrumente zur Verfügung gestellt (Kapitel 4, 5 und 6) und die praktische Relevanz des Closed-Loop-Geschäftsmodellkonzepts (CL-GMK) wird in einem ‚Proof of Concept' aufgezeigt und empirisch begründet.

Im ersten Teil der Arbeit werden aus der volkswirtschaftlichen Problemstellung Ressourcenknappheit Recycling- und Re-Use[8]-Strategien auf der Produktebene als Lösungsansatz abgeleitet und es wird eine übergeordnete Maßgröße für Nachhaltigkeit im Sinne der industriellen Ökologie definiert. Ziel ist es, Unternehmen, die nachhaltigere Produkte herstellen müssen, Prinzipien und Wege zur Realisierung aufzuzeigen.

Die Arbeit konzentriert sich auf Recycling- und Re-Use-Strategien für Produkte. Diese Strategien bedingen Besonderheiten in der Produktentwicklung, in der Produktion, bei der Sammlung/Rückführung und bei der Wiedervermarktung. Bislang werden diese Besonderheiten zum überwiegenden Teil isoliert in ihren jeweiligen Fachbereichen betrachtet.[9] Dieser Umstand adressiert die erste Forschungslücke. Um Recycling- und Re-Use-Geschäftsmodelle erfolgreich umsetzen zu können, müssen diverse Einzelaspekte inklusive deren Wechselwirkungen als Ganzes beherrscht werden. Die daraus resultierende Komplexität wird begründet und auf der Geschäftsmodellebene problematisiert.

In der Geschäftsmodellforschung steht die Wertschöpfung aus Kundensicht im Mittelpunkt. Allerdings wird die interne Wertschöpfung in einzelnen (nicht in allen) Theorieströmungen der Geschäftsmodellforschung vernachlässigt. Die interne Koordination von Prozessen der Wertschöpfung ist in produzierenden Unternehmen eine komplexe Problemstellung. Andere Geschäftsmodellkonzepte berücksichtigen bislang die unternehmensinterne Konfiguration von Geschäftsmodellen nicht ausreichend, wenn ein Unternehmen einen Closed-Loop-Ansatz für seine Produkte verfolgt. Die grundlegenden Forschungslücken werden in den Kapiteln 2 und 3 herausgearbeitet. Abbildung 1 spezifiziert diese Forschungslücken und skizziert die daraus abgeleitete Zielsetzung dieser Arbeit.

---

[8] Definiert als Wieder-/Weiterverwendung und Remanufacturing; Definition im Detail in Kapitel 2.2.1.

[9] Beispielsweise in Logistik, Marketing, Produktion oder Produktentwicklung; ausführlicher hierzu Kapitel 2.2.

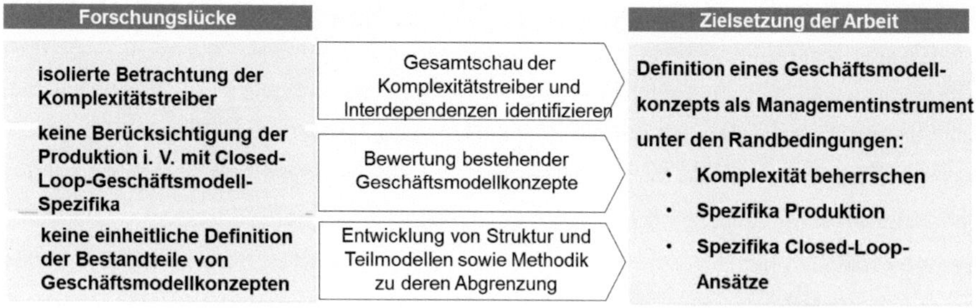

Abbildung 1: Forschungslücken und Zielsetzung der Arbeit

Ausgehend von theoretischen Vorarbeiten, wird das CL-GMK als integriertes Managementinstrument für CL-GM konstruiert. Um im zweiten Teil der Arbeit die praktische Relevanz und Passgenauigkeit für real vorliegende Geschäftsmodelle aufzuzeigen, werden je ein Recycling- und ein Re-Use-Geschäftsmodell durch zwei qualitative Fallstudien illustriert. Abbildung 2 zeigt die Forschungsfragen der Fallstudien. Die dezidierte Beantwortung erfolgt in den Hauptkapiteln 5 und 6.

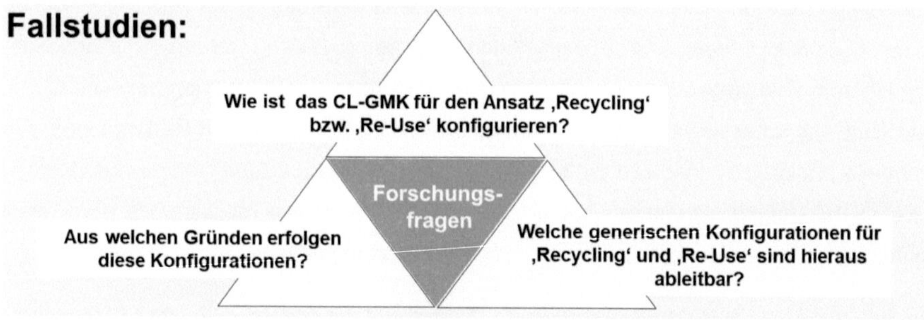

Abbildung 2: Forschungsfragen der Fallstudien

Die Forschungsfrage nach den zweckmäßigen Konfigurationen für ein hochwertiges Recycling bzw. Re-Use überprüft anhand der Fallstudien, inwieweit das entwickelte CL-GMK (Bestandteile und Struktur) geeignet ist, die in der Realität vorliegenden CL-GM abzubilden.

Der letzte Schritt der empirischen Analyse der Fallstudien betrifft die Forschungsfrage nach der Ableitbarkeit generischer Konfigurationen für hochwertiges Recycling und Re-Use. Die Ergebnisse der Fallstudien werden im Kontext weiterer wissenschaftlicher Erkenntnisse und Fallbeispiele kritisch hinterfragt. Das erhöht die Validität der Analyse und fließt ein in eine Methodik zum Design innovativer CL-GM in der Unternehmenspraxis auf Basis des CL-GMK.

Insgesamt wird mit dieser Arbeit die Zielsetzung verfolgt, Strategien der Kreislaufwirtschaft produktbezogen auf die Geschäftsmodellebene zu heben und so mit einem integrierten Managementinstrument die Umsetzung von CL-GM zu befördern. Dieses Managementkonzept soll dazu dienen, die Komplexität der CL-GM besser zu beherrschen und Wettbewerbsvorteile im turbulenten Marktumfeld durch eine effektive Rekonfiguration von Geschäftsmodellen zu ermöglichen.

Auf der konzeptionellen Seite steht die theoretische Fundierung eines Managementwerkzeugs auf der Grundlage der Industriellen Ökologie im Fokus. Aus der Industriellen Ökologie gewonnene Erkenntnisse dienen der kritischen Reflexion praktischer Lösungskonzepte und deren Optimierung. Insbesondere in der Nachhaltigkeitsforschung, die zum Verständnis und zur Bewältigung existenzieller globaler Problemstellungen beitragen muss, sollte diese Verknüpfung Prämisse und Handlungsauftrag zugleich sein.

1.3. Aufbau und Vorgehensweise

Das zweigeteilte Erkenntnisinteresse dieser Arbeit spiegelt sich im Aufbau wider.

Kapitel 2 ist deduktiv strukturiert: Zunächst werden die Grundlagen der Thematik nachhaltigen Wirtschaftens diskutiert (Kapitel 2.1). Ausgehend vom Erreichen der ‚Grenzen des Wachstums‘,[10] resultiert ein Handlungsdruck für Unternehmen, der sich nicht nur durch ein diffuses gesellschaftliches Verlangen nach mehr ‚Nachhaltigkeit‘ ergibt, sondern substantiellere Veränderungen an wirtschaftlichen Organisationsmustern und Geschäftsmodellen erforderlich macht.

Nach Reflexion des allgemeinen Verständnisses von Nachhaltigkeit wird das dieser Arbeit zugrunde liegende Nachhaltigkeitsverständnis definiert. Angesichts anhaltender ökologischer Destruktionen werden dem wirtschaftlichen Handeln zunehmend Grenzen gesetzt. Nachhaltigkeit im Verständnis dieser Arbeit wird auf die Vereinbarkeit von Ökologie und Ökonomie eingegrenzt. Betrachtungsgegenstand ist das industrielle Produkt und seine ressourceneffiziente Herstellung durch mit der Kreislaufwirtschaft harmonierende Strategien. Anschließend wird die Begrenztheit natürlicher Ressourcen an spezifischen Beispielen verdeutlicht. Zu diesem Zweck werden Metalle gewählt, die für hochtechnologische Pro-

10 Vgl. Meadows et al. (1972).

dukte und in ebensolchen Prozessen benötigt werden. Diese Metalle weisen geringe End-of-Life- (EoL-)Recyclingraten auf, ihre Versorgungslage wird von der Europäischen Union als kritisch eingestuft.

In Kapitel 2.1 werden die Industrielle Ökologie als spezifische Teildisziplin des nachhaltigen Wirtschaftens und ein normativer Bezugsrahmen basierend auf deren Kernprinzipien vorgeschlagen. Die Kernprinzipien beruhen auf der systemtheoretisch begründeten Einbettung des industriellen Systems in die Ökosphäre.[11] Die Natur ist Partner und Vorbild des wirtschaftlichen Handelns. Das industrielle Teilsystem kann sich den Naturgesetzen nicht verschließen. Zur praktischen Umsetzung der Industriellen Ökologie werden Kreislaufwirtschaftsansätze diskutiert und ein auf dem Entropiegesetz basierendes Konzept, die ‚Zyklusspanne', weiterentwickelt.[12] Sie bietet vor dem Hintergrund der Industriellen Ökologie einen Maßstab zur Bewertung, ob und inwieweit ein Produkt mit einem Re-Use- oder Recyclingansatz vorteilhaft hergestellt werden kann. Die Zyklusspanne findet auch in Kapitel 4 im Rahmen des CL-GMK Anwendung als zentraler Bewertungsmaßstab für die Strategiewahl in CL-GM.

Kapitel 2.2 geht im Detail auf Recycling- und Re-Use-Ansätze ein. Nach ihrer Definition werden technische und organisationale Vorbedingungen diskutiert. Aus den Vorbedingungen wird eine generelle Zunahme der Komplexität abgeleitet, die verschiedene Teilbereiche der unternehmerischen Tätigkeit betrifft und beherrscht werden muss.

Kapitel 2.3 beleuchtet das Problem der Rohstoffknappheit und bietet Lösungsoptionen durch die Kreislaufwirtschaft aus der Innovationsperspektive. Wachsende Knappheit auf der Umweltseite fördert die effizientere Rohstoffnutzung und entsprechende Innovationen durch Unternehmen. Dazu wird eine Logik der Closed-Loop-Innovation (CLI) vorgestellt, die die Kombination von technologischen, organisationalen und geschäftsbezogenen Innovationen beinhaltet. Recycling- und Re-Use-Aktivitäten werden damit zu integralen Bestandteilen einer nachhaltigen ‚Geschäftsmodellphilosophie'.

Kapitel 2 schlägt den Bogen von einem allgemeinen Nachhaltigkeitsverständnis und einem Wirtschaften über die ‚Grenzen des Wachstums' hinaus über das Konstrukt der Industrielle Ökologie hin zu Recycling- und Re-Use-Ansätzen auf Geschäftsmodellebene. Aus dem Allgemeinen wird auf diese Weise das Spezifische hergeleitet.

---

11 Vgl. Boulding (1966), S. 7 f.; Zahn und Schmid (1992), S. 42 f.
12 Vgl. Schmid (1996), S. 177–180.

In Kapitel 3 wird der theoretische Bezugsrahmen dieser Arbeit, die Geschäftsmodellforschung, diskutiert. Geschäftsmodellkonzepte strukturieren die Repräsentation realer Geschäftsmodelle, die in einer dynamischen Umwelt laufend adaptiert werden müssen. Sie sind als Werkzeug für eine agilere, bessere Rekonfigurierbarkeit von Geschäftsmodellen sowie zur Komplexitätsbeherrschung erforderlich.

Die Geschäftsmodellforschung beruht auf technologischen, organisationalen und strategischen Grundlagen. Zunächst wird das zentrale Motiv der Geschäftsmodellforschung – die Wertschöpfung – näher betrachtet, danach werden Geschäftsmodelle von der Unternehmensstrategie abgegrenzt. Geschäftsmodellkonzepte als Metamodell werden eingeführt. Ihre Struktur legt fest, wie und mit welchen Bestandteilen ein Geschäftsmodell zu beschreiben ist. Bestehende Geschäftsmodellkonzepte werden kritisch gewürdigt. Die Ausführungen verdeutlichen, dass es gegenwärtig noch kein einheitlich geteiltes Verständnis zum Konstrukt ‚Geschäftsmodell' in Wissenschaft und Praxis gibt. Kapitel 3 wird abgeschlossen mit einer Vorstellung und kritischen Würdigung bestehender Geschäftsmodellkonzepte. Es wird gezeigt, weswegen sie nur bedingt für CL-GM geeignet sind und die Forschungslücke somit begründet. Die Ausführungen reflektieren den Stand der Forschung zu Geschäftsmodellen und zu speziellen Geschäftsmodellen mit Nachhaltigkeitsbezug.

Kapitel 4 bildet das Kernstück der Arbeit. Hier wird, aufbauend auf den Spezifika von Closed-Loop-Ansätzen und unter Berücksichtigung der bestehenden Theorieströmungen in der Geschäftsmodellforschung, ein aus Teilmodellen aufgebautes Geschäftsmodellkonzept entworfen. Der Entwurf umfasst einen übergeordneten Rahmen, zwei Ebenen mit jeweils vier Teilmodellen, und dient der unternehmensinternen Umsetzung von Recycling- und Re-Use-Strategien (outside-in). Ausgehend von Produkteigenschaften, wird das Geschäftsmodellkonzept konfiguriert. Maßgabe ist eine möglichst ökologisch vorteilhafte Produktionsweise, die wirtschaftlich tragbar ist. Zur Beurteilung wird die weiterentwickelte Zyklusspanne herangezogen.

Mit Kapitel 5 beginnt der empirische Teil der Arbeit. Zwei qualitative Fallstudien illustrieren das CL-GMK und belegen, dass es die Realität abbilden kann. Die Datenerhebung erfolgte unter anderem mit teilstrukturierten Interviews, die softwareunterstützt ausgewertet wurden. Fallstudie A beschreibt die Ausprägung des CL-GMK für das Recycling von glasfaserverstärktem Kunststoff für ein sicherheitsrelevantes Bauteil in der Automobilindustrie (Kapitel 5.2). In Kapitel 5.3 wird die Fallstudie B mit dem ReUse-Computer-Netzwerk vorgestellt. Dessen Mitglieder setzen pro Jahr rund 300.000 gebrauchte informations- und kommunikationstechnische Produkte (IKT-Produkte) ab.[13]

Kapitel 6 ist induktiv angelegt und baut auf Kapitel 5 auf. Ausgehend von den Fallstudien, werden zwei generische Konfigurationen des Geschäftsmodellkonzepts abgeleitet und analytisch generalisiert. Dabei werden auch Erkenntnisse aus der Wissenschaft und Praxis zu anderen Produktbeispielen herangezogen. Die Analyse unterstreicht die Validität der erzielten Erkenntnisse. In Kapitel 6.2 wird auf dem CL-GMK aufbauend eine Methode zum Design innovativer CL-GM entworfen.

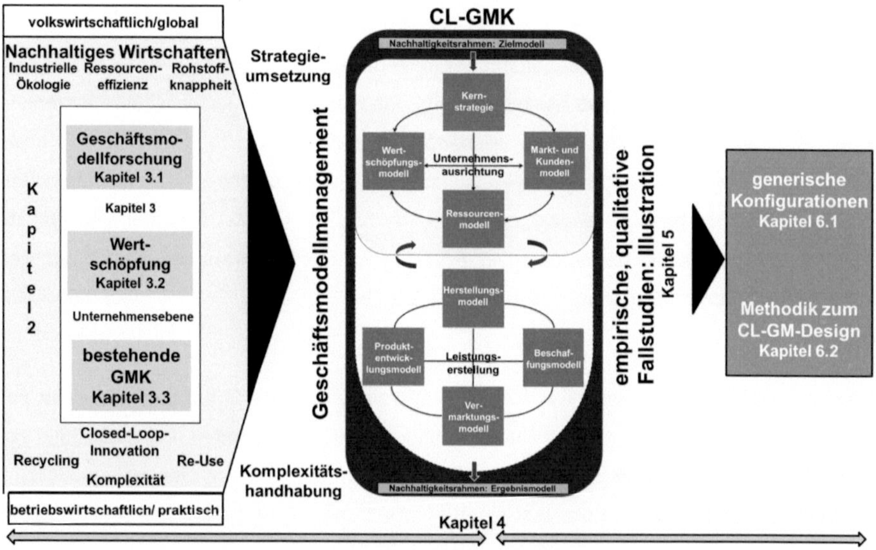

Abbildung 3: Gesamtaufbau und Forschungsdesign der Arbeit

Insgesamt ist die methodologische Vorgehensweise der vorliegenden Arbeit deduktiv-induktiv: Zunächst wird das CL-GMK aus verfügbarer Theorie abgeleitet und anschließend induktiv mittels der beiden Fallstudien weiter spezifiziert in Form der generischen Konfigurationen für Recycling und Re-Use. Dieser Forschungsansatz wechselt zwischen deduktiver und induktiver Forschungsweise und ist besonders in Bereichen wie der Geschäftsmo-

---

13 Beide Fallstudien wurden aus dem EU-geförderten FP7-Projekt ZeroWIN (Grant Agreement. No. 226752, Laufzeit Mai 2009 bis April 2014), heraus durchgeführt.

dellforschung, in denen verschiedene Definitionen und Konzepte existieren, die zusammen noch kein überzeugendes Bild ergeben, von Bedeutung.[14]

Abbildung 3 gibt einen Überblick über den Gesamtaufbau der Arbeit und das Forschungsdesign.

Die Arbeit schließt mit Kapitel 7 ab. Hier werden die Beiträge der Arbeit zu nachhaltigem Wirtschaften und zur Geschäftsmodellforschung aufgezeigt. Das CL-GMK wird im Horizon-2020-Forschungs- und Innovationsprojekt ‚sustainablySMART‘[15] der Europäischen Union an neun weiteren Fallstudien zu mobilen IKT-Produkten angewendet und die Praxispartner werden bei der Herausarbeitung wettbewerbsfähiger CL-GM unterstützt.

---

14 Vgl. hierzu das Business-Model-Research-Schema von Lambert, dessen Ziel es ist, eine generalisierbare Theorie von Geschäftsmodellen zu entwickeln. Dies geschieht nach diesem Modell in sechs Phasen, in denen ebenfalls auf eine deduktive empirische Phase eine Konzeptualisierung und wiederum eine induktive Phase folgt; der Ansatz dieser Arbeit unterscheidet sich aber im Aufbau und Zweck der induktiven Phase, vgl. Lambert (2006), S. 4–7.

15 Projektreferenz 680604; FoF-13-2015 – Re-use and remanufacturing technologies and equipment for sustainable product lifecycle management; Projektlaufzeit September 2015 bis Oktober 2019. Einen Überblick über das Projekt bietet Regenfelder et al. (2016a).

2. Nachhaltiges Wirtschaften und Ressourceneffizienz – Eine Herausforderung auf Unternehmensebene

2.1. Das Nachhaltigkeitsverständnis der Arbeit

Die Menschheit überfordert mit ihrer tradierten Wirtschafts- und Konsumweise und der damit einhergehenden Verwendung begrenzter und nicht regenerierbarer natürlicher Ressourcen die ökologische Tragfähigkeit der Erde. Im Jahr 2016 lag die Inanspruchnahme der Biokapazität der Erde um rund 60 % über deren angenommener Tragfähigkeit, Tendenz steigend. Dies bedeutet, dass beim aktuell gegebenen ökologischen Fußabdruck der Menschheit 1,6 Erden benötigt würden, um das gegenwärtige Niveau dauerhaft aufrechterhalten zu können. Die übermäßige Inanspruchnahme gefährdet in der Folge wirtschaftliche und soziale Errungenschaften.[16]

Seit den 1970er-Jahren werden die möglichen Folgen eines Wirtschaftens über die natürlichen Grenzen der Erde hinaus und die ‚Grenzen des Wachstums' kontrovers diskutiert. Eine die Grenzen missachtende Wirtschaftsweise wird als nicht dauerhaft, als nicht ‚nachhaltig' angesehen. Zeitverzögerte Rückkopplungen und Wirkschleifen verstärken Krisen in einzelnen natürlichen und gesellschaftlichen Teilsystemen. Dies kann zu erheblichen Zusammenbrüchen des ‚Systems Welt' oder wichtiger Teilsysteme führen. Der Club of Rome hat in diesem Zusammenhang vor gravierenden Verschlechterungen für Natur, Mensch und Wirtschaft gewarnt. Nur durch drastische Verringerungen des Verbrauchsniveaus natürlicher Ressourcen bzw. durch die Verringerung des Materialdurchflusses kann ein Kollaps vermieden werden.[17] Wenngleich nach der Veröffentlichung heftig kritisiert, bildet beispielsweise das Standardszenario des Simulationsmodells die Entwicklungen in späteren Jahrzehnten durchaus realistisch ab.[18] Ein Paradigmenwechsel vom End-of-Pipe-Umweltschutz über saubere Produktion hin zu einem Wirtschaften in Kreisläufen, vergleichbar mit ökologischen Kreisläufen, wurde als Entwicklungspfad angeraten.[19]

---

16 Vgl. WWF (2016), S. 13 f. Der ökologische Fußabdruck wird aggregiert aus der Inanspruchnahme diverser natürlicher erneuerbarer Ressourcen und der CO_2-Bilanz, die hier in Relation zur natürlichen Tragfähigkeit der Erde gesetzt werden. Der ökologische Fußabdruck ist ein Berechnungswerkzeug, um die Umweltauswirkungen der Menschheit, von Unternehmen und von Produkten zu messen, vgl. Global Footprint Network (2014), S. 5 f.; Wackernagel und Rees (1998), S. 9–13.

17 Vgl. Boulding (1966), S. 7 f.; Meadows et al. (1972); Meadows et al. (2004). Zahn und Dogan (1996), S. 48 f.; Zahn et al. (1996), S. 79; Eine genaue ‚Grenze' des Wachstums wurde offengelassen.

18 Vgl. Turner (2014).

19 Vgl. Meadows et al. (2004), S. 121; Zahn und Schmid (1992), S. 75 f.

Für Firmen als bedeutende wirtschaftliche Akteure, die die Umwelt in Anspruch nehmen, stellt sich vor diesem Hintergrund die nicht eindeutig definierte Vorgabe, ‚nachhaltig' zu handeln und ‚nachhaltige' Produkte herzustellen. Die Forderung nach Nachhaltigkeit wird von externen Anspruchsgruppen an Unternehmen erhoben (‚Werdet nachhaltiger!') oder durch unternehmensinterne Entscheidungen bewirkt (‚Wie werden wir ein nachhaltiges Unternehmen?'). Der Kern dieser Anforderungen liegt in der inhaltlichen Definition. Was bedeutet der Begriff Nachhaltigkeit im Unternehmenskontext?

Ökologie, Ökonomie und Gesellschaft sind im Nachhaltigkeitsdiskurs gemeinhin als deren drei Dimensionen akzeptiert. Zwischen ihnen ist ein langfristiger Ausgleich zu schaffen.[20] Die gebräuchlichste Definition von ‚nachhaltiger Entwicklung' stammt aus dem Brundtland-Report der Vereinten Nationen, der diese drei Dimensionen in ein Leitbild für künftige Entwicklungen integriert. Die weit gefasste Definition lautet:

> *„Sustainable Development is development that meets the needs of the present without compromising the ability of future generations to meet their own needs. It contains within it two key concepts: the concepts of "needs", in particular the essential needs of the world's poor, to which overriding priority should be given; and the idea of limitations imposed by the state of technology and social organization on the environment's ability to meet present and future needs."*[21]

Im Unternehmenskontext wird diese Definition in der ‚Tripple-Bottom-Line' aufgegriffen. Wenn lediglich die Ökonomie- und die Umweltbedingungen miteinander in Einklang stehen, spricht man von einer tragbaren Entwicklung. Ein gerechter Entwicklungspfad ist gegeben, wenn ökonomische und soziale Aspekte harmonieren. Unter einem lebenswerten Entwicklungspfad wird die Überschneidung von sozialen und ökologischen Aspekten verstanden. Abbildung 4 veranschaulicht den Zusammenhang der drei Teilsysteme zur nachhaltigen Entwicklung mit den Forderungen tragbar, lebenswert und gerecht.[22]

Aufbauend auf diesen Definitionen und diese zugleich erweiternd, haben die Vereinten Nationen im September 2015 die ‚Agenda 2030 für nachhaltige Entwicklung' beschlossen. Inhalt sind 17 Nachhaltigkeitsziele mit Unterzielen. Das Ziel ‚nachhaltige Konsum- und

---

20 Vgl. Bauer (2008), S. 49 f.; Majer (2003), S. 938.
21 WCED (1987), S. 43.
22 Vgl. Elkington (1997), S. 397.

Produktionsmuster sicherstellen‘ deckt unter anderem die Transformation hin zu einer Kreislaufwirtschaft ab.[23]

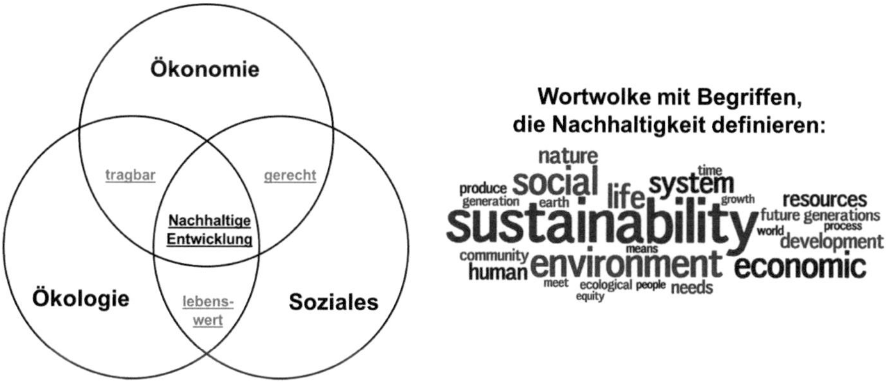

Abbildung 4: Visualisierung der drei Dimensionen von Nachhaltigkeit mit Begriffen, die häufig zur Definition von Nachhaltigkeit in der Wissenschaft genutzt werden[24]

Dyllick und Hockerts (2002) definieren Nachhaltigkeit auf der Unternehmensebene:

> „*Corporate sustainability can […] be defined as meeting the needs of a firm's direct and indirect stakeholders […], without compromising its ability to meet the needs of future stakeholders as well. Towards this goal, firms have to maintain and grow their economic, social and environmental capital base while actively contributing to sustainability in the political domain.*“[25]

Aus einer systemtheoretischen Perspektive definieren Gleich et al. (2006) einen nachhaltigen Entwicklungspfad:

> „*A sustainable path for the future is one that is able to reproduce its own requirements to exist and to at least prevent larger system collapses in the most important 'support systems' (i. e. ecological, social and economic subsystems) of future societies. In this way future generations will have open to them decision-making options, which are as varied and as wide ranging as possible, not least with regard to the use and/or substitution of (non-renewable) resources.*“[26]

---

23 Vgl. Folke et al. (2016), S. 3–6; Vereinte Nationen (2015), S. 24.

24 Eigene Darstellung, kombiniert mit White (2013), S. 217, Fig. 3.

25 Dyllick und Hockerts (2002), S. 131 f.

26 Gleich et al. (2006), S. 250; diese Definition vermeidet die Unbestimmtheit des Brundtland-Reports be-

Was den Definitionen von Nachhaltigkeit oder nachhaltiger Entwicklung gemeinsam ist, sind neben den drei Dimensionen nach Bauer (2008) vier konstitutive Elemente:[27]

- Verantwortung gegenüber künftigen Generationen, eine lebenswerte Welt zu hinterlassen (intergenerationale Gerechtigkeit),
- Verantwortung gegenüber allen aktuell existierenden Erdenbewohnern (intragenerationale Gerechtigkeit),
- globale Orientierung sowie
- menschliche Bedürfnisse als Ausgangspunkt (Anthropozentrismus).

Auf der Unternehmensebene zeigen sich diese Entwicklungen in Corporate-Social-Responsibility-Ansätzen. Unternehmen berücksichtigen in zunehmendem Maße die drei Dimensionen der Nachhaltigkeit, messen diese in Kennzahlen und streben nach Verbesserungen. Hierzu wurden auf Unternehmensebene Kriterien- und Indikatorenkataloge entwickelt. Sie dienen Unternehmen dazu, die eigene Nachhaltigkeit und diesbezügliche Fortschritte gegenüber externen Anspruchsgruppen nachzuweisen und zu kommunizieren. Unternehmensintern messen die Indikatoren Veränderungen und machen diese nachvollziehbar. Ein Beispiel hierfür ist der Kriterienkatalog der ‚Global Reporting Initiative'. Er stellte erstmalig einen Standard für Nachhaltigkeitsberichterstattung zur Verfügung.[28] Nachhaltigkeitsberichterstattung unter Berücksichtigung der Standards und Indikatoren der ‚Global Reporting Initiative' ist bei deutschen Großunternehmen weit verbreitet. Jährliche Nachhaltigkeitsberichte sind bei kapitalmarktorientieren Unternehmen mit mehr als 500 Mitarbeitern in Deutschland seit dem Jahr 2017 gesetzlich vorgeschrieben. Veröffentlichte Kennzahlen sind hier beispielsweise Primärenergieeinsatz, Bezug von Trinkwasser, CO_2-Emissionen, Arbeitsunfälle, Kundenzufriedenheit und viele mehr.[29]

Auch auf der Produktebene werden Nachhaltigkeitsindikatoren berichtet. Als positive Beispiele seien die Umweltzertifikate für einzelne Fahrzeugmodelle der Daimler AG (u. a. mit

---

züglich ‚Bedürfnissen' künftiger Generationen. Eine ähnlich ausgerichtete Definition einer nachhaltigen Gesellschaft wie von Gleich et al. (2006) findet sich bei Meadows et al. (2004), S. 254 f. Für eine Analyse von weiteren Definitionen siehe White (2013), S. 213–217.

27 Vgl. Bauer (2008), S. 49.

28 Vgl. Alonso-Almeida et al. (2014) S. 321 f.; Global Reporting Initiative (2015); Milne und Gray (2013), S. 16 f.

29 Vgl. Bundesministerium für Justiz und Verbraucherschutz (2017); als Beispiel für Nachhaltigkeitsberichterstattung BASF (2014); Daimler (2014); Infineon (2015), S. 297–300.

Anteil an Recyclingmaterial, CO_2-Bilanz, Abfallerzeugung) oder Apple (Aufschlüsselung der CO_2-Erzeugung auf verschiedene Produktlebenszyklusphasen) genannt.[30]

In der Praxis stehen Unternehmen eine Reihe von Instrumenten zur Verfügung, um im Nachhaltigkeitsumfeld ihre Leistungen zu bewerten:

- Lebenszyklusanalyse (LCA): Über den gesamten Produktlebenszyklus werden ökologische, soziale oder ökonomische Auswirkungen untersucht und bewertet. Kriterien sollten fallspezifisch ausgewählt werden.[31]
- Sustainability Balanced Scorecard: Das Konzept der Balanced Scorecard wird auf Nachhaltigkeitsaspekte übertragen und dient als Optimierungswerkzeug.[32]
- Ecological Allowance: Wertschöpfung und CO_2-Emissionen eines Produkts oder von Industrien werden in Relation zum 2-Grad-Erwärmungsziel der internationalen Klimapolitik gesetzt.[33]

Nachhaltigkeit ist also für Unternehmen relevant. Daher werden in Kapitel 2 im Einzelnen der aktuelle Stand der Nachhaltigkeitsforschung dargestellt, das Nachhaltigkeitsverständnis weiter konkretisiert und die Begrenztheit bzw. Knappheit von Rohstoffen verdeutlicht.

Anschließend werden die Grundprinzipien der Industriellen Ökologie vorgestellt und als deren praktische Umsetzung Re-Use- und Recyclingansätze für Produkte abgeleitet sowie die technisch-funktional-organisationalen Merkmale von Re-Use- und Recycling-Ansätzen herausgearbeitet. Die spezifischen Besonderheiten werden bisher nur innerhalb einzelner Fachrichtungen und damit isoliert betrachtet. Während die systemische Sicht des nachhaltigen Wirtschaftens nach der Metapher der ‚Raumschiffökonomie‘ die aus den Interaktionen zwischen Ökonosphäre und Ökosphäre resultierende dynamische Komplexität des Gesamtsystems fokussiert, impliziert die herkömmliche Ökonomie in der Metapher der Durchflussökonomie nur unidirektionale Wirkbeziehungen mit dem Ziel der Maximierung des Durchflusses.[34]

Im Gegensatz zum herkömmlichen Wirtschaften geht nachhaltiges Wirtschaften von grundsätzlicher Begrenztheit nicht regenerierbarer Ressourcen aus, sieht aber auch die

---

30 Vgl. Apple (2015); Daimler (2015).
31 Vgl. ISO (2006); ISO (2009).
32 Vgl. Figge et al. (2002), S. 276–281; Gminder et al. (2002); Kaplan und Norton (1992).
33 Vgl. Reichel und Seeberg (2011), S. 2–4.
34 Vgl. Boulding (1966), 3 f.; Boulding (1971), S. 359 f.; Zahn (1973), S. 76–78.

Chance, der Ressourcenknappheit durch Innovationen zur Verbesserung der Ressourceneffizienz zu begegnen.

Neben der Endlichkeit nicht erneuerbarer natürlicher Ressourcen sieht das in dieser Arbeit vertretene Nachhaltigkeitsverständnis auch ein Problem in der Überbeanspruchung erneuerbarer Ressourcen:[35] Bei den skizzierten drei Säulen nachhaltigen Wirtschaftens liegt der Fokus auf der ökologischen und der ökonomischen Säule – auf der Möglichkeit eines ‚tragfähigen', ‚gangbaren' Wegs. Die soziale Komponente nachhaltiger Entwicklung wird ausdrücklich nicht betrachtet. Wenngleich eine Priorisierung der Zieldimensionen der Nachhaltigkeit eine Frage der Perspektive ist, teilen wir mit Bauer (2008)

> *„die Einschätzung, dass die ökologische Krise mit der Bedrohung der Funktionsfähigkeit der natürlichen Systeme die Kernfrage der zukünftigen globalen Entwicklung bleiben wird, da diese die Grundlage allen menschlichen Handelns und des Fortbestandes von Leben auf dem Planeten Erde ist."*[36]

Diese Beschränkung auf zwei Dimensionen entspricht nach Dyllick und Hockerts (2002) auf Unternehmensebene der Verbindung von ökonomischer und ökologischer Nachhaltigkeit:[37]

- Ökonomische Nachhaltigkeit: Ein Unternehmen erwirtschaftet einen Cashflow, der die Liquidität sicherstellt, sowie (überdurchschnittliche) Renditen für seine Anteilseigner.
- Ökologische Nachhaltigkeit: Ein Unternehmen nutzt natürliche Ressourcen nur mit einer Rate, die unter deren natürlicher Reproduktionsrate liegt oder unter einer Rate, in der Substitute entwickelt werden können. Es verursacht keine Emissionen, welche die Senkenfunktion der Ökosphäre überfordern. Es degradiert keine natürlichen Ressourcen in einem Maße, das eine effektive Kreislaufwirtschaft nicht zulässt.[38]

Das Subsystem Ökonomie wird verstanden als Teil des übergeordneten Systems Ökologie. Ökonomische Grenzen werden relativ definiert, Preise unter anderem als Ergebnis eines sozialen Aushandlungsprozesses. Das Paradigma geschlossener Geld- und Güter-

---

35 Vgl. WWF (2016), S 13 f.

36 Bauer (2008), S. 52; siehe zur Dominanz ökologischer Aspekte Littig und Griessler (2005), S. 66.

37 Vgl. Dyllick und Hockerts (2002), S. 132 f.; auf einer Bandbreite zwischen Öko-Effektivität und Öko-Effizienz.

38 Siehe hierzu auch die Grundprinzipien ökologischer Nachhaltigkeit: Assimilationsregel, Regenerationsregel und Substitutionsregel nach von Hauff (2012), S. 37.

kreisläufe wird durch eine naturintegrierende Perspektive abgelöst. Der Vorrat an natürlichen Ressourcen, die genutzt – ‚verbraucht' – werden können, ist von vorneherein gegeben. Wirtschaftliche Prozesse, wie die Produktherstellung, greifen auf diese zu. Folglich bestehen Austauschbeziehungen zwischen der Ökosphäre und der Ökonosphäre.[39] Wenn eine natürliche Ressource, also ein Rohstoff, aus der Umwelt entnommen wird und in den industriellen Wirtschaftskreislauf bzw. Wirtschaftsdurchlauf geht, steht sie – zumindest in ihrer natürlichen Form – nachfolgenden Generationen nicht mehr zur Verfügung.[40] Ebenso sind natürliche Ressourcen nur bedingt durch Kapital substituierbar.[41]

Daly (1990) fasst dies wie folgt zusammen:

> *„Since the human economy is a subsystem of a finite global ecosystem which does not grow, even though it does develop, it is clear that growth of the economy cannot be sustainable over long periods of time."*[42]

Dieser Auffassung sind auch Meadows et al. (2004):

> *„Exponential [economic] growth never can go on very long in a finite space with finite resources."*[43]

Von der Ökosphäre entkoppelte Güter- und Wirtschaftskreisläufe waren geeignet, die Realität zu erklären, solange die industrielle Sphäre in ihrer Ausdehnung entfernt von den Grenzen der Ökosphäre lag. Stößt die industrielle Sphäre nun an die von der Ökosphäre gesetzten Grenzen, hat ihre weitere Ausdehnung zur Folge, dass natürliche Ressourcen degradiert werden. Sie leisten somit weniger Dienste (Nutzwert der Umwelt, Dienstleistungen der Umweltsysteme, Vorhandensein von Rohstoffen, Senkenfunktion für Emissionen und Abfall).[44] Abbildung 5 verdeutlicht diese Einbettung des ökonomischen Subsystems

---

39 Siehe grundlegend Daly (1977); Georgescu-Roegen (1971) und vgl. Schmid (1996), S. 142. Diese Aussage bezieht sich nicht auf die verfügbaren bekannten Ressourcen/Rohstoffreserven. Deren Menge ändert sich beispielsweise durch Erkundungen, Preisänderungen, neue Fördertechnologien etc. üblicherweise ständig. Auch die Senkenfunktion der Ökosphäre kann Grenzen setzen.

40 Recyclingkreisläufe innerhalb der industriellen Sphäre ändern hierbei am Grundsatz nichts: Weitere Nutzungsschleifen werden ermöglicht, zum Teil aber mit erheblichen systemischen Verlusten und Dissipationsverlusten. Gleichwohl wird die Entnahme von Primärrohstoffen aus der Ökosphäre verzögert.

41 Vgl. Dyllick und Hockerts (2002), S. 134 f.; im Gegensatz hierzu steht die neoklassische Auffassung von der Unbeschränktheit der Substitution von Kapital, Arbeit und Technologie (‚schwache Nachhaltigkeit'), vgl. Dasgupta und Heal (1974), S. 25 f.; Solow (1974), S. 2 f.; Stiglitz, (1974), S. 124–131. Der neoklassischen Sichtweise steht die Sichtweise der ökologischen Ökonomik diametral gegenüber, vgl. Brand und Kropp (2001), S. 7.

42 Daly (1990), S. 1.

43 Meadows et al. (2004), S. 24.

44 Vgl. Daly (2005), S. 103; Ebelt und Regenfelder (2015), S. 3–4.

(und wiederum der Industrie als produzierendes Sub-Subsystem) in das Gesamtsystem Ökosphäre.

In der Nachhaltigkeitsforschung werden zur Reduzierung des Verbrauchs von natürlichen Ressourcen drei verschiedene Arten von Strategien diskutiert. Sie werden abgeleitet aus der Impact-Population-Affluence-Technology-Formel (IPAT-Formel), die die globalen Umweltauswirkungen als Funktion aus Bevölkerung, Anspruchsniveau und Technologie beschreibt.[45]

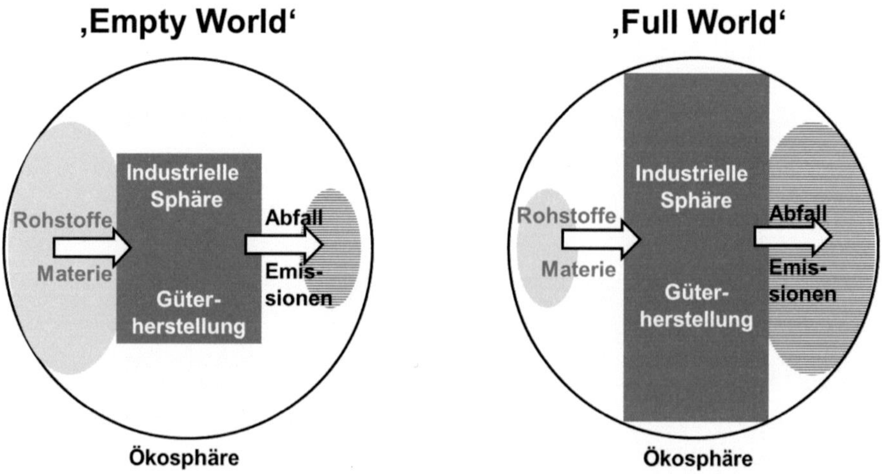

Abbildung 5: Einbettung des industriellen Subsystems in die Ökosphäre mit Darstellung ‚Full World'- versus ‚Empty-World'-Ökonomie[46]

- **Suffizienzstrategien:** Sie implizieren verringerte Umweltauswirkungen durch eine Absenkung des Anspruchsniveaus. Suffizienz bedeutet Verbrauchsbeschränkung. Sie würde allerdings eine breite sozio-kulturelle Akzeptanz in der Bevölkerung benötigen, die (aktuell und wohl auch mittelfristig) nicht gegeben ist. Deswegen wird dieser Strategie allgemein wenig Relevanz zugeschrieben.[47]
- Unter **Konsistenzstrategien** versteht man eine bessere Einbettung der industriellen Materialströme in die umgebende Ökosphäre. Dies zielt auf die Art und Weise

[45] Vgl. Chertow (2000), S. 15–17; Ehrlich und Holdren (1971), S. 1212–1214; Meadows et al. (2004), S. 126, Table 3-3. Huber (2000), S. 109–119 diskutiert diese Strategien vor dem Hintergrund der Industriellen Ökologie.

[46] Eigene Darstellung angelehnt an Daly (2005), S. 101–103 und Schmid (1996), S. 158, Abb. 28 und S. 161, Abb. 29.

[47] Vgl. Huber (2000), S. 121 f.; Jackson (2005), S. 20.

sowie die Qualität der Stoffströme ab. Vorrangiges Ziel ist nicht eine Veränderung des Umfangs, sondern eine Überführung der Materialströme in Kreisläufe. Konsistenzstrategien ermöglichen eine bessere Öko-Effektivität, indem Materialdurchfluss durch einen zyklischen Metabolismus zwischen Ökosphäre und industrieller Sphäre (Ökonosphäre) verringert wird. Angestrebt wird ein regeneratives System, das das herkömmliche, ineffektive System ersetzt.[48]

- **Effizienzstrategien** implizieren inkrementelle Verbesserungen bestehender Technologien, Produktions- und Konsummuster. Spezifische Input-Output-Koeffizienten werden nach einer in der Industrie bekannten Rationalisierungslogik gesenkt. Mit gleichbleibendem Rohstoffeinsatz werden beispielsweise mehr Produkte hergestellt. Effizienzstrategien sind in der Nachhaltigkeitsdiskussion nur von untergeordneter Bedeutung. Zwar senken sie im ersten Schritt den Materialeinsatz pro Produkt, was zu geringeren Herstellungskosten und Verkaufspreisen führt, aber in der Folge zu insgesamt höherem Materialverbrauch, Mehrkonsum und somit zu einer Steigerung der negativen Umweltauswirkungen (‚Rebound-Effekte‘).[49]

„Wenn ein System zerstörerisch ist, sollte man nicht den Versuch machen, es effizienter zu gestalten.“[50]

Der Begriff ‚Ressourceneffizienz‘ im Titel dieser Arbeit ist nur ein scheinbarer Widerspruch. Recycling- und Re-Use-Geschäftsmodelle, die im Fokus der Analyse stehen, tragen zur besseren Einbettung von Materialflüssen in die Ökosphäre bei. Sie verändern Geschäftsmodelle produzierender Unternehmen von Materialdurchflüssen hin zum Materialkreislauf. Sie sind somit öko-effektiv – auch im Sinne der Industriellen Ökologie. Ressourceneffizienz bezieht sich hier auf das System Produktherstellung – Produktnutzung – Produktrückführung – Produktherstellung/-aufbereitung. Mit gegebenen natürlichen Ressourcen werden mehr – im Sinne von mehrmals – Produkte hergestellt. Die Nutzungsphase wird in dieser Betrachtung nur sehr eingeschränkt berücksichtigt. Ein Unternehmen, das eine Recycling- oder Re-Use-Strategie in der Produktherstellung verfolgt, muss in ausreichendem Maße liquide Mittel und Rendite erwirtschaften.[51]

---

48 Vgl. Huber (2000), S. 112–114; Gehrlein (2000), S. 18.

49 Vgl. grundlegend Jevons (1865); Braungart und McDonough (2009), S. 33 f.; Hertwich (2005), S. 94 f.; Huber (2000), S. 114–116; Holm und Englund (2009), S. 883 f.; Sorrell et al. (2009), S. 1357.

50 Braungart und McDonough (2009), S. 33.

51 Analog zur Bedingung ökonomischer Nachhaltigkeit auf Unternehmensebene von Dyllick und Hockerts (2002), S. 132 f.

Die Analyse der Arbeit ist somit produktbezogen: Untersucht wird die Kreislaufführung von Produkten, Komponenten und den in Produkten enthaltenen Materialien.[52]

2.1.1. Begrenztheit und Knappheit nicht erneuerbarer natürlicher Ressourcen

In diesem Kapitel wird die aus theoretischen Überlegungen hergeleitete höhere Priorisierung der ökologischen Säule der Nachhaltigkeit an praktischen Beispielen konkretisiert. Während erneuerbare natürliche Ressourcen bis zu ihrer Regenerationsrate genutzt werden können, sollte die nachhaltige Nutzungsrate bei nicht-erneuerbaren Ressourcen nicht über der Entwicklungsrate von Substituten liegen.[53]

‚Knappheit' im ökonomischen Sinne wird durch die Begrenztheit natürlicher Ressourcen bestimmt. Bei abnehmendem Grenznutzen der Förderung und zunehmender Erschöpfung von Beständen nehmen die Extraktionskosten tendenziell überproportional zu. Ihr Verlauf hängt von bekannten Vorkommen und Beständen sowie Fördertechnologien ab. Des Weiteren spielt die (politische) Versorgungssicherheit eine Rolle. Wenn Vorkommen natürlicher Rohstoffe in wenigen, möglicherweise politisch instabilen Ländern konzentriert sind, ist der Zugang zu diesen Rohstoffen nicht gesichert.

Die Knappheit von Rohstoffen setzt sich zusammen aus physischer Verfügbarkeit (Bestand, Fördermenge und Nachfrage) und politischen Faktoren, wie Zugang und Konzentration. Preissteigerungen sind ebenfalls ein Indikator für Knappheit, allerdings sind sie nicht gänzlich auf eine Erschöpfung der natürlichen Vorkommen zurückzuführen.

Auf der Rohstoffangebotsseite manifestiert sich die im Unternehmenskontext bedeutsame Knappheit in Preissteigerungen. Preissteigerungen sind allerdings auch Folge (politischer) Versorgungsunsicherheit oder gestiegener Förderkosten. Es ist eine nicht-lineare Beziehung von Knappheit im Versorgungsmarkt für Rohstoffe und deren Preissteigerungen beobachtbar.[54] Auf der Nachfrageseite führt Knappheit zu Substitutionsversuchen der Unternehmen. Sie ersetzen tendenziell und wenn möglich knappe Rohstoffe in ihren Produkten

[52] Die Inkludierung von Produktnutzung bedeutet nicht, dass ressourceneffiziente Nutzungsmuster im Fokus der Betrachtung stehen, sondern lediglich, dass das Produkt einem Nutzer zugeführt wird. Andere Betrachtungsebenen wären z. B. Fertigungsprozesse und Umwelteinflüsse während der Nutzung. Der bestmögliche Ansatz aus der Perspektive dieser Arbeit hängt nicht zuletzt von den Produkteigenschaften ab. In diesem Zusammenhang oft diskutierte Produkt-Service-Systeme, siehe Tukker (2004), S. 247 f.; Tukker und Tischner (2006), S. 1552; Zahn (2010), S. 28-30, hingegen zielen im Idealfall auf eine weitgehende Dematerialisierung des Nutzens. Diesen Ausführungen zur Ressourceneffizienz durch Öko-Effektivität entspricht die Sichtweise von Meadows et al. (2004), S. 235–237, die aus ihrer globalen, systemischen Perspektive Recycling als Mittel zur Steigerung der Ressourceneffizienz einordnen.

[53] Dies zielt auf die Quellenfunktion der Ökosphäre ab. Eine Nutzung kann auch durch die Senkenfunktion begrenzt werden.

[54] Vgl. Slade (1982), S. 136 f.

durch besser verfügbare. Ebenso treiben sie Materialrecycling voran, um sich von Primärrohstoffpreissteigerungen unabhängiger zu machen. Auch die Wahrnehmung von Information und begrenzte Information in Unternehmen über Knappheit oder Überfluss wirken auf die Marktreaktionen ein.[55]

Der industrielle Sektor hängt in besonderem Maß von Rohstoffen als Input ab. Deren Verfügbarkeit als Primär- oder als Sekundärrohstoff ist eine Frage der Wettbewerbsfähigkeit. Dementsprechend ist diese Thematik seit einigen Jahren auf der politischen Agenda. Rohstoffe mit einer solchen Bedeutung erhalten im Folgenden besondere Aufmerksamkeit.

Die Europäische Kommission hat im Jahr 2010 begonnen, einzelne knappe Rohstoffe als ‚kritisch' für das Wachstum von Volkswirtschaften einzustufen und ‚strategische' Rohstoffe zu klassifizieren.[56]

Kritische Rohstoffe sind gemäß der Europäischen Kommission gekennzeichnet durch

> *„high risks with regard to access to it, i.e. high supply risks or high environmental risks. [...] The likelihood that impediments to access occur is relatively high and impacts for the whole EU economy would be relatively significant"*[57].

Kritikalität wird seitens der EU wie folgt konstruiert: Sie ist ein Zusammenspiel aus drei relativen, quantitativen Indikatoren (wirtschaftliche Bedeutung, Versorgungsrisiko, länderspezifische Umweltrisiken). Sowohl Substitutionsmöglichkeiten als auch die Verfügbarkeit von Sekundärrohstoffen aus Recyclingkreisläufen sind berücksichtigt. Die drei Indikatoren sind aus Einzelaspekten aggregiert:[58]

- Wirtschaftliche Bedeutung: Sie wird abgeleitet aus der Wertschöpfung des Sektors, der einen Rohstoff als Input benötigt. Sektoren werden über Wertschöpfungsketten abgegrenzt, die Rohstoffe im Upstream nutzen.
- Versorgungsrisiko: Es resultiert aus der räumlichen Konzentration der Rohstoffquellen, gemessen mit der Übertragung des Herfindahl-Hirschmann-Index auf dieses Anwendungsfeld. Die Bewertung verknüpft wirtschaftliche und politische Stabilität. Je räumlich konzentrierter auf einzelne Länder oder Regionen das Vorkommen ei-

---

[55] Vgl. BMW (2011), S. 30; EC (2010), S. 23–31; Gordon et al. (2006), S. 1209–12012; Jansen und van den Heuvel (2014), S. 2 f.; Kallis et al. (2009), S. 19–21; Neumayer (2000), S. 313–315; Norgaard (1990), S. 21–24; Slowak und Regenfelder (2015), S. 195.

[56] Vgl. EC (2010); EC (2014a); Faulstich et al. (2010).

[57] Vgl. EC (2014a), die Untersuchungsmethodik blieb zu EC (2010) unverändert.

[58] Vgl. EC (2010), S. 23–32; Jacquemin und Berry (1979), S. 359 f.

nes Rohstoffes ist, umso anfälliger für politische Restriktionen ist die Gesamtversorgung. Das Versorgungsrisiko kann gemindert werden durch Substitute und Sekundärrohstoffkreisläufe.

- Umweltrisiko: Hierunter fallen Umweltschutzmaßnahmen von Rohstoffquellländern. Um negative Umweltauswirkungen zu vermeiden, können diese die Rohstoffförderung einschränken.

Die Interpretation der kritischen Rohstoffe nach der Europäischen Union überschneidet sich mit dem Konzept der Knappheit, wie bereits definiert. Sie wird aus ökonomischen und ökologischen Kriterien kombiniert und von einer Arbeitsgruppe der Europäischen Kommission gepflegt und aktualisiert – zuletzt 2014 mit geringfügigen Veränderungen. Dabei wurden sowohl nicht-erneuerbare (abiotische) als auch erneuerbare (biotische) Rohstoffe untersucht. Keiner der untersuchten erneuerbaren Rohstoffe wurde als kritisch eingestuft. Kritische Rohstoffe sind beispielsweise Seltenerdmetalle, Graphit, Flussspat und Wolfram.[59]

Weitere Definitionen von ‚strategischen' Rohstoffen finden sich beispielsweise bei Faulstich et al. (2010). Viele Rohstoffe haben statische Reichweiten von nur wenigen Jahrzehnten. Strukturelle Knappheit durch Koppelproduktion und zunehmende Bedarfe durch emergente Technologien werden prognostiziert.[60]

Auf der europäischen Ebene fand die Begrenztheit natürlicher nicht-erneuerbarer Ressourcen Beachtung auf der politischen Agenda, beispielsweise im Jahr 2002 mit dem ‚Sechsten Umweltaktionsprogramm' oder im Jahr 2014 mit dem ‚Siebten Umweltaktionsprogramm' der Europäischen Union für den Zeitraum bis 2020. In beiden Programmen sind Strategien zur Abfallvermeidung und zum Recycling enthalten, einschließlich der Förderung diesbezüglicher Forschung und Entwicklung.[61]

Vergleichbare Aufmerksamkeit erhält diese Thematik in anderen Weltregionen. Die USA haben eine Strategie entworfen, um im Metallrecycling in der Elektronikindustrie global führend zu werden. Hier werden elektr(on)ische Altgeräte in besonderem Maße adressiert. Zwischen Japan, der Europäischen Union und den USA gibt es Abstimmungen und Infor-

---

59 Vgl. EC (2014a); für einen Überblick der kritischen Rohstoffe siehe ebd., Fig. 5, S. 24.

60 Vgl. Faulstich et al. (2010), S. 2–7. Bei statischen Reichweiten wird der bereits bekannte, vorhandene verfügbare Bestand eines Rohstoffes als konstant angesehen. Künftige Erweiterungen des Bestandes durch neue Technologien oder Rohstoffexplorationsanstrengungen werden nicht berücksichtigt. Koppelproduktion bedeutet, dass ein Rohstoff in einem Prozess nur in Kombination oder als Nebenprodukt mit einem anderen Rohstoff gewonnen werden kann.

61 Vgl. EC (2005); EC (2011); EC (2014c).

mationsaustausch zu kritischen Rohstoffen. Indiens Klimaschutzprogramm sieht eine Stärkung des Recyclings vor. China hat 2008 die Förderung der Kreislaufwirtschaft in einem Gesetz verankert und versucht damit, die Kreislaufwirtschaft zentral gesteuert einzuführen.[62]

Auf gesetzlicher Ebene zeigen sich diese Anstrengungen in der Europäischen Union und in Deutschland in Richtlinien und Gesetzen. Davon sind für die Geschäftsmodelle dieser Arbeit folgende relevant: [63]

- Abfallrahmenrichtlinie der EU und deutsches Kreislaufwirtschaftsgesetz: Beide hierarchisieren die verschiedenen EoL-Optionen in Form einer Abfallhierarchie, fördern die Kreislaufführung von Materialien und zielen auf eine möglichst weitgehende Vermeidung der Deponierung ab.[64]
- WEEE-Richtlinie der EU und deutsches Elektrogerätegesetz geben Sammelquoten vor; in der deutschen Umsetzung unter anderem mit einer Rücknahmepflicht von Altgeräten der Hersteller über Handel und Versand.[65]
- Altfahrzeugrichtlinie der EU und deutsche Altfahrzeugverordnung geben Quoten zur Wiederverwendbarkeit vor; 85 % bzw. 95 % des Fahrzeuggewichts bei Neufahrzeugen müssen recyclingfähig bzw. verwertbar sein.[66]
- RoHS-Richtlinie für Elektrogeräte der EU und Europäische Chemikalienverordnung REACH regeln das Ausschleusen von Gefahrstoffen und Stoffverbote senken die Umweltbelastungen/Toxizität von Recyclingmaterialien mittelfristig.[67]

Um die Wandlung zu einer Kreislaufwirtschaft weiter zu fördern, hat die EU-Kommission im Jahr 2015 das sogenannte ‚Kreislaufwirtschaftspaket' verabschiedet. Es wird den künftigen gesetzlichen Rahmen in Europa und Deutschland beeinflussen.[68] Mit diesem Paket werden verschiedene Gesetzgebungsvorhaben und -initiativen gebündelt: Vorschläge zur

---

62 Vgl. EC (2013); President of the People's Republic of China (2008); Rat für Umweltqualität im Weißen Haus et al. (2011); Regierung von Indien (2013).

63 Die Bedeutung der Begriffe Recycling, Wiederverwendung und Re-Use, wie sie in dieser Arbeit verwendet werden, weichen von der Verwendung in den Gesetzen ab. Für die genaue Definition im Rahmen dieser Arbeit siehe Kapitel 2.2.1. Die Europäischen Richtlinien geben den Rahmen für die deutsche Gesetzesumsetzung vor. Bei dieser Umsetzung gibt es Freiheitsgrade. Folglich können sich nationale Gesetzesumsetzungen der Richtlinien in den Mitgliedsländern der EU in der konkreten Ausgestaltung unterscheiden. Die Auswahl der Gesetze und Richtlinien ist beispielhaft. Diese Richtlinien und Gesetze haben auch Relevanz für die beiden Fallstudien in Kapitel 5.

64 Vgl. Bundesministerium der Justiz und für Verbraucherschutz (2012); EU (2008).

65 Vgl. Bundesministerium der Justiz und für Verbraucherschutz (2015); EU (2012).

66 Vgl. Bundesministerium der Justiz und für Verbraucherschutz (2002); EU (2000).

67 Vgl. EU (2006a); EU (2011).

68 Vgl. Europäisches Parlament (2016).

Erweiterung der Abfallrahmenrichtlinie, der Verpackungsabfallrichtlinie, der RoHS-Richtlinie, der Altfahrzeugrichtlinie, der Batterierichtlinie und der WEEE-Richtlinie.[69]

Auf die Kreislaufwirtschaft auf Produktebene im Speziellen geht die EU im Rahmen des Kreislaufwirtschaftspakets im aktuellen Standardsetzungsprozess zur Materialeffizienz elektr(on)ischer Produkte ein. Das Mandat M/543 vom Dezember 2015 erteilt den Standardsetzungsinstitutionen (auf europäischer Ebene CEN/CENELEC, in Deutschland DIN) den Auftrag, einen De-Jure-Standardsetzungsprozess einzuleiten, wie Materialeffizienz für die unter die Ökodesignrichtlinie fallenden Produkte umzusetzen ist.[70] Hierbei sind Recycling, Re-Use und Remanufacturing ausdrücklich Bestandteil und werden in eigenen Arbeitsgruppen behandelt. Die Arbeit an den Standarddokumenten wird im Jahr 2019 abgeschlossen sein. Die in der Praxis bislang hauptsächlich auf Energieeffizienz in der Nutzungsphase abzielende Ökodesignrichtlinie wird somit um Materialeffizienzaspekte ergänzt werden.[71]

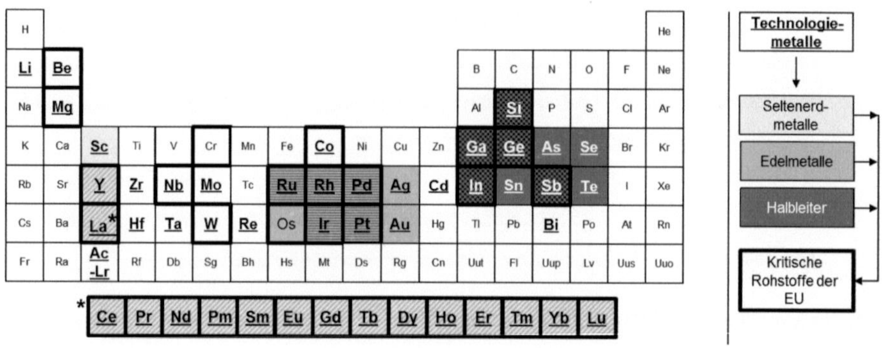

Abbildung 6: Überblick über die kritischen Technologiemetalle nach Slowak und Regenfelder (2015)[72]

Ergänzend zu den kritischen Rohstoffen der Europäischen Union, bestimmt und klassifiziert Hagelüken (2012) ‚Technologiemetalle'. Diese werden als Input für Hightech-Elektronikprodukte und in hochtechnologischen industriellen Anwendungen benötigt (Katalysatoren, Materialien und Elektrochemie). Tabelle 1 gibt einen Überblick über die Hauptanwendungsfelder. Aufgrund der zunehmenden Bedeutung dieser Produkte und Anwendungen wird mit einer Steigerung des Bedarfs gerechnet. Slowak und Regenfelder (2015) leiten

69 Vgl. EU (1994); EU (2000); EU (2006a); EU (2006b); EU (2008); EU (2012).

70 Vgl. EU (2009); EC (2015).

71 Ein tieferer Einblick in den derzeit laufenden teil-öffentlichen Standardisierungsprozess zur Materialeffizienz auf EU-Ebene geben Ebelt et al. (2017).

72 Slowak und Regenfelder (2015), S. 195, Fig. 2; übersetzt mit geringfügigen Veränderungen.

aus der Kombination dieser beiden Definitionen – der kritischen Rohstoffe und der Technologiemetalle – die ‚kritischen Technologiemetalle' ab: Sie sind sowohl von der EU als kritisch klassifiziert als auch nach Hagelüken als Technologiemetall und in besonderem Maße für die Fallstudie B von Relevanz, da IKT-Produkte bedeutende Träger dieser Rohstoffe sind. Abbildung 6 bietet einen Überblick über die kritischen Rohstoffe der Europäischen Kommission (2010; 2014a), die Technologiemetalle nach Hagelüken (2012) und die kritischen Technologiemetalle nach Slowak und Regenfelder (2015):[73]

Für diese nach ihrer Versorgungslage kritischen Technologiemetalle lohnt sich ein Blick auf ihre funktionalen Recyclingraten. Wenn sie als kritisch oder knapp erachtet werden, zeigt sich dies in ihren Recyclingraten? Tabelle 1 listet die kritischen Technologiemetalle und ihre EoL-Recyclingquoten auf.

Tabelle 1: EoL-Recyclingraten (post-consumer) kritischer Technologiemetalle und deren Hauptanwendungsgebiete[74]

Seltenerdmetalle	Gesamtrückgewinnungsrate(n)	Hauptanwendungsgebiete zusammengestellt nach EC 2010; EC (2014b); Graedel et al. (2011)
Yttrium (Y)	~0 % USGS (2013), 0 % Graedel et al. (2011)	Leuchtstoffpulver
Lanthan (La)	~0 % USGS (2013), <1 % Graedel et al. (2011)	Inhaltsstoff von Batterien
Cerium (Ce)	~0 % USGS (2013), <1 % Graedel et al. (2011)	Katalysator
Präseodym (Pr)	~0 % USGS (2013), <1 % Graedel et al. (2011)	Glasherstellung, Magnete
Neodym	<1 % Graedel et al. (2011), kleine Mengen aus Permanentmagnetenabfall	Magnete, Lasertechnologie
Promethium (Pm)	keine Daten oder Schätzungen verfügbar	radioaktive Satellitenbatterien

73 Vgl. EC (2010); EC (2014a); Hagelüken (2012), S. 48–59; Slowak und Regenfelder (2015), S. 195 f.

74 Slowak und Regenfelder (2015), S. 197, Table 1; übersetzt aus dem Englischen. Es handelt sich um funktionale Recyclingraten. Dies schließt Metalle aus, die zwar gesammelt werden, für funktionales Recycling aber als Unreinheit oder Spurenmetall bei der Rückgewinnung anderer Hauptmetalle verloren gehen. Rückgewinnungsraten von Graedel et al. (2011) beziehen sich auf die gesamte Welt, Raten von USGS (2013) nur auf die USA. Studien seit dem Jahr 2010 wurden berücksichtigt.

Seltenerdmetalle	Gesamtrückgewinnungsrate(n)	Hauptanwendungsgebiete zusammengestellt nach EC 2010; EC (2014b); Graedel et al. (2011)
Samarium (Sm)	~0 % USGS (2013), <1 % Graedel et al. (2011)	Magnete
Europium (Eu)	~0 % USGS (2013), <1 % Graedel et al. (2011)	Leuchtstoff
Gadolinium (Gd)	~0 % USGS (2013), <1 % Graedel et al. (2011)	Keramik, Magnete
Terbium (Tb)	~0 % USGS (2013), <1 % Graedel et al. (2011)	Magnete
Dysprosium (Dy)	~0 % USGS (2013), <1 % Graedel et al. (2011)	Magnete
Holmium (Ho)	~0 % USGS (2013), <1 % Graedel et al. (2011)	Magnete
Erbium (Er)	~0 % USGS (2013), <1 % Graedel et al. (2011)	Bestandteil von Lichtleiterverstärkern
Thulium (Tm)	~0 % USGS (2013), <1 % Graedel et al. (2011)	-
Ytterbium (Yb)	~0 % USGS (2013), <1 % Graedel et al. (2011)	Leuchtstoff
Lutetium (Lu)	~0 % USGS (2013), <1 % Graedel et al. (2011)	Szintillator in Computertomographen
Edelmetalle	**Gesamtrückgewinnungsrate(n)**	**Hauptanwendungsgebiete zusammengestellt nach EC 2010; EC (2014b); Graedel et al. (2011)**
Platin (Pt)	60–70 % Graedel et al. (2011)	Autokatalysatoren, Brennstoffzellen
Palladium (Pd)	60–70 % Graedel et al. (2011)	Autokatalysatoren, Entsalzungsanlagen
Iridium (Ir)	20–30 % Graedel et al. (2011)	Elektrochemie, Schmelztiegel, Zündkerzen
Rhodium (Rh)	50–60 % Graedel et al. (2011)	Autokatalysatoren

Edelmetalle	**Gesamtrückgewinnungsrate(n)**	**Hauptanwendungsgebiete zusammengestellt nach EC 2010; EC (2014b); Graedel et al. (2011)**
Ruthenium (Ru)	5–15 % Graedel et al. (2011)	Elektronik (Festplatten), Prozesskatalysatoren/ Elektrochemie
Halbleiter	**Gesamtrückgewinnungsrate(n)**	**Hauptanwendungsgebiete zusammengestellt nach EC 2010; EC (2014b); Graedel et al. (2011)**
Gallium (Ga)	~0 % (post-consumer) USGS (2013), <1 % Graedel et al. (2011)	Elektronik: Integrierte Schaltkreise, (W)LEDs, Dünnschichtphotovoltaik, Solarzellen
Germanium (Ge)	<1 % Graedel et al. (2011)	Infrarotoptiken, Nachtsichtlinsen, PET-Katalysatoren
Indium (In)	<1 % Graedel et al. (2011)	Beschichtung von Flachbildschirmen, Dünnschichtphotovoltaik
Antimon (Sb)	<5 % Graedel et al. (2011)	Flammschutzmittel, Blei-Säure-Batterien, Mikrokondensatoren, Chemikalien
Silizium (Si)	~0 % USGS (2013)	Metallurgie, Chemie, Aluminiumherstellung, Elektronik, Photovoltaik

Die Recyclingraten der kritischen Technologiemetalle sind unterschiedlich ausgeprägt. Während für Edelmetalle funktionierende Recyclingkreisläufe bestehen, sind diese für Seltenerdmetalle und Halbleiter nahezu nicht vorhanden. Rückgewinnungsraten aus Elektroaltgeräten sind bis auf einzelne Ausnahmen äußerst gering, wenngleich theoretisch technisch durchaus möglich. Seltenerdmetalle gehen beispielsweise beim Schmelzen zur Kupferrückgewinnung verloren. Permanentmagnete werden nicht separiert in der Vorbehandlung und können nicht mehr rückgewonnen werden. Die Rückgewinnung von Seltenerdmetallen ist zudem technologisch anspruchsvoll. Die Rückgewinnung vieler Rohstoffe scheitert auch an Inkompatibilitäten der technologischen Recyclingprozesse: Wenn ein

Metall rückgewonnen wird, verhindert dies gleichzeitig beispielsweise die Rückgewinnung eines anderen im Stoffstrom enthaltenen Metalls.[75]

Rohstoffe sind begrenzt verfügbar, insbesondere nicht erneuerbare. Daraus resultiert Rohstoffknappheit, die sich auf Volkswirtschaften und Unternehmen auswirkt bzw. auswirken kann. Dies hat dazu geführt, dass die Rohstoffversorgung und die Sekundärrohstoffgewinnung wichtige Bestandteile auf der globalen politischen Agenda wurden.

Trotz der Einstufungen als ‚kritisch' oder ‚strategisch' ließen und lassen sich offenbar in der Praxis für eine Reihe von wichtigen, nicht erneuerbaren Rohstoffen keine nennenswerten Sekundärrohstoffkreisläufe etablieren. **Für die Argumentationskette dieser Arbeit folgt hieraus, dass eine Priorisierung des Re-Use als Produkt oder Komponente zu prüfen ist, wenn Produkte nicht ohne den Verlust von wichtigen Rohstoffen (Material-)Recyclingkreisläufe durchlaufen können.** Dies bezieht sich auch auf ‚Spurenmetalle' im industriellen Kreislauf, die sonst für die industrielle Nutzung endgültig verloren gingen.

2.1.2. Industrielle Ökologie als normativer Bezugsrahmen

In diesem Abschnitt wird der praktischen Problemstellung, also der Begrenztheit natürlicher Ressourcen, die zur Knappheit von Rohstoffen im industriellen Kreislauf führt bzw. führen kann, ein theoretisch-konzeptionelles Lösungsprinzip gegenübergestellt. Ausgehend von den Ausführungen zur Priorisierung der ökologischen Dimension der Nachhaltigkeit, wird diese Gegenüberstellung vor dem Hintergrund der Industriellen Ökologie weiter vertieft und die dabei erzielten Ergebnisse werden als normativer Maßstab für nachhaltige Entwicklung angelegt. Die Entwicklung der in die natürliche Umwelt eingebetteten Industriellen Ökologie wird im Sinne einer wünschbaren, dauerhaften Tragfähigkeit menschlichen Wirtschaftens interpretiert:

> *„Industrial ecology is the means by which humanity can deliberately and rationally approach and maintain a desirable carrying capacity, given continued economic, cultural and technological evolution. The concept requires that an industrial system be viewed not in isolation from its surrounding systems, but in concert with them. It is a systems view in which one seeks to optimize the total materials cycle from virgin material, to finished material, to component, to product, to obsolete product, and*

---

[75] Vgl. Graedel et al. (2011), S. 14; LANUV (2012), S. 61–66; Schüler et al. (2011), S. 105–110.

to ultimate disposal. Factors to be optimized include resources, energy, and capital.“[76]

Anschließend wird auf der Basis des Entropiegesetzes die sogenannte ‚Zyklusspanne' als Maßgröße für ökologische Vorteilhaftigkeit eingeführt sowie um ökonomische Randbedingunen ergänzt und weiterentwickelt. Das ist erforderlich, um die Tragbarkeit von Recycling- und Re-Use-Strategien für Produkte bewerten zu können, und dient einer späteren Integration in das CL-GMK. Folglich findet die erweiterte Zyklusspanne Eingang in das in Kapitel 4 entworfene CL-GMK.

Der Begriff Industrielle Ökologie beruht auf dem Verständnis von Zusammenhängen zwischen Umwelt und Wirtschaft und umfasst ein Konzept für nachhaltige Entwicklung. Während beim Verständnis der Nachhaltigkeit im allgemeinen Ökonomie, Soziales und Ökologie in Einklang gebracht werden müssen, geht die Industrielle Ökologie von der Vorgabe aus, die Ökosysteme zu erhalten. Insbesondere der industrielle Metabolismus (Stoffumwandlungsprozess) benötigt in großem Maße nicht erneuerbare Ressourcen als Input. Deren nachhaltige Nutzung bedingt eine Kreislaufführung als Kernprinzip der Industriellen Ökologie. Die Industrielle Ökologie fordert die Reintegration des Industriesektors in die ökologischen Systeme. Industrielle Produktion ist demnach nur im Rahmen von funktionierenden (gleichgewichtigen) Ökosystemen nachhaltig denkbar.[77] Industrielle Ökologie lässt sich mithin als transdisziplinäre Wissenschaft verstehen, die die systemischen Zusammenhänge zwischen Ökonosphäre und Ökosphäre als Interaktion wirtschaftender Menschen und ihrer Natur begreift, wobei das industrielle System als ein Teilsystem der Ökosphäre aufgefasst wird.[78] Dieses Verständnis formuliert auch Bauer (2008):

- *„[Die] Industrielle Ökologie [ist] eine systemische, umfassende und integrierte Sichtweise auf alle Komponenten des industriellen Systems und dessen Beziehungen zur Ökosphäre;*
- *betont die Industrielle Ökologie die geobiophysikalische Grundlage industrieller Aktivitäten, insbesondere die komplexen Muster der Material- und Energieströme innerhalb und außerhalb des industriellen Systems; dies im Gegensatz zu herkömmli-*

---

76 Graedel und Allenby (1995), S. 9.

77 Vgl. Korhonen, S. 809; von Hauff (2012), S. 31 f.; Posch (2012), S. 206–208; Schmid (1996), S. 134. Zur Abgrenzung zur ‚Ökologischen Ökonomie' (grundlegend Georgescu-Roegen (1971)): Deren Grundverständnis wird geteilt, jedoch auf den Beitrag des industriellen Sektors fokussiert.

78 Vgl. Bauer (2008), S. 271, Daly (1977), Daly (1990), S. 4 f.; zur Ökosphäre wird in der vorliegenden Arbeit auch die Entnahme von nicht erneuerbaren Ressourcen aus der Lithosphäre gerechnet.

chen Ansätzen, die die Wirtschaft unter abstrakten monetären oder energetischen Gesichtspunkten abbilden.“[79]

Die Industrielle Ökologie sieht durchaus die Bedeutung technologischer Entwicklungen als Lösungsansatz, aber nur als Teil einer besseren Wiedereinbettung der industriellen Sphäre in die Umwelt. Nachhaltigkeit ist nicht alleine auf einem Technologiepfad zu erreichen.[80] Es kommt auch immer auf die Natur als Partner und Vorbild an. Die Transformation zu einer naturverträglichen Wirtschaftsweise ist die Gestaltungsaufgabe eines ‚Industrial Ecology Management‘.[81]

Diese Aufgabe beinhaltet die Wiedereinbettung des industriellen Systems in die Natur, Ressourceneffizienz und geschlossene Stoffkreisläufe.[82] Das erfordert Konsistenzstrategien wie auch industrielle Strukturen, die sich natürliche Strukturen zum Vorbild nehmen. Ökonomische, technische und organisationale Ansätze, die unter die Industrielle Ökologie fallen, sind unter anderem:

- technologische Innovationen,
- kooperatives Umweltmanagement in Unternehmen als Querschnittsfunktion über Fachbereiche hinweg,
- neue Produkt- und Produktnutzungskonzepte,
- neue Energiekonzepte,
- innovatives Produktdesign,
- Einsatz neuer (weniger umweltschädlicher) Rohstoffe/Materialien,
- Materialrecycling und Wiederverwendung.

Recycling- und Re-Use-Ansätze sind eine geeignete Strategie zur nachhaltigen Entwicklung, die den Prinzipien der Industriellen Ökologie folgt. Zur Optimierung von Stoffkreisläufen können auch das Produktdesign oder neue Nutzungskonzepte beitragen. Ähnlich wie im Ökosystem, das in Weideketten und Detritusketten unterteilt ist, könnte auch in der industriellen Sphäre die Natur als Vorbild dienen.[83] Die ‚Industrielle Ökologie‘ ist nur realisierbar,

---

79 Bauer (2008), S. 275.

80 Vgl. Bauer (2008), S. 60; zu Technologiepfaden Dosi (1982), S. 151–157.

81 Vgl. Isenmann (2003), S. 223; Roine (2000); S. 20–22; Isenmann (2012), S. 20 f.; siehe als Konzept hierzu das Industrial Ecology Management bei Isenmann et al. (2012), S. 22 f. und von Hauff (2012), S. 46 f.

82 Vgl. Bauer (2008), S. 267. Er leitet dies aus der evolutionären Entwicklung von Typ-I-Ökosystemen (hohe energetische und stoffliche Verluste) zu Typ-III-Ökosystemen ab.

83 Vgl. Bauer (2008), S. 107 f. Siehe von Hauff (2012), S. 51 f. zu Regeln, die das Überleben der Natur ga-

> *„wenn der Produktionswirtschaft eine adäquate Reduktions- bzw. Reproduktionswirtschaft zur Seite gestellt wird."*[84]

Das würde sowohl der Umwelt als auch der Wirtschaft und der Gesellschaft Vorteile bieten (‚Roundput').[85]

Nach Roine (2000) besteht die Industrielle Ökologie aus fünf Bausteinen:[86]

- systemisches Verständnis von Umwelt und Subsystemen,
- Transdisziplinarität operativ-normativer Lösungsansätze,
- Lebenszyklusbetrachtung auf Produktebene,
- systemische Ebene: Optimierung des Einsatzes von Ressourcen, Energie und Kapital,
- Interaktionen zwischen Mensch und Natur stehen im Fokus.

Von den nachhaltigen Entwicklungsstrategien wird nachstehend ausschließlich der Teilbereich des Recyclings und Re-Uses betrachtet, denn es handelt sich dabei um einen ganz entscheidenden konstituierenden Ansatz der Industriellen Ökologie. Die Betrachtung ist produktbezogen, da sie die geforderte Lebenszyklusperspektive inkludiert.

Die Rückführung von Stoffen in den Wirtschaftskreislauf wirft diverse Fragestellungen auf. Diese betreffen beispielsweise das Verhältnis von ökonomischen Kosten zu ökologischen Folgen sowie die Qualität rückgewonnener Rohstoffe und Materialien, denn eine veränderte Qualität kann deren Einsatzgebiete einschränken.

Häufig wird Nachhaltigkeit in der Industriellen Ökologie quantitativ gemessen. Die Auswirkungen von Stoffströmen werden aus dem Metabolismusverständnis zwischen Umwelt und Industrie mithilfe der Methodik der Lebenszyklusanalyse (LCA) oder als Materialintensität pro Serviceeinheit (MIPS) erfasst.[87]

Das Entropiegesetz ist eng mit der Industriellen Ökologie als Disziplin verbunden. Beide sind systemtheoretisch fundiert.[88] Durch qualitative Veränderungen von Energie und Mate-

---

rantieren, als hinreichende Bedingung für die Übertragung auf Unternehmen.

84 Bauer (2008), S. 108.

85 Vgl. Korhonen (2004), S. 814.

86 Vgl. Roine (2000), S. 5.

87 Vgl. Gößling-Reisemann und von Gleich (2012), S. 77 und S. 80 f.; Roine und Brattebo (2003), S. 109; Schmidt-Bleek (1994), S. 108–121.

88 Vgl. Bauer (2008), S. 37. Entropie ist eine Maßgröße für den Wert der Energie in einem thermodynamischen System zu einem bestimmten Zeitpunkt; vereinfacht ein Maß für Unordnung, vgl. Schmid (1996), S. 146–150.

rie in physischen Produktions- und Transformationsprozessen wird Entropie erzeugt und Wert geschöpft. Entropie wird unter anderem als Maßgröße für den Verbrauch natürlicher Ressourcen genutzt. Da die Industrielle Ökologie das industrielle System als Teil der Natur ansieht, gelten folglich für dieses System auch naturgemäße Gegebenheiten wie physikalische Gesetze. Für die Stoff- und Energieströme sind das vor allem die thermodynamischen Gesetze.[89] Einen Überblick und eine kurze Erklärung dazu gibt Tabelle 2. Nach diesen Gesetzen geht Materie in einem geschlossenen System nicht verloren (Masseerhaltungsgesetz). Sie wird beständig von verfügbarer in unverfügbare Materie gewandelt. Daraus folgt, dass jeder industrielle Wertschöpfungsprozess in einem geschlossenen System die Materialentropie erhöht. Exergie (wertvoll, nutzbar) wird zu Anergie und verfügbare Materie zu nicht verfügbarer Materie.[90]

Alle Abläufe in ökologischen Systemen werden als gleichgewichtsferne Prozesse aufgefasst. Sie bedürfen der Energiezufuhr von außerhalb der Ökosphäre. Diese ist somit ein für Energie offenes System. In der Industriellen Ökologie wird die Ökosphäre als Gesamtsystem verstanden, das für Energie offen (Energieeintrag durch Sonneneinstrahlung/Exergie und Energieaustrag durch Abwärme/Anergie), für Materie jedoch geschlossen ist. In einem für Energie offenen System kann die Materialentropie unter Energieeinsatz zumindest teilweise verringert, also rückgängig gemacht, werden (teilweise reversibel). Dies geschieht durch Recyclingprozesse. Durch sie sinkt die Materialentropie, während die Energieentropie steigt. Dissipationsverluste (physische Abnutzung durch Gebrauch und Zerstreuung) bedingen eine gewisse Irreversibilität der Umwandlung von Materie. Die Materialentropie kann somit nicht vollständig zurückgeführt werden. Die Kreislaufwirtschaft stößt hier an physikalische Grenzen (folgt aus dem zweiten und vierten Hauptsatz).[91] Abbildung 7 illustriert die Sichtweise auf die Ökosphäre als für Energie offenes und für Materie geschlossenes System mit industriellen Produktions- und Recyclingkreisläufen.

---

89 Vgl. Schmid (1996), S. 141–144.

90 Vgl. Georgescu-Roegen (1986), S. 7; Schmid (1996), S. 149 f.

91 Vgl. Daly (1995), S. 147; Gößling-Reisemann (2006), S. 205 f.; Rifkin (1982), S. 66. Schmid (1996), S. 141–153 versteht das Entropiegesetz als ‚Maßgabe für ökologisch ausgerichtete Wertschöpfungsprozesse'. Schmid (1996), S. 159–161 führt aus, dass auch Recyclingprozesse an natürliche Grenzen stoßen und nicht zwingend zur Nachhaltigkeit beitragen, beispielsweise wenn nicht erneuerbare Rohstoffe zur Energieerzeugung für sie genutzt werden.

Tabelle 2: Komprimierter Überblick über die thermodynamischen Hauptsätze nach Georgescu-Roegen[92]

Nullter Hauptsatz der Thermodynamik: Temperaturgleichgewicht
Zwei Systeme, die sich jeweils im thermischen Gleichgewicht mit einem dritten befinden, stehen auch untereinander im thermischen Gleichgewicht. Notwendige Bedingung ist, dass alle Systeme die gleiche Temperatur aufweisen (intensive Zustandsgröße).
Erster Hauptsatz der Thermodynamik: Energie in geschlossenen Systemen bleibt konstant.
Die Gesamtenergie eines geschlossenen Systems bleibt stets konstant (extensive Zustandsgröße). Zustandsänderungen erfordern Energiezufuhr oder -entzug über die Systemgrenze hinweg. Energie kann weder erzeugt noch vernichtet werden. Nur Überführung in andere Energieformen oder Umwandlung in Wärme ist möglich. Die Umwandlung ist irreversibel.
Zweiter Hauptsatz der Thermodynamik: Entropiegesetz
Je größer die Entropie in einem System ist, umso wertloser wird dessen (innere) Energie. Entropie ist die Maßgröße für den Wert der Energie. Entropie kann nie vernichtet, sondern nur erzeugt werden. Energetische Umwandlung führt unweigerlich zur Erhöhung der Entropie (Ablaufrichtung thermodynamischer Prozesse ist irreversibel; von nieder (nutzbar) zu hoch (weniger nutzbar) entropisch). Unterscheidung in Exergie (nutzbar) und Anergie (nicht nutzbar). Entropie ist das Ausmaß der Anergie. Anergie kann nicht zurück in Exergie umgewandelt werden.
Dritter Hauptsatz der Thermodynamik: Entropie als Maßgröße für Unordnung
In der unmittelbaren Nähe des absoluten Nullpunktes nähert sich die Entropie eines Systems, das sich im thermodynamischen Gleichgewicht befindet, für gewöhnlich einem auf null normierten Wert (geringste Entropie). Entropiezunahme bedeutet Auflösung von Ordnung in einem thermodynamischen System.
Vierter Hauptsatz der Thermodynamik: Materialentropie – Masseerhaltung
Aussagen des Entropiegesetzes werden auf Materieumwandlung übertragen: In einem geschlossenen System wird ständig verfügbare Materie in unverfügbare Materie umgewandelt. Diese Zustandsänderungen sind irreversibel (Dissipationsverluste).

92 Zusammengefasst aus Schmid (1996), S. 146–150.

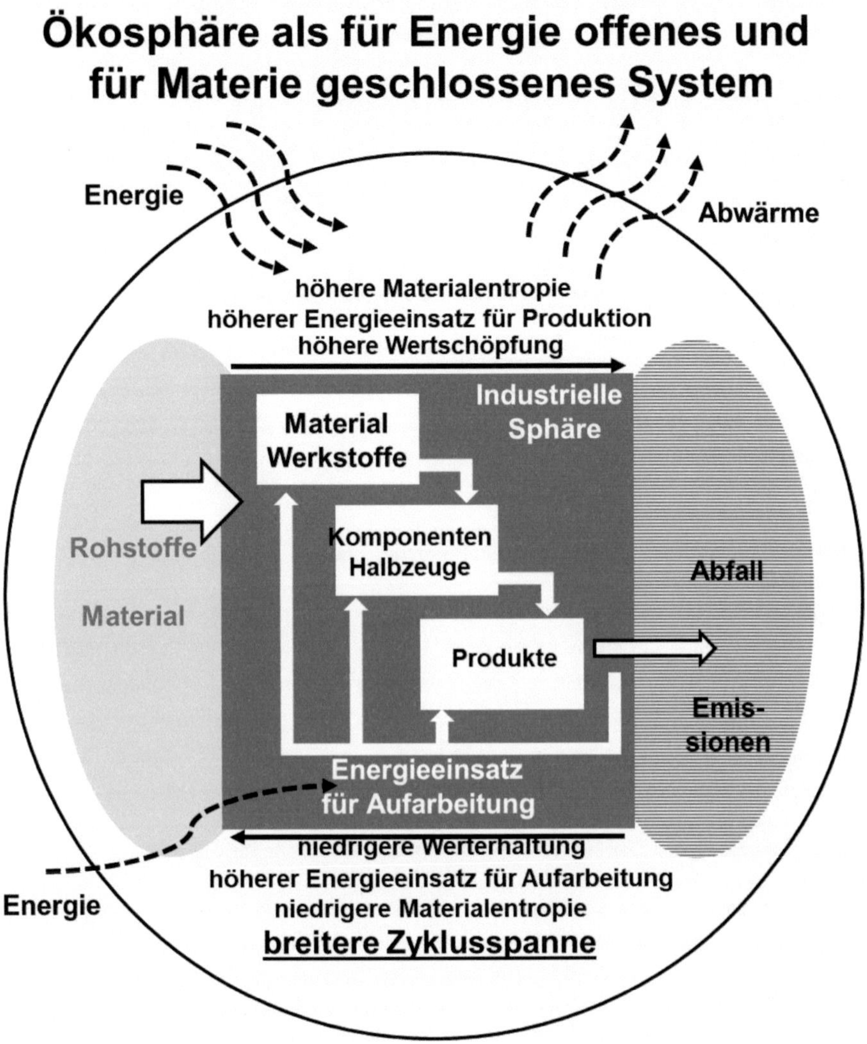

Abbildung 7: Ökosphäre als für Energie offenes und für Material geschlossenes System mit industriellen Produktions- und Recyclingprozessen[93]

Aufbauend auf diesen Vorüberlegungen, entwickelte Schmid (1996) eine Maßgröße für die prinzipielle Vorteilhaftigkeit der Industriellen Ökologie als Kreislaufwirtschaft. Die Zyklusspanne dient zur Entscheidungsunterstützung, wie mit einem nicht mehr weiter genutzten

93 Angelehnt an Schmid (1996), S. 161, Abb. 29.

Produkt aus ökologischen Gesichtspunkten zu verfahren ist.[94] Sie setzt das EoL-Produkt oder den Rest-/Altstoff in Relation zu der Stufe im Produktionszyklus, in der das aufgearbeitete Produkt, die Komponente oder das Material wieder eingesetzt wird.

> *„Die Zyklusspannweite stellt einen generellen Gradmesser für die ökologische Vorteilhaftigkeit einzelwirtschaftlicher Recyclingstrategien dar."*[95]

Demzufolge sind Stoffkreisläufe auf einer möglichst hohen Wertstufe, weit entfernt vom Abfall, zu schließen. Die höchsten Reduktionspotenziale der Zyklusspanne liegen bei der Wieder- und Weiterverwendung von Produkten als Ganzes vor, danach bei der Wieder- und Weiterverwertung von Komponenten, gefolgt von Materialrecycling. Abbildung 8 veranschaulicht das aus dem Entropiegesetz abgeleitete Konzept der Zyklusspanne. Die Dissipationslücke zeigt auf, dass durch die Nutzung und systemische Verluste nicht die ganze Materie zur Rückführung zur Verfügung steht.

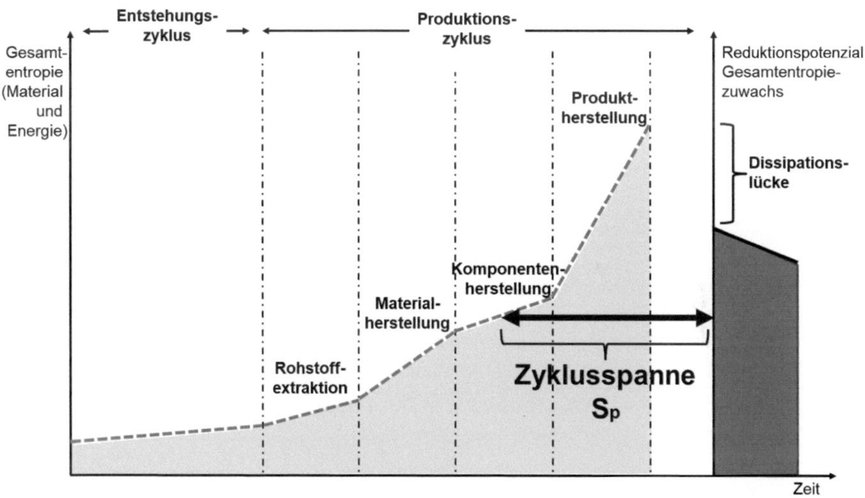

Abbildung 8: Entropiereduktionspotenziale und Zyklusspanne[96]

Neben der ökologischen Vorteilhaftigkeit sind ökonomische Überlegungen grundlegend für die Art der Kreislaufführung von EoL-Produkten. So ist eine Aufarbeitung zu einem höhe-

---

94 Vgl. Schmid (1996), S. 177–180. Dies hängt in der Praxis auch von marktbezogenen Kriterien und Produkteigenschaften ab. Ausführlich hierzu Kapitel 2.2.2 der Arbeit.

95 Schmid (1996), S. 179. Eine fallspezifische Betrachtung und Bestätigung dieser Vorteilhaftigkeit ist jedoch in der Praxis erforderlich. Hier wird nur ein theoretisches Prinzip postuliert.

96 Angelehnt an Schmid (1996), S. 178, Abb. 35, mit Anpassungen und Ergänzungen.

ren Wertniveau der reinen Aufbereitung üblicherweise überlegen.[97] Je später im Produktionszyklus ein Produkt, eine Komponente oder ein Material wieder eingespeist wird, umso weniger Wertschöpfungsstufen werden für die Herstellung eines (neuen) Produkts notwendig. Wird beispielsweise eine Komponente wiederverwendet, sind hierzu die vorhergehenden Stufen Rohstoffextraktion und Materialherstellung nicht zu durchlaufen. Die Komponentenherstellung selbst ist in ihren Arbeitsschritten verkürzt und besteht aus Aufarbeitungsprozessen. Der in vorgelagerten Stufen bereits geschaffene Wert bleibt in Form der Komponente erhalten. Bezogen auf den Wert, zeigt die Dissipationslücke in diesem Fall, dass ein gebrauchtes Produkt sich abnutzt und somit an Wert verliert oder im Laufe der Zeit obsolet werden kann. Damit es wieder sein höheres Wertniveau erreicht (maximal bis auf das Wertniveau eines Neuprodukts), muss es erneut im industriellen Produktionszyklus bearbeitet werden.

Aus diesen Ausführungen lassen sich generelle Bedingungen unter Rückgriff auf das Konstrukt der Zyklusspanne ableiten. Durch diese Bedingungen können integrierte ökologische und ökonomische Bewertungen für EoL-Optionen eines Produkts vorgenommen werden:

- **1. Hauptbedingung: Minimieren der Zyklusspanne**

$$\min S_p$$

S_p: Zyklusspanne eines Produkts p

Die Breite der Zyklusspanne wird minimiert.

- **2. Hauptbedingung: Ökonomische Tragfähigkeit**

$$W_{t1} - W_{t0} \geq K_r$$

W_{tn}: Wertniveau zum Zeitpunkt n

K_r: Kosten aller mit der Wieder-/Weiterverwendung und dem Recycling verbundenen Prozesse, somit Kosten des Recyclingmaterials bzw. des Re-Use-Produkts

Die Kosten aller Prozesse, die durch das Produktrecycling anfallen, sind mindestens durch den erhaltenen Wert gedeckt. Die Werterhaltung leitet sich ab aus der Differenz zwischen dem Wert des Rohstoffes zum Zeitpunkt t_0 und dem Wert des aufgearbeite-

---

[97] Vgl. Becker (2005), S. 195; Warnecke und Steinhilper (1982), S. 753.

ten Produkts zum Zeitpunkt t_1. Diese Betrachtung schließt noch nicht mit ein, dass im Wettbewerb auch eine angemessene Rendite zu erzielen ist, um dauerhaft am Markt bestehen zu können. Ebenso werden zu diesem Zeitpunkt noch keine Beseitigungskosten mit einbezogen. Die Bedingung ist somit als absolut unterste Grenze zu sehen, damit ein Unternehmen einen Closed-Loop-Ansatz verfolgen kann.

- **3. Hauptbedingung: Senkung der Materialentropie**

$$\boldsymbol{E_{t3} - E_{t1} > 0}$$

E_{tn}: *Entropieniveau zum Zeitpunkt n*

Die Materialentropie wird dabei um die Differenz des Entropieniveaus zwischen den Zeitpunkten 3 und 1 gesenkt. Hierzu wird Energie eingesetzt. Wird durch einen Ansatz die Materialentropie nicht gesenkt, ist dieser in der Regel zu unterlassen, da sonst Energie ohne Gegenwert auf der Materialseite aufgewendet würde.[98]

- **1. Nebenbedingung: Irreversibilität der Materialentropie**

$$\boldsymbol{E_{t2} - E_{t3} > 0}$$

E_{tn}: *Entropieniveau zum Zeitpunkt n*

Einmal erzeugte Materialentropie kann nicht vollständig rückgängig gemacht werden aufgrund von Dissipationsverlusten.

- **2. Nebenbedingung: Werterhaltung**

$$\boldsymbol{W_{t2} - W_{t3} \geq 0}$$

W_{tn}: *Wertniveau zum Zeitpunkt n*

Durch industrielle Prozesse kann EoL-Produkten wieder Wert zugeführt werden, im Idealfall bis auf das Wertniveau eines marktfähigen Neuprodukts.

Die Formalisierung der Bedingungen soll nicht zu Fehlschlüssen verleiten. Es handelt sich hierbei dem Wesen nach um einen qualitativen Maßstab. Das Ausmaß, um das die Materi-

---

98 Unter der Annahme, dass die Erde ein für Energie offenes System ist, kann die Anergie als Abwärme entsorgt werden und neue Exergie wird durch Sonnenstrahlung eingetragen. Somit kann auch die Gesamtentropie durch eine Verringerung der Materialentropie gesenkt werden, wenn diese Energie aus erneuerbaren Quellen stammt.

alentropie beispielsweise durch Re-Use einer Komponente abgesenkt wird, ist nicht exakt zu berechnen, da hiermit immer eine (subjektive) Bewertung der Verfügbarkeit oder der Nutzbarkeit von Materie einhergeht. Abbildung 9 verdeutlicht diese Überlegungen grafisch.

S_p

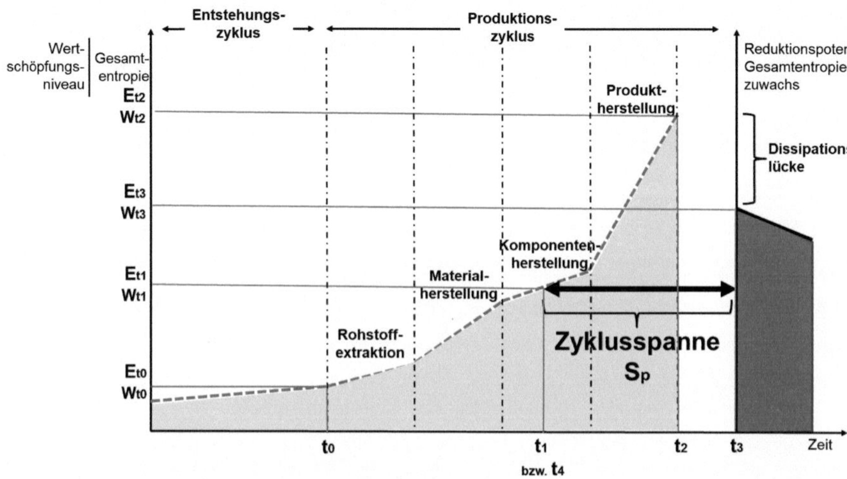

Abbildung 9: Konzept der Zyklusspanne mit Illustrierung der Variablen[99]

In diesem Kapitel wurde in die Grundprinzipien der Industriellen Ökologie eingeführt. Die Umwelt ist ihr Vorbild und Partner. Industrielle Produktion ist Teil der Ökosphäre. Recycling- und Re-Use-Strategien sind eine praktische Umsetzung von Prinzipien der Industriellen Ökologie. Mit dem Konzept der Zyklusspanne und der Herleitung ökonomischer Haupt- und Nebenbedingungen wurde ein Maßstab zur Bewertung der ökologischen Vorteilhaftigkeit und der ökonomischen Tragfähigkeit von Recycling- und Re-Use-Ansätzen entwickelt. Dieser Ansatz wird für das CL-GMK in Kapitel 4 herangezogen.

2.2. Recycling und Re-Use: Schließen von Stoffkreisläufen schafft Komplexität

Als praktische Umsetzung des Paradigmas der Werterhaltung im Sinne der übergeordneten Prinzipien der Industriellen Ökologie wird die Herstellung von Produkten mit Recycling- und Re-Use-Ansätzen vertiefend betrachtet. Dieses Thema wird in Wissenschaft und Pra-

---

99 Angelehnt an Schmid (1996), S. 178, Abb. 35, mit Anpassungen und Ergänzungen.

xis auch unter dem Begriff ‚Kreislaufwirtschaft' diskutiert. Re-Use und Recycling sind Teil der unter diesem Begriff verfolgten Ansätze für technische Materialien und Produkte. Abbildung 10 gibt einen Überblick.

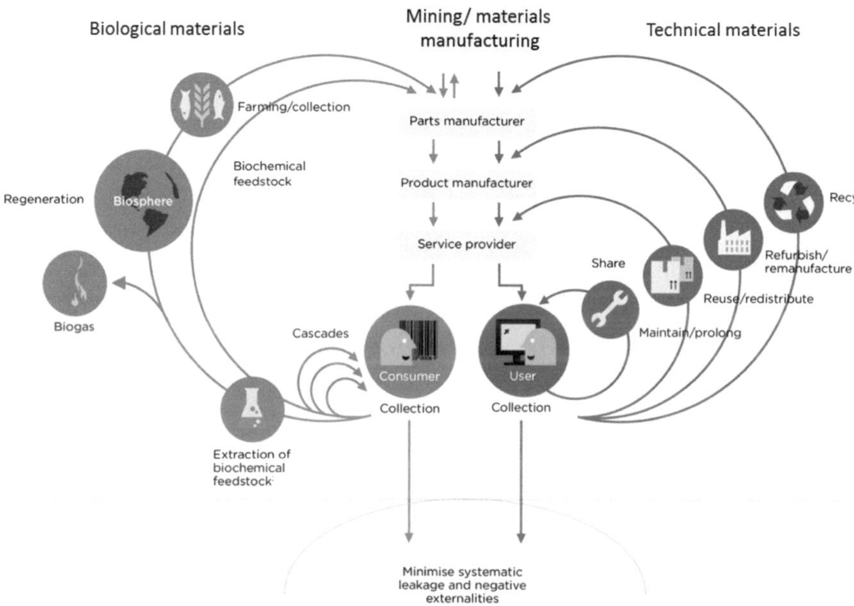

Abbildung 10: Konzepte der Kreislaufwirtschaft im Überblick[100]

In Kapitel 2.2.1 werden diese Re-Use- und Recycling-Ansätze für den Rahmen dieser Arbeit definiert sowie Gemeinsamkeiten und Unterschiede zu anderen, gebräuchlichen Definitionen herausgestellt. Begrifflichkeiten rund um ‚Recycling' werden in einer Reihe von Fachdisziplinen (Ingenieurwissenschaften, Abfallwirtschaft und Nachhaltigkeitsforschung) und in der Unternehmenspraxis verwendet, durchaus unterschiedlich, manchmal sogar widersprüchlich. So gibt es Widersprüche in der Verwendung des Begriffs Recycling: beispielsweise in Gesetzestexten, Standardisierungsdokumenten und in internationalen, englischsprachigen Veröffentlichungen.[101] Recycling und Re-Use werden aus der Perspektive des Herstellers (Produktherstellung aus gebrauchtem Material oder Produkten) betrachtet und nicht im Sinne des Verwertungs- oder Entledigungsweges als EoL-Behandlungsoption von Produkten oder Abfällen verstanden. Dabei werden zunächst die Unterschiede zwi-

[100] Ellen Mac Arthur Foundation (2016).

[101] Vgl. Lindahl et al. (2006), S. 124–128; Lund und Hauser (2012), S. 6–9 für einen Überblick der Vielzahl an Definitionen im Produktrecycling und deren teilweise Widersprüchlichkeit.

schen Materialrecycling, Weiter- und Wiederverwendung sowie Remanufacturing aufgezeigt. Anschließend werden in Kapitel 2.2.2 technische und ökonomische Voraussetzungen für die praktische Umsetzbarkeit von Recycling- und Re-Use-Strategien herausgearbeitet. Abschließend werden die gestiegene Komplexität der Produktherstellung mit Recycling- und Re-Use-Ansätzen und deren Geschäftsmodelle für Unternehmen in Kapitel 2.2.3 dargestellt und begründet.

2.2.1. Definitionen und Einordnung von Recycling- und Re-Use-Ansätzen

In einschlägigen Standards und Normen wie der VDI-Richtlinie 2243 „Recyclingorientierte Produktentwicklung"[102] wird grundlegend zwischen verschiedenen Arten der Kreislaufführung unterschieden. Der Begriff ‚Recycling' bezeichnet hier lediglich das ‚Im-Kreislauf-Halten' von Produkten, Materialien und Stoffen. Aus Sicht der Lebenszyklus-Stoffstromperspektive werden beim industriellen Recycling drei Kreislaufarten unterschieden:[103]

- Produktionsabfallrecycling/Produktionsrücklaufrecycling: Bei der Produktion eines Produkts anfallende Stoffe und Materialien werden meist produktionsintern im Kreislauf geführt. Die rechtliche Abfalleigenschaft der Materialien ist nicht gegeben.[104] Zumeist liegen die Materialien vergleichsweise sortenrein und unverschmutzt vor.
- Produktrecycling: Verwendung oder Verwertung von Produkten bzw. von Produktteilen in Kreisläufen; Recycling während des Produktgebrauchs oder direkt nach der Nutzungsphase.
- Altstoffrecycling: Nach ihrer Entledigung werden Produkte oder Materialien in Kreisläufen geführt. Die rechtliche Abfalleigenschaft ist gegeben. Oftmals liegen geringe Sortenreinheit und Verschmutzungen vor.

Diese Differenzierung berücksichtigt den Zeitpunkt im Lebenszyklus, in dem recycelt wird (bei der Produktherstellung, beim Produktgebrauch oder nach der Entledigung/Entsorgung).

---

102 Teilweise ist diese Unterscheidung ausführlicher beschrieben in der inzwischen veralteten Vorgänger-Richtlinie von 1993 VDI 2243: „Konstruieren recyclinggerechter technischer Produkte – Grundlagen und Gestaltungsregeln". Im Vergleich zu ihrer neuesten Version hat diese eine andere Schwerpunktsetzung. Diese Unterscheidungen sind auch heute noch relevant. Auf sie wird beispielsweise in noch gültigen VDI-Richtlinien zurückgegriffen, vgl. VDI (1993); VDI (2001).

103 Vgl. Schmid (1996), S. 173; VDI (1993), S. 4–6; VDI (2001), S. 6.

104 Zur Definition der Abfalleigenschaft im Kreislaufwirtschaftsgesetz: *„Abfälle […] sind alle Stoffe oder Gegenstände, derer sich ihr Besitzer entledigt, entledigen will oder entledigen muss."* Bundesministerium der Justiz und für Verbraucherschutz (2012), S. 6.

Des Weiteren gibt es beim Recycling eine Trennung nach den Aspekten Verwendung und Verwertung. Diese Einordnung findet sich, mit einer Priorisierung unter ökologischen und ökonomischen Gesichtspunkten (Verwendung vor Verwertung), beispielsweise in der Recyclingkaskade für EoL-Produkte, was in Abbildung 11 dargestellt wird. Recycling ist gemäß den VDI-Richtlinien somit zunächst der Oberbegriff für Verwendung und Verwertung.[105]

Die Verwendung von Produkten oder deren Komponenten ist ein Recyclingprozess, der ihre jeweilige Form und/oder Funktion erhält. Hierzu sind in der Regel fertigungstechnische Aufarbeitungsschritte erforderlich.[106]

Die Verwertung beinhaltet die Auflösung der Form von Produkten im Recyclingprozess in Verbindung mit (verfahrenstechnischen) Aufbereitungsschritten. Die stoffliche Verwertung ersetzt Rohstoffe durch das Gewinnen von Stoffen aus Abfällen oder EoL-Produkten (rohstoffliche Verwertung) oder durch die Nutzung der stofflichen Eigenschaften von Abfällen (werkstoffliche Verwertung) mit Ausnahme der unmittelbaren Energierückgewinnung. Hauptzweck der stofflichen Verwertung ist die Nutzung des Abfalls und nicht die Beseitigung eines Schadstoffpotenzials. Energetische Verwertung hingegen nutzt Abfälle als Ersatzbrennstoff zur Energiegewinnung.[107]

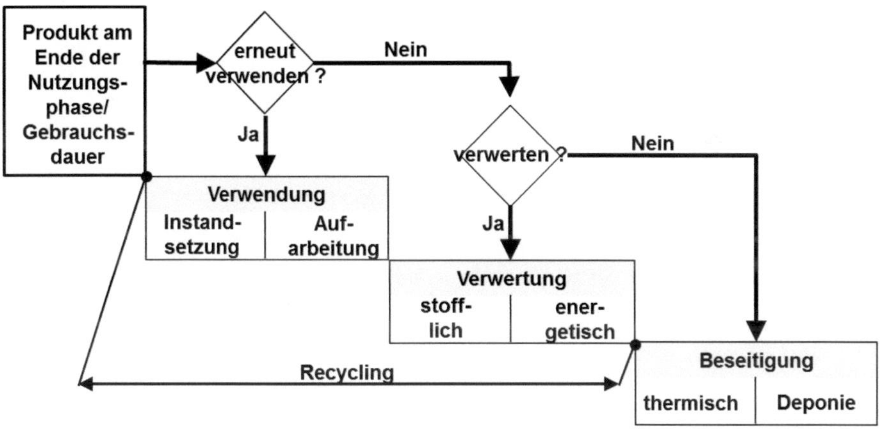

Abbildung 11: Recyclingkaskade[108]

105 Vgl. VDI (2002), S. 10 f.
106 Vgl. VDI (2001) S. 6; VDI (2002), S. 35; Schmid (1996), S. 173.
107 Vgl. VDI (2001), S. 7 f., VDI (2002), S. 35; Schmid (1996), S. 173.
108 VDI (2002), S. 10, Bild 3.2.

Die Priorisierung der Verwendung/Aufarbeitung vor der Verwertung/Aufbereitung in der Recyclingkaskade steht im Einklang mit der grundsätzlichen Einschätzung, dass erstere für den ökologischen Wirkungsgrad und das erhaltene Wertniveau in der Regel vorteilhafter ist.[109] Im Folgenden werden die Begriffe ‚Verwendung' und ‚Verwertung' im Zusammenhang mit Re-Use und Recycling näher betrachtet.

In technischen Normungs- und Standardisierungsdokumenten wird nach dem nachfolgenden Verwendungszweck bzw. Anwendungsfall eines Produkts unterschieden. Während die Wiederverwendung die erneute Nutzung von gebrauchten Produkten oder Produktkomponenten für den gleichen wie für den ursprünglichen Verwendungszweck bezeichnet, dient die Weiterverwendung einem anderen als dem ursprünglichen Verwendungszweck. Bei beiden Optionen bleibt die Gestalt des Produkts erhalten oder wird nur geringfügig verändert. Wieder- und Weiterverwendung umfassen Test-, Aufarbeitungs-, Reparatur-, Instandsetzungs- und Qualitätssicherungsschritte. Das Produkt und seine Funktionalität bleiben weitestgehend erhalten.[110]

Bei Wieder- und Weiterverwendung muss der Zustand des aufgearbeiteten Produkts nicht zwingend neuwertig sein, sondern lediglich funktionsfähig. Das Produkt darf Gebrauchsspuren aufweisen. Normalerweise wird es nicht vollständig zerlegt, sondern begrenzt aufgerüstet und/oder instandgesetzt. Schritte des Aufarbeitungsprozesses umfassen dann Inspektion und Funktionalitätsprüfung, Reinigung, Aufrüsten/Reparatur und Wartung.[111]

Dagegen verbessert Remanufacturing/Refabrikation den Zustand eines gebrauchten Produkts oder von Komponenten auf ein neuwertiges Niveau:

> *„Remanufacturing is the restoration of used products to a like-new condition, providing them with performance characteristics and durability at least as good as those of the original product. Through a series of industrial processes, worn-out or discarded products are completely disassembled, their useable component parts are cleaned and refurbished, new parts are provided where necessary, and the parts are reassembled and tested to produce units meeting new product performance standards. These operations are performed in a factory environment and the assembly proc-*

[109] Vgl. Warnecke und Steinhilper (1982), S. 753.

[110] Vgl. BSI (2011); Chapman et al. (2009), S. 8 f.; VDI (2002), S. 35; VDI (2014a), S. 28.

[111] Vgl. VDI (2014a), S. 28 f. In englischen Literaturquellen werden oftmals ausschließlich Wieder- und Weiterverwendungen mit dem Begriff ‚Re-Use' bezeichnet; diese Richtlinie begründet eine inhaltlich weitere Definition von Re-Use.

> *esses are usually very similar to those employed in making the product originally.*“[112]

Der Kunde erhält ein dem Neuprodukt in Funktionalität und Aussehen gleichwertiges Produkt. Es kann auch Aufrüstungen des Ursprungsprodukts aufweisen, um dem technischen Fortschritt Rechnung zu tragen. Das unterscheidet Remanufacturing grundlegend von Reparatur bzw. Instandsetzung, wie sie bei Wieder- und Weiterverwendung Bestandteil ist. Im Gegensatz zur Wieder- oder Weiterverwendung wird das Produkt komplett zerlegt und dessen Teile werden in einen neuwertigen Zustand versetzt. Ebenso fällt unter Remanufacturing die Komponentenkannibalisierung (gebrauchte Komponenten werden in einem neuen Produkt verwendet).[113] Zum Remanufacturing gehören Demontageschritte des Altprodukts, das Instandsetzen und Ersetzen von Komponenten, aber auch das Testen der einzelnen Teile und des ganzen Produkts, um die Erfüllung der Originaldesignspezifikation sicherzustellen. Außerdem wird das Produkt mindestens auf seine ursprüngliche Leistungsfähigkeit gebracht, um eine zu Neuprodukten gleichwertige Herstellergarantie gewähren zu können. Steinhilper (1999) unterteilt den Remanufacturingprozess in fünf aufeinanderfolgende Schritte, die von Prüf- und Qualitätssicherungsschritten begleitet werden:[114]

1. Komplette Zerlegung des Produkts
2. Vollständige Reinigung aller Teile
3. Inspektion und Sortieren der Teile
4. Instandsetzen der Teile und/oder Ergänzen mit Neuteilen
5. Montage des Produkts.

Während ein unter einem Wiederverwendungsansatz hergestelltes Produkt nur für einige wenige Prozessschritte wieder in die Produktionphase/Refabrikationsphase geht, werden beim Remanufacturing umfangreiche Produktionsschritte durchgeführt. Die Unterschiede zwischen Wieder-/Weiterverwendung und Remanufacturing zeigt Tabelle 3.

Wieder- und Weiterverwendung sowie Remanufacturing haben gemeinsam, dass sie bereits gebrauchte Produkte oder Materialien nach deren Lebenszyklusende oder nach einer vorhergehenden Nutzungsphase als Ausgangsbasis verwenden. Dementsprechend benötigen sie eine Rückführlogistik, Funktionsüberprüfungen, Qualitätssicherungsschritte und

---

112 Lund (1985), S. 1 f.; ähnlich auch Lund und Hauser (2012), S. 2.

113 Vgl. Ferrer und Guide (2002), S. 510; Guide (2000), S. 468; Lindahl et al. (2006), S. 124 f.; Lund und Hauser (2010), S. 2; Niemann et al. (2009), S. 149 f.

114 Vgl. BSI (2011); Steinhilper (1999), S. 40.

Instandsetzung. Instandsetzung als eigener Ansatz wird als Zwischenschritt auf einem Spektrum zwischen Wieder-/Weiterverwendung und Remanufacturing verstanden.

Tabelle 3: Abgrenzung zwischen Wiederverwendung und Remanufacturing

Re-Use	
Wieder-/Weiterverwendung	**Remanufacturing**
Produkt wird üblicherweise nicht komplett zerlegt, sondern nur auf Funktion getestet	Produkt wird komplett zerlegt
Produkt wird auf einen funktionsfähigen Zustand gebracht, Gebrauchsspuren können vorhanden sein	Produkt wird auf einen ‚Wie-neu-Zustand' gebracht; der Kunde nimmt es als neu oder sehr ähnlich zu einem Neuprodukt wahr
Nur beschränkte Aufrüstung	Produkt wird auf den aktuellen Stand der Technik gebracht und kann in seiner Funktionalität erweitert werden
Wenige Produktionsprozessschritte, zumeist Reinigung und Qualitätssicherung; keine komplette Demontage	Komplette Demontage; viele Instandsetzungs-, Upgrade- und Montageschritte
Nutzung im ursprünglichen oder in einem anderen Verwendungszweck	Üblicherweise gleicher Verwendungszweck wie ursprüngliches Produkt

Ausgehend von diesen Vorüberlegungen und Definitionen, **wird unter einem Re-Use-Ansatz in dieser Arbeit die Herstellung eines physischen Produkts durch die nochmalige Verwendung einzelner gebrauchter Komponenten oder eines gebrauchten Produkts verstanden.** Die Verwendung bei Re-Use kann mit dem gleichen oder einem anderen als dem ursprünglichen Verwendungszweck erfolgen (Wieder- und Weiterverwendung). Das schließt Zerlege- und Wiederaufarbeitungsschritte mit ein. Durch Re-Use wird die Nutzungsphase eines Produkts verlängert bzw. es werden zusätzliche Nutzungsphasen ermöglicht. Die betroffene Kreislaufart des Recyclings ist in erster Linie das Produktrecycling. Das Altstoffrecycling im Sinne der Wiedergewinnung entledigter ganzer Produkte oder Komponenten aus Abfallströmen spielt in der Praxis eine eher untergeordnete Rolle. In einem solchen Fall handelt es sich meist um Weiterverwendung.

> *„Re-Use stellt einen wertschöpfenden und wertwiedererschließenden Produktionsprozess dar, in dem gebrauchte Produkte als Ausgangsmaterial dienen."*[115]

[115] VDI (2014a), S. 37.

Ziel von Re-Use ist es, die Produktfunktionalitäten wiederherzustellen oder zu erhalten und gebrauchte bzw. aus dem Betrieb ausgeschiedene Produkte oder Komponenten einer erneuten Verwendung zuzuführen. Das Produkt geht dabei von einem vorhergehenden Nutzer zunächst zu einem aufarbeitenden Unternehmen, bevor es abermals zu einem Nutzer gelangt. Das Produkt bzw. die Komponente bleiben in physischer Gestalt und Funktionalität erhalten. Dabei kann das Produkt auf einen funktionsfähigen Stand oder auf einen neuwertigen Zustand gebracht werden. Diese Definition von Re-Use schließt also Wieder-/ Weiterverwendung und Remanufacturing mit ein.[116]

Abbildung 12 stellt ein generisches Ablaufschema für Re-Use-Prozesse vor. Dargestellt werden die Bestandteile eines Re-Use-Aufarbeitungsprozesses mit vor- und nachgelagerten Tätigkeiten. Die grobe Unterteilung des Prozesses schließt Rückführlogistik, Aufarbeitung und Wiedervermarktung mit ein.

Nach der Einordnung des Re-Use-Ansatzes folgt nun die Einordnung des Recycling-Ansatzes.

Die Verwertung beinhaltet die Auflösung der Form von Produkten im Recyclingprozess. Hierzu werden in der Regel verfahrenstechnische Aufbereitungsschritte erforderlich. Dabei ist zwischen der energetischen und der stofflichen Verwertung zu unterscheiden.[117]

Bei der energetischen Verwertung werden Produkte oder Materialien so aufbereitet, dass sie in Kraftwerken oder Müllverbrennungsanlagen zur Energiegewinnung genutzt werden können. Sie ersetzen in diesem Fall etwa fossile Energieträger. Die Stoffe und Materialien können für eine weitere physische Verwendung in Form eines Produkts nicht genutzt werden und stehen deshalb im industriellen Kreislauf nicht mehr zur Verfügung.[118]

Stoffliche Verwertung ist eine Recyclingform, bei der Rohstoffe durch das Gewinnen von Stoffen aus Abfällen, EoL-Produkten (rohstoffliche Verwertung) oder durch die Nutzung der stofflichen Eigenschaften der Abfälle (werkstoffliche Verwertung), mit Ausnahme der unmittelbaren Energierückgewinnung, ersetzt werden. Hauptzweck ist die erneute Nutzung des EoL-Produktionsabfalls, des EoL-Produkts oder von Altstoffen als Input im Produktionsprozess.

---

116 Vgl. VDI (2014a), S. 30–36.

117 Vgl. VDI (2001), S. 7 f.; VDI (2002), S. 35; Schmid (1996), S. 173. Beispielsweise beschreiben Rogers und Tibben-Lembke (1998), S. 261 dies als die Reduktion eines Produkts auf seine Basiselemente.

118 Vgl. Schmid (1996), S. 173; VDI (2001), S. 7 f.; VDI (2002), S. 35; VDI (2014b), S. 30.

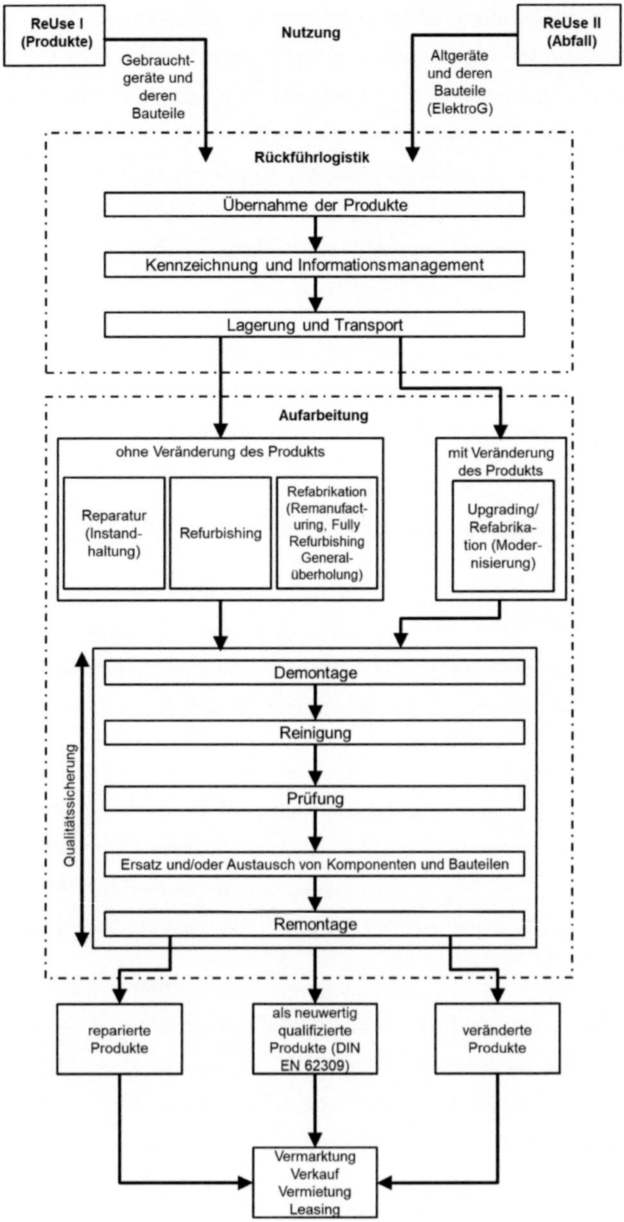

Abbildung 12: Re-Use-Prozesskette[119]

---

[119] VDI (2014a), S. 28, Bild 3.

Die werkstoffliche Verwertung entspricht dem, was gewöhnlich als Materialrecycling bezeichnet wird. Es ist ein materielles und funktionales Recycling: Das Material an sich und seine Funktionalität bzw. seine technischen Eigenschaften werden bewahrt. Die chemische Struktur der separierten Fraktionen bleibt nahezu unverändert erhalten. Dieses Recycling kommt zur Anwendung, wenn Fraktionen sauber und sortenrein vorliegen. Das ermöglicht die Einhaltung von Qualitätsanforderungen des Sekundärmaterials im Vergleich zu Primärmaterialien. Nachdem Produkte, Produktionsabfälle oder Altstoffe über rückführlogistische Schritte einem Aufbereitungsprozess zugeführt wurden, werden sie in ihrer physischen Form aufgelöst.[120] Die Bandbreite reicht vom nicht-zerstörenden Recycling (Produkt wird nur deformiert; kein Entfernen oder Hinzufügen von Bestandteilen) bis zum konventionellen Recycling (Produkt wird komplett in seine Bestandteile zerlegt oder zerkleinert, damit es in der Herstellung von Neuprodukten als herkömmliches Inputmaterial dienen kann; destruktiver Prozess).[121]

Diese stoffliche Verwertung und Formauflösung kann generell durch mechanisches, metallurgisches/thermisches oder chemisches Recycling umgesetzt werden. Mechanisches Recycling umfasst physische Zerkleinerungsverfahren wie Schreddern, Granulieren, Mahlen etc. Metallurgisches/thermisches Recycling setzt hohe Temperaturen ein, um Strukturen zu trennen. Chemisches Recycling nutzt chemische Reaktionen und Katalysatoren oder Lösungsmittel, zum Beispiel bei der Depolymerisation im Kunststoffrecycling.[122]

Aus diesen Ausführungen wird folgende definitorische Eingrenzung abgeleitet: **Unter einem Recycling-Ansatz wird in dieser Arbeit die Herstellung eines physischen Produkts aus Material verstanden, das bereits einmal zur Herstellung eines Produkts verwendet wurde.** Hochwertiges Recycling fokussiert auf Anwendungen mit hohen technischen und/oder funktionalen Anforderungen. Das schließt Material, gewonnen aus Produktionsabfällen, gebrauchten Produkten und Altstoffen ein. Das Sekundärmaterial ist für einen zumindest gleichwertigen Anwendungsfall wiederverwendbar.[123] Charakteristisch für Recyclingmaterialien ist, dass sie oder ihre Ausgangsprodukte gesammelt und rückgeführt, durch technische Prozesse aufbereitet und schließlich der Herstellung neuer Produkte zugeführt werden.

---

120 Vgl. Niemann et al. (2009), S. 149; Schmid (1996), S. 173; VDI (2001), S. 7 f.; VDI (2002), S. 35; VDI (2014b), S. 3.

121 Vgl. Allwood et al. (2011), S. 372.

122 Vgl. VDI (2010), S. 4–30; Yang et al. (2012), S. 55–59 für eine weitere Beschreibung.

123 In Abgrenzung zu Downcycling.

Das rohstoffliche Recycling – der Ersatz eines Primärrohstoffes – steht nicht im Fokus dieser Arbeit, sondern Materialien als bereits bearbeitete Rohstoffe mit definierten technischen Eigenschaften (Werkstoffe).[124] Ebenfalls nicht betrachtet wird die energetische Verwertung. Sie stellt die ökologisch und ökonomisch niedrigste Stufe von Recycling im Sinne der Recyclingkaskade dar.

Abbildung 13 verdeutlicht die Sequenz der einzelnen Prozessschritte bei Recycling- und Re-Use-Ansätzen. Die Abbildung veranschaulicht zudem Unterschiede und Gemeinsamkeiten.

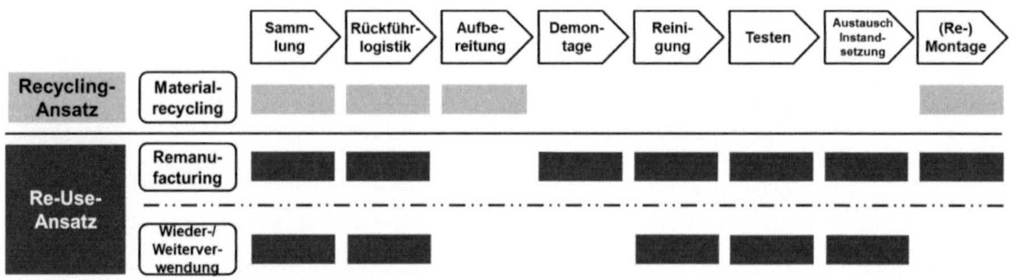

Abbildung 13: Schematische Sequenz einzelner Prozessschritte von Recycling- und Re-Use-Ansätzen

2.2.2. Ökonomische und technische Vorbedingungen für Recycling und Re-Use

Dieses Kapitel stellt auf der Basis empirischer Studien und einschlägiger Literatur die direkten, produktbezogenen, ökonomischen und technischen Voraussetzungen für Recycling- und Re-Use-Ansätze vor.

Bei Recyclingmaterialien sind die Beschaffungskosten des Sekundärmaterials ein grundlegendes ökonomisches Entscheidungskriterium, auch im Vergleich zu den Kosten für Neumaterial. Die Kosten des Recyclingmaterials ergeben sich aus den Kosten für die Sammlung und die Rückführlogistik, die tendenziell kleinteilige Quellen erfassen muss, sowie für die Aufbereitung des Materials.[125] Die Aufbereitung ist notwendig, da sortenreine Recyclingmaterialien in EoL-Produkten oder Abfallströmen meist nicht gegeben sind, sondern gemischte Fraktionen vorliegen. Dahmus und Gutowski (2007) sehen auf der Basis einer empirischen Analyse von 20 verschiedenen Produkten in einem hohen Materialwert den

[124] Die Grenzen zwischen werkstofflichem Recycling = Materialrecycling und rohstofflichem Recycling werden zudem in der Praxis als fließend angesehen.

[125] Vgl. Fleischmann et al. (2000), S. 659.

Schlüssel zum ökonomischen Einsatz von Recyclingmaterial. Je höher der Materialwert von Gebrauchtprodukten oder Produktionsabfällen ist, umso mehr Separations-/Aufbereitungsschritte sind zur Rückgewinnung sortenreiner Sekundärmaterialien wirtschaftlich durchführbar. Materialrecycling ist ökonomisch vorteilhaft, wenn die Recyclingkosten zur Gewinnung des Sekundärmaterials kleiner oder gleich den Kosten für Neumaterial zuzüglich der bei Nicht-Kreislaufführung anfallenden Beseitigungskosten sind. Diese Bedingungen sind in folgender Gleichung formalisiert:[126]

$$\boldsymbol{K_r} \leq \boldsymbol{K_n} + \boldsymbol{K_b}\mathrm{k_v m_p c_v} > \mathrm{k_c m_p} > 0\mathrm{K_r{\leq}K_n} + \mathrm{K_b k_v} > \frac{\mathrm{k_c}}{\mathrm{c_v}} > 0$$ [127]

K_r: Kosten für Gewinnung des Recyclingmaterials

K_n: Kosten des Neumaterials

K_b: Kosten für die Beseitigung, falls ein Produkt oder Materialstrom nicht im Kreislauf geführt wird

Oder detaillierter aufgeschlüsselt und unterteilt:

$$\boldsymbol{K_l} + \boldsymbol{K_d} + \boldsymbol{K_a} - \boldsymbol{K_b} \leq \boldsymbol{K_n}$$

K_l: Kosten für Sammlung und Rückführlogistik

K_d: Kosten für Demontage (falls nötig) und Separation

K_a: Kosten für Aufbereitung des Materials

Als ökonomische Bedingung für den Einsatz von Recyclingmaterial gilt, dass die Kosten für die Gewinnung eines qualitativ gleichwertigen Recyclingmaterials gleich oder niedriger sein sollten als die Kosten für ein entsprechendes Neumaterial. Die Recyclingkosten umfassen die Kosten für die Sammlung und Rückführlogistik, gegebenenfalls für die Demontage und die Aufbereitung aus einem (gemischten) Ausgangsmaterialstrom bzw. aus Pro-

---

[126] Vgl. Dahmus und Gutowski (2007), S. 7545–7547; Dahmus und Gutowski untersuchen Materialströme und setzen den Marktwert eines Reyclingmaterials in Beziehung zu seinen Aufbereitungskosten. Hierbei wird auch die Konzentration eines Zielmaterials in einem Materialstrom berücksichtigt, vgl. VDI (2002), S. 12 f.

[127] Diese Gleichung wird abgeleitet aus den Formeln der VDI-Richtlinie 2243, die hieraus u. a. aus einer Kostenbetrachtung eine Kennziffer für die Materialkreislaufeignung herleitet. *„Basis der Berechnung ist dafür das Verhältnis aus Summe der Kosten, die bei der Beseitigung des Bauteils entstehen und der Kosten für „Neuware", die qualitativ den Eigenschaften des durch Recycling gewonnenen Sekundärmaterials (Rezyklats) entspricht zu den Kosten des Bauteils, wenn es stofflich verwertet wird (Demontage, Aufbereitung und Logistik). Als Ergebnis ist ein bauteilbezogenes Material dann kreislaufgeeignet, d. h. stofflich wirtschaftlich verwertbar, wenn [diese Kennziffer] > 1 ist."* VDI (2002), S. 13.

dukten, abzüglich der Kosten, die ansonsten für die Beseitigung des Produkts oder des Abfallstroms entstehen würden.

Unter Berücksichtigung der 2. Hauptbedingung (‚ökonomische Tragfähigkeit') aus Kapitel 2.1.2 gilt:

$$\boldsymbol{W_{t1} - W_{t0} + K_b \geq K_n}$$

W_{tn}: *Wertniveau zum Zeitpunkt n*

Die Werterhaltung des Sekundärmaterials zuzüglich ansonsten anfallender Beseitigungskosten ist größer oder gleich den Kosten für Neumaterial.

Daraus folgt: Je geringer der Materialwert eines EoL-Produkts oder Produktionsabfalls ist, desto weniger Sammel- und Aufarbeitungsschritte sind tendenziell profitabel durchführbar. Ebenso gilt, dass eine Aufbereitung auch für Materialien mit vergleichsweise geringem relativem Materialwert ökonomisch umso vorteilhafter ist, je sortenreiner Materialien in einem Produkt oder Abfallstrom vorkommen, da dies tendenziell die Aufbereitung erleichtert bzw. weniger Aufbereitungsschritte erfordert. Vor allem nicht komplexe Produkte, die wenige Aufbereitungsschritte bedingen, mit kurzen Lebenszyklen und großen Stückzahlen werden dem Materialrecycling zugeführt, und zwar trotz zum Teil niedrigem Materialwert.[128]

Recyclingprozesse sind im Vergleich zum Re-Use bei der Werterhaltung von EoL-Produkten weniger effizient, da sie nur Materialien oder Rohstoffe wiedererschließen, aber nicht die Wertschöpfung zur Komponente oder zum Produkt.[129]

Ein Unternehmen wird als grundlegende ökonomische Vorbedingung dann den Einsatz von Recyclingmaterial für die Herstellung von Produkten und Komponenten in Erwägung ziehen, wenn dessen Gewinnungskosten unter den Kosten für Neumaterial und Beseitigung liegen. Zusätzliche Kosten können für Adaptierungen an Produktionsprozessen einzelfallspezifisch erforderlich werden.[130] Die Nachfrage nach aus Recyclingmaterial bestehenden Neuprodukten und deren Verkaufspreise werden als unabhängig vom Einsatz von Neu- oder Recyclingmaterial vorausgesetzt, wobei Vorbehalte gegenüber dem Einsatz von Recyclingmaterial in Lieferketten eine Rolle spielen können.[131]

---

128 Vgl. für eine Übersicht Fleischmann et al. (2000), S. 662; Niemann et al. (2009), S. 3 f.
129 Vgl. Gallo et al. (2012), S. 211.
130 Vgl. Regenfelder et al. (2014), S. 172.
131 Vgl. Dillon (1999), S. 201; Regenfelder et al. (2014), S. 175 f.

Die Wirtschaftlichkeit von Re-Use-Ansätzen ist

> *„maßgeblich abhängig*
> - *vom Zugang zu Informationen (Produkt, Märkte),*
> - *von der Art der Produkte (Konsum-/Investitionsgüter, Marktzyklus),*
> - *vom Zugang zu den Produkten (Beschaffung),*
> - *von dem Umfang und den Anforderungen der technischen Aufarbeitungsprozesse,*
> - *[vom] Grad der manuellen Arbeitsanteile (Lohnkosten) [und]*
> - *von den Absatzmöglichkeiten (Remarketing).“*[132]

Mit dieser Aufzählung wird verdeutlicht, dass CL-GM eine Managementaufgabe sind und nicht rein technisch betrachtet werden sollten.

Die ökonomischen Voraussetzungen für Re-Use ähneln zunächst denen des Recyclings. Auf der Beschaffungsseite sind die Quellen wiederum tendenziell kleinteilig und nur in geringen Losgrößen vorhanden. Die Rückführlogistik wird hierdurch komplexer und zum Kostenfaktor.[133] Weitere direkte Kosten der Beschaffung kommen hinzu, beispielsweise für den Ankauf noch funktionsfähiger Gebrauchtgeräte. Auch die Kosten des Aufarbeitungsprozesses bei Re-Use, der Inspektions-, Zerlege-, Instandsetzungs- und Montageschritte mit einschließen kann, sind zu berücksichtigen. Da der Aufarbeitungsprozess generell viele manuell durchzuführende Arbeitsschritte enthält, sind die Lohnkosten ein wichtiges Kriterium für die Wirtschaftlichkeit. Die Prozessschritte bei Re-Use gehen in ihrem Umfang über die Materialaufbereitung des Recyclings hinaus.[134]

Dem entgegen steht die Wertschöpfung bzw. Werterhaltung: Den Gebrauchtgeräten oder -komponenten wird durch den Aufarbeitungsprozess wieder Wert hinzugefügt. Das setzt einen dem gebrauchten Produkt inhärenten, durch Aufarbeitungsschritte wieder erschließbaren Wert voraus. Die Funktionsfähigkeit eines Produkts oder von Komponenten und somit die Wertschöpfung durch die ursprüngliche Neuproduktion bleiben erhalten. Kostenersparnisse im Vergleich zur Neuproduktion liegen in der Einsparung oder Substitution kos-

---

132 VDI (2014a), S. 37.
133 Vgl. Fleischmann et al. (2000), S. 659; Lundmark et al. (2009), S. 134–136.
134 Vgl. Chapman et al. (2009), S. 107 f.; Guide (2000), S. 473; Lundmark et al. (2009), S. 134–136; VDI (2014a), S. 37.

tenintensiver Prozesse: Teilweise werden Kosten für die Produkt- oder Komponentenentwicklung und für Fertigungsprozesse sowie Materialkosten eingespart.[135]

Fleischmann et al. (2000) kommen in ihrer Metastudie über Recycling- und Re-Use-Netzwerke zu dem Ergebnis, dass Re-Use in der Praxis hauptsächlich bei komplexen Produkten mit hohen Materialwerten stattfindet.[136] Wie hoch die Wertschöpfung durch die Aufarbeitung ist, orientiert sich auch am Verkaufspreis von Neuprodukten abzüglich eines relativen Abschlags: Die Zahlungsbereitschaft der Kunden für Gebrauchtprodukte ist erfahrungsgemäß geringer als für Neuprodukte. Mit diesen konkurrieren Re-Use-Produkte in vielen Fällen direkt auf dem Absatzmarkt. Eine ökonomische Barriere wird daher in den Verkaufspreisen von Neuprodukten im Vergleich zu aufgearbeiteten Produkten gesehen. Wenn der Neupreis wenig Abstand zum Preis eines Re-Use-Produkts hat, bedroht dies die Wettbewerbsfähigkeit von Re-Use.[137] Aus diesen Überlegungen ergibt sich folgende Formalisierung für die ökonomische Tragfähigkeit von Re-Use-Ansätzen: $\mathrm{k_b + k_d + k_i + k_m < p_r - (k_b + k_d + k_i + k_m) = w > 0}$

$$\boldsymbol{K_r} \leq \boldsymbol{P_r} + \boldsymbol{K_b}$$[138]

K_r: Kosten für Gewinnung des Recyclingmaterials

P_r: Marktpreis Re-Use-Produkt oder -Komponente

K_b: Kosten für die Beseitigung, falls ein Produkt oder Materialstrom nicht im Kreislauf geführt wird

unter der Nebenbedingung $\mathrm{P_r} < \mathrm{P_n}$

$$\boldsymbol{P_r} < \boldsymbol{P_n}$$

P_n: Marktpreis Neuprodukt oder -komponente$\mathrm{P_r} < \mathrm{P_n}$

Die Kosten für die Erstellung eines Re-Use-Produkts sind geringer oder gleich dem Marktpreis dieses Produktes. Hinzu kommen ansonsten anfallende Beseitigungskosten des Alt-

135 Vgl. Chapman et al. (2009), S. 13 f.; VDI (2014a), S. 4.

136 Vgl. Fleischmann et al. (2000), S. 657–659. Die VDI-Richtlinie 2243 wägt in diesem Zusammenhang auch die Wirtschaftlichkeit ab, indem sie die Kosten eines Neuprodukts/einer Neukomponente zuzüglich der ansonsten anfallenden Beseitigungskosten den Recyclingkosten des Alt-Produktes/der Alt-Komponente gegenüberstellt. Bei Letzterem werden Demontage, Logistik und Aufarbeitung berücksichtigt. Eventuelle Ankaufkosten fehlen bei dieser Praxis ebenso wie Preisabschläge von Re-Use-Produkten oder -Komponenten im Vergleich zu Neuprodukten oder -komponenten, vgl. VDI (2002), S. 13 f.

137 Vgl. Chapman et al. (2009), S. 12.

138 Formel aus eigener Herleitung, ähnlich wie bei VDI (2002), S. 14.

Produkts, sofern diese vom Aufarbeiter oder Hersteller zu tragen wären. In der Regel liegt der Preis eines Re-Use-Produkts unter dem Preis eines entsprechenden Neuprodukts. Insgesamt setzen sich die Re-Use-Kosten aus eventuell anfallenden Kosten für den Ankauf von Altprodukten, für die Sammlung und Rückführlogistik, für die Demontage, für die Reinigung, für Funktionstests, gegebenenfalls für den Austausch/die Instandsetzung oder für Upgrades und für (Re-)Montage zusammen. Sie müssen in Summe geringer als oder gleich dem zu erzielenden Marktpreis des Re-Use-Produkts sein.

$$\boldsymbol{K_{ak} + K_l + K_d + K_{re} + K_t + K_i + K_m - K_b \leq P_r}$$

K_{ak}: *Ankaufkosten Gebrauchtprodukt*

K_l: *Kosten für Sammlung und Rückführlogistik*

K_d: *Kosten für Demontage*

K_{re}: *Reinigungskosten*

K_t: *Kosten für Funktionalitätstests*

K_i: *Kosten für Instandsetzung, Austausch oder Upgrade*

K_m: *Kosten für (Re-)Montage.*

Unter Einbezug der 2. Hauptbedingung (‚ökonomische Tragfähigkeit') aus Kapitel 2.1.2 gilt:

$$\boldsymbol{W_{t3} - W_{t0} + K_b \geq P_r}$$

W_{tn}: *Wertniveau zum Zeitpunkt n*

Der Preis des Re-Use-Produkts entspricht maximal der Werterhaltung zuzüglich eventuell anfallender Beseitigungskosten.

Im Gegensatz zum Recycling spielen bei Re-Use die Kosten für den Ankauf der Gebrauchtprodukte für die Wirtschaftlichkeit eine wichtige Rolle.[139] Ebenso wird deutlich, dass für die Wirtschaftlichkeit von Re-Use-Ansätzen die am Markt erzielbaren Preise für Gebrauchtprodukte von Bedeutung sind. Das setzt allerdings eine Nachfrage am Markt nach dem Produkt voraus. Abbildung 14 aus der VDI-Richtlinie 2343 „Recycling elek-

---

[139] Vgl. VDI (2014a), S. 37.

tr(on)ischer Geräte: Blatt 7 ReUse" verdeutlicht dies exemplarisch. Nur wenn für ein Produkt nach einer ersten Nutzungsphase immer noch ein Markt besteht, ist sein Re-Use möglich. Bei Produkt A besteht eine Nachfrage, bei Produkt B nicht. Somit ist auch der Lebenszyklus des Marktes im Sinne einer integrierten Betrachtung von Produkt- und Marktlebenszyklus von entscheidender Bedeutung für die ökonomische Beurteilung eines Re-Use-Ansatzes.

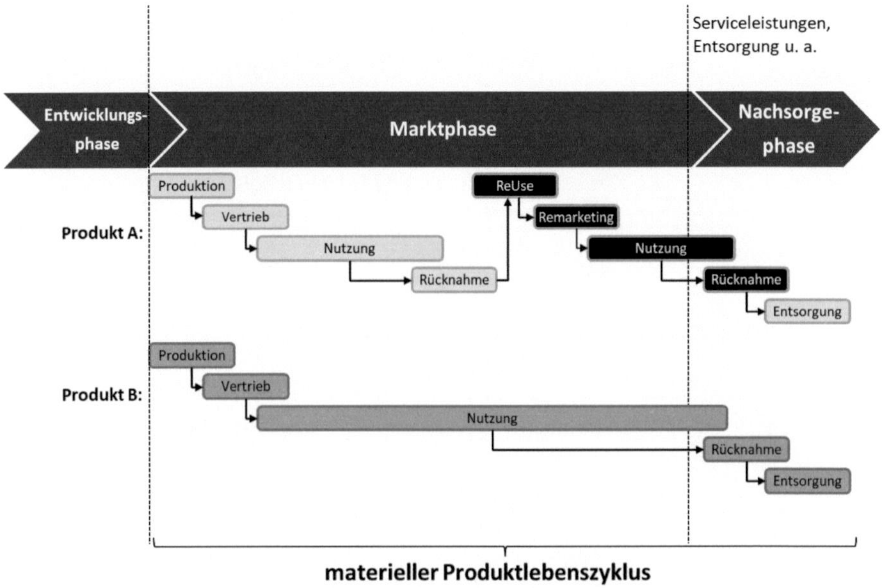

Abbildung 14: Integriertes, kreislauforientiertes Markt- und Produktlebenszyklusmodell[140]

Diese Arbeit versteht unter einem Recyclingansatz die Herstellung eines komplexen Produkts aus Sekundärmaterial. Folglich ergeben sich direkte technische Voraussetzungen aus den Spezifikationen von Produkten, die aus Recyclingmaterial hergestellt werden sollen. Technische Produkte haben Anforderungen an Materialien, wie Festigkeit oder Gefahrstofffreiheit, denen auch bei Verwendung von Recyclingmaterial entsprochen werden muss. Insbesondere bei Recyclingmaterial als Produktionsinput ist das Augenmerk darauf

[140] VDI (2014a), S. 43, Bild 6. Anmerkung in der Richtlinie zur Abbildung: *„In der Realität hängt die Dauer der Nutzung nicht nur von den Produkteigenschaften ab, sondern auch von den individuellen Nutzerpräferenzen. Somit wird eine Produkt-Nutzer-Kombination relevant für die Länge der jeweiligen Nutzungsdauer. Dies wird zur Vereinfachung in der Grafik nicht dargestellt. Es wird außerdem beispielhaft bei Produkt A von nur einer zusätzlichen Wieder- und Weiterverwendung ausgegangen. Wenn Produkte langlebiger sind und seitens der Kunden Nachfrage besteht, können mehrere Nutzungsschleifen stattfinden. Dies symbolisiert der gestrichelte Pfeil von Rücknahme zu ReUse bei Produkt A."*

zu richten, wenn die funktionalen Anforderungen eines Produkts an seinen Werkstoff hoch sind. Zudem verändern sich die Materialeigenschaften von Sekundärmaterial durch Recyclingprozesse im Vergleich zu Neumaterial häufig. Beispielsweise können durch Zermahlen die Stoffeigenschaften verändert werden oder Verunreinigungen des Recyclingmaterials auftreten. In diesem Fall muss sichergestellt werden, dass die Spezifikationen des Produkts auch durch Sekundärmaterial eingehalten werden können. Hierzu sind geeignete Recyclingprozesse und -methoden, Spezifikationen für Recyclingmaterial sowie Prüfverfahren für die Materialqualität des Rezyklats festzulegen. Auch geeignete oder von der Produktion mit Neumaterial abweichende Produktionsverfahren sind zu prüfen.[141]

Insgesamt muss das Sekundärmaterial die Spezifikationen, die vom Produkt ausgehen, erfüllen und geeignete Aufbereitungs- sowie Produktionsverfahren müssen verfügbar sein.[142]

Re-Use-Ansätze haben unter technischen Aspekten grundlegend die Vorbedingung, dass die technische Lebensdauer eines Produkts oder einer Komponente – der Zeitraum der Funktionsfähigkeit, gegebenenfalls nach Wartung, Instandsetzung oder Reparatur – länger ist als die wirtschaftliche Nutzungsdauer einer ersten Nutzungsphase.[143] Die Verlängerung der technischen Lebensdauer durch einzelne Aufarbeitungsschritte hängt ab von Produkteigenschaften wie: keine oder nur geringe Abnutzung durch Gebrauch bzw. Haltbarkeit; modulares, demontagefähiges, upgrade-fähiges oder hochintegriertes Produktdesign; langsame oder moderate technische Innovationszyklen des Produkts. Die relevanten Produkteigenschaften sind fallspezifisch nach Ausschlusskriterien zu untersuchen.[144]

2.2.3. Recycling- und Re-Use-Produkte: Anforderungen an Unternehmen

Herausforderungen für Unternehmen durch Recycling- und Re-Use-Geschäftsmodelle liegen vor allem in der Komplexität dieser Geschäftsmodelle begründet.[145]

---

141 Vgl. Allwood et al. (2011), S. 366; Brennan et al. (2002), S. 573–578; Fleischmann et al. (2000), S. 659; Dillon (1999), S. 198–203; Pehlken und Toben (2011), S. 466; Poh (2004), S. 50–55; Regenfelder et al. (2014), S. 172.

142 Diese Betrachtungsweise weicht teilweise von der VDI-Richtlinie 2243 ab. Dort wird betrachtet, ob ein EoL-Produkt zum Materialrecycling geeignet ist und nicht, wie ein Produkt aus Rezyklat hergestellt werden kann. Im ersten Fall spielt beispielsweise der Einsatz recyclingfähiger Werkstoffe, die Identifizierbarkeit der Materialien durch Kennzeichnung, die Vermeidung von Gefahrstoffen oder die Vermeidung von Stoffverbünden eine Rolle, vgl. VDI (2002), S. 25–30. Das ist für diese Arbeit lediglich insofern relevant, als dadurch die Verfügbarkeit eines Input-Stroms für ein Recycling-Produkt sichergestellt wird.

143 Vgl. VDI (2014a), S. 3 f.

144 Vgl. Chapman et al. (2009), S. 13 f.; Guide (2000), S. 481; Kimura et al. (2001), S. 89–92; Niemann et al. (2009), S. 5 f.; VDI (2002), S. 15–20.

145 Vgl. exemplarisch Lundmark et al. (2009), S. 136, Fig. 7 für Re-Use bzw. Regenfelder et al. (2014), S. 172, Fig. 2 für Recycling.

Im Folgenden werden Komplexitätstreiber durch Recycling und Re-Use im Produktlebenszyklus in den Bereichen Produktentwicklung, Beschaffung/Rückführlogistik, Produktion und Vermarktung verortet. Es wird gezeigt, wie aus diesen operativen Bereichen strategische Schlüsse für die Konfiguration von Recycling- und Re-Use-Geschäftsmodellen gezogen werden können.

Ein Recycling- oder Re-Use-Produkt erfordert zur Kreislaufführung per Definition als ersten Schritt die Beschaffung/Rückführlogistik. Darauf folgen die Aufbereitung/Refabrikation/Produktion und schließlich die Vermarktung. Diese Prozessabfolge und Einteilung entsprechen beispielsweise dem Aufbau der VDI-Richtlinie 2343, die neben Grundlagenblättern aus dem Blatt 2 Logistik, dem Blatt 3 Demontage und dem Blatt 4 Aufbereitung besteht. Eine Aktualisierung des Blattes 6 Vermarktung ist in Vorbereitung.[146] Lundmark et al. (2009) unterteilen die Herausforderungen von Re-Use-Ansätzen in die Prozesse Sammlung, Aufarbeitung und Wiedervermarktung.[147] Sie werden in der Arbeit ergänzt durch die Produktentwicklung, da diese früheste Phase im Produktlebenszyklus einen entscheidenden Einfluss auf die Produkteigenschaften, das Produktdesign, den ökologischen Fußabdruck und damit auf die Zweckmäßigkeit von Recycling- und Re-Use-Ansätzen hat. Die VDI-Richtlinie 2243 enthält Gestaltungsregeln für die recyclingorientierte Produktentwicklung.[148]

Die vorstehend genannten Prozesse betreffen alle operativ relevanten Aspekte für die Konfiguration und Realisierung von Recycling- und Re-Use-Geschäftsmodellen, einschließlich deren Teilmodelle.[149] Den Ausführungen zu diesen Gestaltungsaufgaben sei ein kurzer Exkurs zur Komplexitätshandhabung vorgelagert.

Einer systemtheoretischen Sichtweise folgend, entsteht Komplexität

- aus der Anzahl von (potenziell beeinflussenden) Systemelementen (Multiplizität),
- der Unterschiedlichkeit der Systemelemente (Diversität) und
- der Anzahl/Reichhaltigkeit der Verbindungen zwischen den Systemelementen (Interdependenz).[150]

---

146 Vgl. Brüning et al. (2014), S. 26; VDI (2009); VDI (2010); VDI (2012); VDI (2014a), S. 28, Bild 3.
147 Vgl. Lundmark et al. (2009), S. 134–136.
148 Vgl. VDI (2002); Niemann et al. (2009), S. 90.
149 Vgl. Wirtz (2011), S. 111–114.
150 Vgl. Probst (1991), S. 189; Sargut und McGrath (2011), S. 25.

Das Verhalten komplexer Systeme, vor allem dynamisch komplexer, ist nicht vorbestimmt, was zu Unsicherheit führt und nur bedingte Vorhersagbarkeit erlaubt.[151] Ebenso tragen Veränderungen von Beziehungen der Elemente im Zeitverlauf sowie das zeitliche Auseinanderfallen von Ursache und Wirkung zu erhöhter Komplexität bei.[152] Unzureichend beherrschte Komplexität verursacht in Unternehmen Ineffizienzen und erhöhte Kosten.[153]

Ulrich und Probst (1991) unterscheiden über die Dimensionen ‚Veränderung/Eigendynamik' und ‚Vielzahl/Vielfalt' zwischen einfachen Systemen, komplizierten Systemen, relativ komplexen Systemen und äußerst komplexen Systemen. Die Übergänge in dieser Klassifikation sind fließend. Abbildung 15 stellt die Unterschiede heraus.[154]

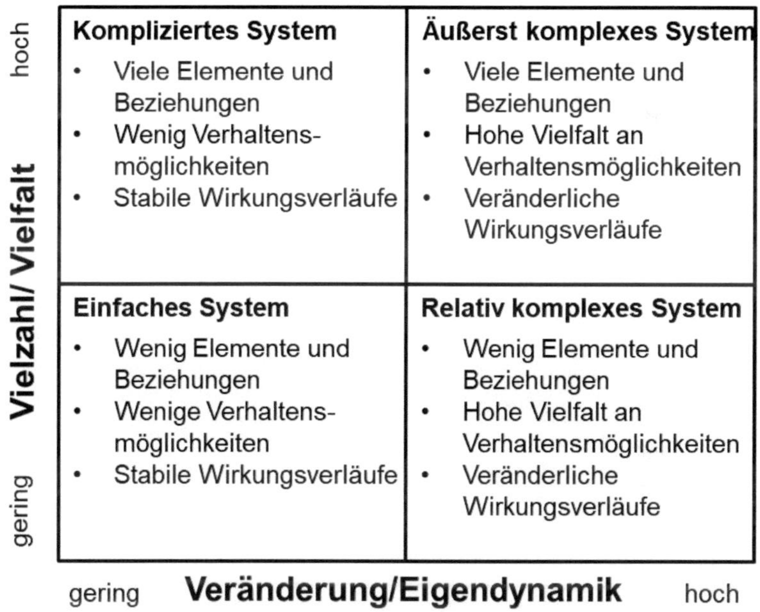

Abbildung 15: Stufen der Komplexität von Systemen[155]

Abbildung 15 verdeutlicht, dass es nicht nur auf das Vorliegen vieler Elemente, sondern auch und vor allem auf die Anzahl der Beziehungen zwischen den Elementen und die Viel-

151 Vgl. Probst (1991), S. 189.
152 Vgl. Gießmann (2010), S. 35. Zum Unterschied von kombinatorischer und dynamischer Komplexität siehe Sterman (2000), S. 21–23; Zahn und Hülsmann (2007), S. 49.
153 Vgl. Sargut und McGrath (2011), S. 69 f.; Schuh (2014), S. 3–8.
154 Vgl. Ulrich und Probst (1991).
155 Ulrich und Probst (1991).

zahl möglicher Verhaltensmuster ankommt, um Wirkungsverläufe veränderlich zu gestalten und eine nicht vollständige Vorhersagbarkeit des Systemverhaltens zu bewirken.[156]

> *„Practically speaking, the main difference between complicated and complex systems is that with the former, one can usually predict outcomes by knowing the starting conditions. In a complex system, the same starting conditions can produce different outcomes, depending on the interactions of the elements in the system."*[157]

Als Fazit dieses Exkurses kann festgehalten werden, dass das hier zu untersuchende Objekt, das in eine Industrielle Ökologie eingebettete Geschäftsmodell, als dynamisch komplexes System verstanden wird. Geschäftsmodelle bestehen aus einzelnen Teilbereichen und diese wiederum aus Elementen, die miteinander in Beziehung stehen und deren Akteure zu einem gemeinsamen Zweck (z. B. Gewinnziel) miteinander interagieren. Über ein Geschäftsmodell interagiert das Unternehmen mit seiner Umwelt. Dabei strebt es reaktive und proaktive Anpassungen der Überlebensvoraussetzung mit einem System-Umwelt-Fit im Sinne der Koevolution an. Diese Dynamik impliziert Lernprozesse und generiert neue Verhaltensmuster.[158] Re-Use- und Recycling-Ansätze erhöhen die Komplexität von Geschäftsmodellen, indem sie zusätzliche Elemente in die Produktentwicklung, Beschaffung/Rückführlogistik, Produktion und Vermarktung sowie zusätzliche Beziehungen zwischen diesen Bereichen einbringen. Ein wesentlicher dynamischer Aspekt kommt nicht zuletzt durch in der Kreislaufführung enthaltene (Wirkungs-)Verzögerungen ins Spiel.

Komplexitätstreiber durch die Anwendung von Recycling- und Re-Use-Strategien wurden auch zum Thema Remanufacturing diskutiert: ‚Managing Complexity in Remanufacturing'[159] beinhaltet die Beherrschung von miteinander in Verbindung stehenden Herausforderungen bei der Sammlung, Aufarbeitung und Wiedervermarktung.[160] Das Verständnis für die Bewältigung dieser komplexen Aufgabe fordert neben technischem ebenso organisationales und institutionales Gestaltungswissen.[161]

Nachstehend werden die einzelnen Komplexitätstreiber den Geschäftsmodellteilbereichen Beschaffung/Rückführlogistik, Produktion/Refabrikation, Vermarktung und Produktentwicklung zugeordnet und ihre Beziehungen zueinander untersucht.

---

156 Siehe hierzu auch Manson (2001), S. 409–413: ‚Aggregate Complexity'.
157 Sargut und McGrath (2011), S. 69.
158 Vgl. Zahn (2011), S. 12 f.
159 Vgl. Seifert et al. (2013), S. 648–650, die Komplexitätstreiber für Remanufacturing-Firmen identifizieren.
160 Vgl. Lundmark et al. (2009), S. 136 f.
161 Vgl. Gleich et al. (2006), S. 269.

Im Teilbereich **Beschaffung/Rückführlogistik** von CL-GM wird bei Re-Use- und Recyclinglösungen zunächst eine Sammlung von Altprodukten oder -materialien mit anschließender Rückführlogistik erforderlich. Dabei sind Kenntnis und Beachtung gesetzlicher Vorschriften zu EoL-Produkten und zur Abfallgesetzgebung von Bedeutung.[162] Neue Akteure wie Sammelstellenbetreiber, Zwischenhändler und Recyclingunternehmen werden Teil der Wertschöpfungskette.[163] Die Struktur der Wertschöpfung ändert sich: Wertschöpfungsketten werden rekonfiguriert, verlängert oder gestalten sich industrieübergreifend.

Bei der Sammlung ist hinsichtlich des Rückgabeverhaltens in industrielle und private Quellen zu unterscheiden. Bei industriellen Quellen (business-to-business) wird ein ökonomisch rationales Verhalten unterstellt: Wenn es wirtschaftlich Sinn macht, sind Unternehmen grundsätzlich zur Abgabe gebrauchter Produkte oder Materialien bereit. Die Rückgabeneigung von Firmenquellen kann durch Leasing- oder Servicekonzepte unterstützt werden.[164] Um Konsumenten zur Rückgabe von Produkten zu bewegen, sind weitere, sich oft im Zeitverlauf ändernde Einflussfaktoren zu berücksichtigen:[165]

- das Vorhandensein und die Bequemlichkeit des Zugangs zu Sammelsystemen,[166]
- die Informationsverfügbarkeit über Rücknahmesysteme,[167]
- finanzielle Anreize (Ankaufspreise, Pfandsysteme) oder soziale Anreize (sozialer Druck bzw. Anerkennung) für die Rückgabe gebrauchter, aber noch funktionierender Produkte,[168]
- gebrauchte Produkte werden von Privatpersonen als Ersatzgeräte gelagert oder an Freunde/Familie weitergegeben,[169]
- die normative Verankerung von Recycling als positivem sozialen Verhalten zur Unterstützung der Recyclingneigung, ebenso Kenntnis von Umweltvorteilen durch Recycling und[170]

---

162 Im Abfallregime (Abfalleigenschaft) gelten andere gesetzliche Vorschriften (Zertifizierung von Abfall-behandlungsanlagen etc.) als für Hersteller von Produkten; für gesetzliche Regelungen siehe Kapitel 2.1.1.

163 Vgl. Canning (2006), S. 325; Dillon (1999), S. 201.

164 Vgl. Watson (2008), S. 14; der Konsument hat in diesen Fällen nicht das Eigentum am materiellen Produkt.

165 Für eine Literaturstudie zur Verbrauchereinstellung bezüglich der Rückgabe von Elektrogeräten siehe Regenfelder (2015).

166 Vgl. Barr et al. (2001), S. 2034–2043; Best und Kneip (2011), S. 925–928; Ylä-Mella et al. (2015), S. 376.

167 Vgl. Canning (2006), S. 327; Milovantseva und Saphores (2013), S. 11 f.; Yin et al. (2014), S. 521–523.

168 Vgl. Canning (2006), S. 325 f.; Chi et al. (2014), S. 92 f.; Henseling und Behrendt (2011); Milovantseva und Saphores (2013), S. 11 f.; Yin et al. (2014), S. 521–523; Ylä-Mella et al. (2015), S. 377.

169 Vgl. Milovantseva und Saphores (2013), S. 11 f.; Ongondo und Williams (2011), S. 1621 f.; Ylä-Mella et al. (2015), S. 379; Chi et al. (2014), S. 92.

170 Ylä-Mella et al. (2015), S. 380; Barr et al. (2001), S. 2034–2043; Timlet und Williams (2008), S. 628–

- Vertrauen in/Bekanntheit von an der Sammlung beteiligten Organisationen.[171]

Wenn ein Unternehmen oder Konsument bereit sind, ein Produkt an Sammelsysteme zu geben, werden weitere Faktoren relevant. Sowohl bei Recycling aus Abfallströmen als auch beim innerbetrieblichen Recycling können Verunreinigungen in diesen Materialströmen auftreten, was zu Veränderungen der Materialeigenschaften führen kann. Das ist insbesondere bei hochwertigem Recycling problematisch, wo hohe funktionale Anforderungen an das Material gestellt werden.[172] Des Weiteren besteht Unsicherheit über Menge, Zusammensetzung und Qualität von Gebrauchtprodukten bzw. Materialien, die als Input für die Aufarbeitung zur Verfügung stehen. Damit sind neben den Änderungen der Materialeigenschaften durch Recyclingprozesse (z. B. Granulieren bei Kunststoffen) auch Lieferunsicherheiten zu erwarten und zu berücksichtigen. In Summe resultiert daraus auf der Beschaffungsseite eine Volatilität des Input-Stroms. Die Sicherung der Versorgung wird damit zum Erfolgsfaktor.[173] Als notwendige Bedingung dafür sehen Pehlken und Thoben (2011):

- *„adequate material mass for the recycling process;*
- *adequate material mass for further product manufacturing;*
- *defined material properties, and*
- *very little variation of material properties.“*[174]

Für bestimmte Recyclinganwendungen wird eine Kontrolle über oder zumindest ein abgesicherter Zugriff auf die Inputquelle erforderlich, was auch ein Insourcing von Recyclingaktivitäten einschließen kann.[175] Auf dem Weg intensiver und andauernder Kooperationen (verstärkter Informationsaustausch und Ko-Spezifität von unternehmensinternen Ressourcen) können symbiotische Geschäftsmodelle (symmetrische Kooperation auf Augenhöhe) entstehen.[176] Die Konfiguration des Rückholnetzwerkes hat auch das Ziel, die Nachfrage

630; Song et al. (2012), S. 13. Eine umweltfreundliche Einstellung von Konsumenten resultiert aber nicht zwingend aus einem entsprechenden Recyclingverhalten, siehe hierzu Keramitsoglou und Tsagarakis (2013), S. 56 f.

171 Vgl. Keramitsoglou und Tsagarakis (2013), S. 60; Rompf (2014), S. 20–22.

172 Vgl. Allwood et al. (2011), S. 366; Brennan et al. (2002), S. 573–578; Regenfelder et al. (2014), S. 171 f. Dillon (1999), S. 20 sieht beispielsweise hochwertiges Recycling von Thermoplasten hauptsächlich aus Industrieproduktionsabfällen in der Praxis umgesetzt, da sie im Vergleich zu anderen Abfallströmen vergleichsweise sortenrein vorliegen.

173 Vgl. Brennan et al. (2002), S. 573–578; Chapman et al. (2009), S. 23 f.; De Brito (2003), S. 5; Dillon (1999), S. 201; Fleischmann et al. (2000), S. 659–661; Guide (2000), S. 472; Lundmark et al. (2009), S. 136; Matsumoto (2009), S. 1554; Pehlken und Thoben (2011), S. 466; Poh (2004), S. 52 f.; Qu et al. (2006); Regenfelder et al. (2014), S. 176; Yang et al. (2012), S. 56 f.

174 Pehlken und Thoben (2011), S. 466.

175 Vgl. Dillon (1999), S. 201; Regenfelder et al. (2014), S. 172–175.

176 Vgl. Jonsson et al. (2011); Gleich et al. (2006), S. 276.

mit dem Angebot abzugleichen. Sie bestimmt darüber hinaus bei Re-Use die spätere Vermarktbarkeit/das Kundenangebot.[177] Im Unterschied zur Neuproduktion ist bei der Beschaffung/Rückholung die Versorgung eine externe, nicht oder nur zum Teil kontrollierbare Variable. Die Quellen für Gebrauchtprodukte und -materialien sind tendenziell kleinteiliger (kleine Losgrößen und Stückzahlen) und zusätzliche Prozessschritte zur Aufbereitung (Sortieren, Zerlegen, Aufbereiten) werden notwendig.[178] Oftmals gibt es keinen Markt für hochwertiges Recyclingmaterial oder die Sammlung/Aufbereitung lohnt sich finanziell nicht.

Die **Produktion aus Gebrauchtmaterial oder die Refabrikation von Produkten** benötigen zunächst, wie in Kapitel 2.2.1 dargelegt, Sortier-, Aufbereitungs- und Aufarbeitungsschritte, bevor ein Produkt wieder hergestellt werden kann.

Das erfordert entsprechende Ressourcen und technische Fähigkeiten zur Verarbeitung von Recyclingmaterialien bzw. Re-Use-Produkten und -Komponenten. Diese Ressourcen müssen in der Regel erst aufgebaut werden. Nicht zuletzt können Änderungen an Produktionsprozessen, zusätzliche Prozessschritte und technisch anspruchsvolle Zerlegeschritte erforderlich werden, was Prozessinnovationen bedingen kann.[179]

Die Prozessschritte sind insbesondere bei Re-Use-Ansätzen nur in geringem Maße automatisierbar (oder nur mit hohen Investitionskosten), was eine hohe manuelle Arbeitsintensität im Vergleich zur Neuproduktion zur Folge hat. Bei Materialrecycling (Materialaufbereitung) ist mit einem hohen Energieeinsatz und somit hohen Stromkosten zu rechnen. Spiegelbildlich stehen hier hohe Kosten für manuelle Arbeiten (Re-Use) hohen Energiekosten (Recycling) gegenüber.[180] Allerdings können Demontagekosten etwa durch zerlegefreundliches Design (‚Design for Disassembly‘) gesenkt werden, was durch eine integrierte Produkt- und Prozessorientierung unterstützt werden kann.[181] Generell bleibt aber die Handhabung einer hohen Variantenvielfalt, vor allem bei Re-Use-Ansätzen, im Produktionsprozess als Anforderung bestehen.[182]

---

177 Vgl. Guide (2000), S. 475 f.
178 Vgl. Fleischmann et al. (2000), S. 659.
179 Vgl. Fleischmann et al. (2000), S. 659; Guide (2000), S. 477; Regenfelder et al. (2014), S. 171–176.
180 Vgl. Chapman et al. (2009), S. 23 f.; Guide (2000), S. 473; Matsumoto (2009), S. 1550; Dahmus und Gutowski (2007), S. 7549; Yang et al. (2012), S. 54 f.
181 Vgl. Morioka et al. (2003), S. 8–10.
182 Vgl. Seifert et al. (2013), S. 648–650.

Bei Re-Use-Ansätzen liegen häufig nur geringe Losgrößen gleichartiger Produkte vor. Tendenziell erlaubt das nur einen geringen Automatisierungsgrad.[183] Guide (2000) identifiziert auch Schwierigkeiten bei der Produktdemontage als Problemstellung. Daraus resultiert eine komplexere Shop-Struktur in der Produktion: Die dadurch bedingte stochastische Produktionsplanung steigert die Komplexität der Produktionsressourcenplanung.[184] Die Informationsverfügbarkeit bezüglich der Spezifikationen gebrauchter Produkte im Demontageprozess ist ebenfalls wichtig. Darunter fallen Informationen zu Gefahrstoffen in Produkten oder Zerlege- und Reparaturinformationen.[185]

Im Bereich **Vermarktung** sind Vorbehalte gegenüber Recyclingmaterial und Re-Use-Produkten zu beobachten. Häufig zweifeln Konsumenten die Qualität und Wertigkeit von Gebrauchtprodukten an, während Industrieunternehmen bei Recyclingmaterial in ihren Lieferketten Materialeigenschaften und Verunreinigung kritisch überprüfen. Sie sehen im Einsatz von Recyclingmaterial wenige Vorteile.[186]

Im Vergleich zu Neuprodukten lassen sich Re-Use-Produkte tendenziell nur zu niedrigeren Preisen absetzen, wenngleich ‚grüne' Produkte auch gezielt beim Kunden beworben werden können und aus Kundensicht der niedrigere Preis ein Vorteil ist.[187]

Der technische Fortschritt ist ebenfalls eine Einflussgröße bei der Wiedervermarktung von Gebrauchtprodukten. Abhängig von Moden und Marktrends kann eine erhöhte Unsicherheit bestehen, ob eine erwartete Nachfrage nach einem Produkt zum künftigen Zeitpunkt der Wiedervermarktung auch noch bestehen wird.[188]

Falls ein Produzent die Kontrolle über seine Produkte in der Nutzungsphase nicht aufgeben will, sind Leasing-Ansätze in der Vermarktung eine Lösung, sofern sie vom Markt angenommen werden. Ein Hersteller kann auf diese Weise steuern, dass seine Produkte zu einem bestimmten Zeitpunkt wieder in seinen Einflussbereich zurückkehren.[189]

Bei der **Produktentwicklung** werden für die späteren Lebenszyklusphasen entscheidende Produkteigenschaften festgelegt. Beispielsweise vereinfachen modulares, demontagefähiges Produktdesign und software-gestützte Funktionen Re-Use-Ansätze von Produk-

183 Vgl. Lundmark et al. (2009), S. 132–138.
184 Vgl. Guide (2000), S. 468–470.
185 Vgl. VDI (2014a), S. 37–40; VDI (2014b), S. 18–28.
186 Vgl. Dillon (1999), S. 201; Jonsson et al. (2011), S. 204; Regenfelder et al. (2014), S. 175 f.
187 Vgl. Allwood et al. (2011), S. 370; Chapman et al. (2009), S. 13; Jonsson et al. (2011), S. 204.
188 Vgl. Allwood et al. (2011), S. 376; Lundmark et al. (2009), S. 134; VDI (2014a), S. 43–45.
189 Vgl. Allwood et al. (2011), S. 377; Bocken et al. (2016), S. 313; Tukker (2004), S. 247 f.; Tukker (2015), S. 83.

ten.[190] Ähnlich wirken Designansätze, die das Produktleben verlängern, wie ‚Design for Disassembly', ‚Design for Upgradeability and Adaptability'.[191] Andere Ansätze wie Cradle-to-Cradle setzen die Kreislauffähigkeit (oder biologische Abbaubarkeit) der Produkte als Hauptziel bereits in der Designphase.[192] Standardisierung im Produktdesign kann als Wegbereiter für Re-Use dienen, allerdings ist Produktdifferenzierung oft ein Erfolgsfaktor im Markt. Designziele, die der Kreislaufführung von Produkten zuträglich sind, können anderen Designzielen entgegenstehen. Hier gilt es, produktspezifisch mögliche Zielkonflikte zu erkennen und sorgfältig zu untersuchen. Nicht zuletzt müssen beim Produktdesign wiederholte Lebenszyklen von Produkten und Komponenten berücksichtigt werden.[193]

Schneller technologischer Fortschritt kann als Barriere für Re-Use-Ansätze wirken. Werden in der Produktentwicklung neue Produkteigenschaften oder -funktionalitäten technisch umgesetzt, können Gebrauchtprodukte technologisch obsolet werden.[194] Der Einsatz von Recyclingmaterial kann über Produktstandards, die nur Neumaterial berücksichtigen, bereits in der Designphase verhindert werden, beispielsweise durch fehlende offizielle Zertifizierung von Recyclingmaterial.[195] Eine mögliche Änderung oder Degradierung der Materialeigenschaften durch Recyclingprozesse kann bereits in der Produktentwicklungsphase mehr Aufwand erfordern.[196]

Abbildung 16 gibt einen Überblick über die Komplexitätstreiber in den für Recycling- und Re-Use-Ansätzen relevanten Wertschöpfungsbereichen.

In Tabelle 4 sind die Komplexitätstreiber in den jeweiligen Wertschöpfungsbereichen entsprechend der in der Arbeit verwendeten systemtheoretischen Definition von Komplexität den nachstehend möglichen Faktoren zugeordnet:

- Anzahl von Systemelementen,
- Unterschiedlichkeit der Systemelemente (wird im Sinne zusätzlicher Ausprägungen/Konfigurationen/Variabilität zu bereits bei der Neuproduktion relevanten Systemelementen verstanden),
- Vielzahl von Verbindungen zwischen den Systemelementen.[197]

---

190 Vgl. Kimura et al. (2001), S. 89 f.; Niemann et al. (2009), S. 5 f.
191 Vgl. Bocken et al. (2016), S. 310 f.
192 Vgl. Braungart und McDonough (2009), S. 37–43.
193 Vgl. Jonsson et al. (2011), S. 205; Qu et al. (2006), S. 29 f.
194 Vgl. Chapman et al. (2009), S. 13 f.; Guide (2000), S. 481; Kimura et al. (2001), S. 89.
195 Vgl. Allwood et al. (2011), S. 376.
196 Vgl. Poh (2004), S. 52 f.; Regenfelder et al. (2014), S. 176.
197 Die Anzahl der verschiedenen Systemzustände wird hier als Ergebnis der Faktoren verstanden; zeitli-

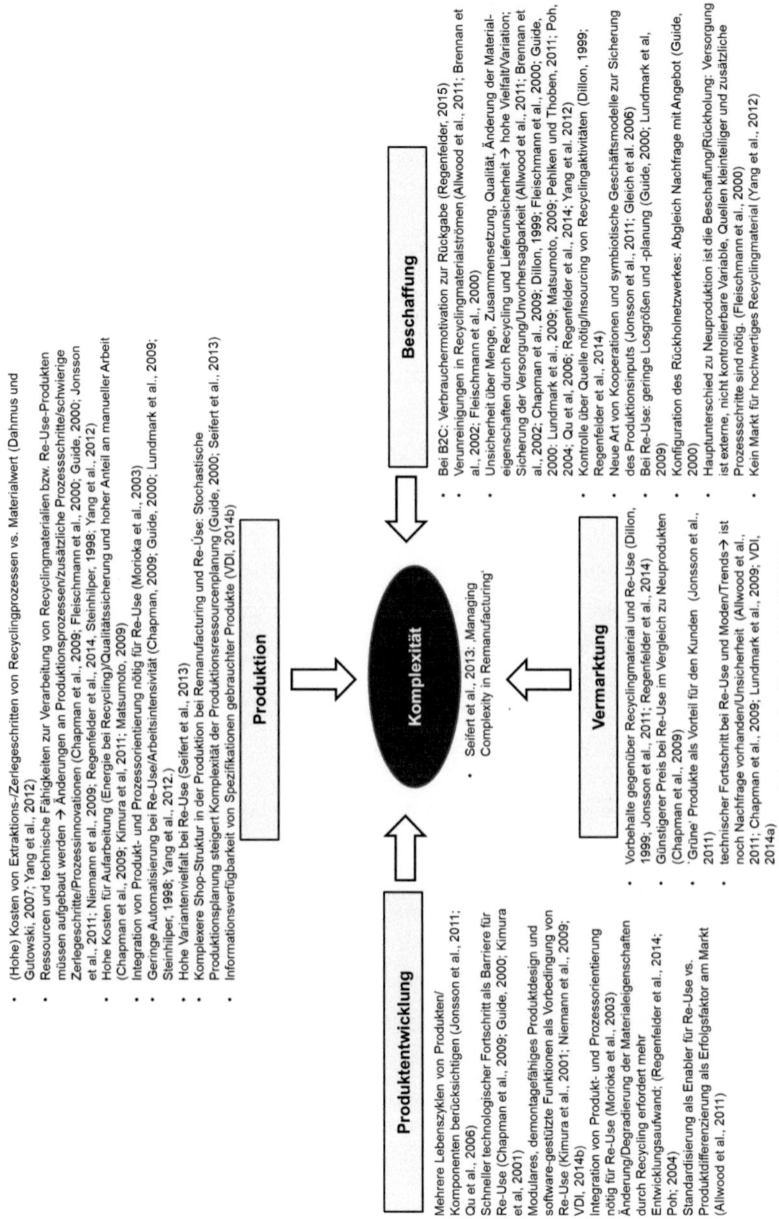

Abbildung 16: Komplexitätstreiber für Recycling- und Re-Use-Geschäftsmodelle

che Veränderungen werden den Elementen zugeordnet.

Tabelle 4: Komplexitätstreiber aus systemtheoretischer Sicht

Beschreibung:	**Faktor, der zur Komplexität beiträgt:**
Kreislaufführung von Produkten und Komponenten verursacht Zeitverzögerungen	**Zusätzliche Systemelemente:** Künftige Entwicklungen auf Produktmärkten und bei Konkurrenten müssen berücksichtigt werden, ebenso sind Änderungen an gesetzlichen Rahmenbedingungen wahrscheinlicher, je länger der Planungshorizont ist. **Zeitliche Dimension:** Die Dynamik des Wettbewerbs und das Prinzip der Nachhaltigkeit sind zeitlich weiter in die Zukunft zu denken. Damit verbunden sind höhere Unsicherheit und geringere Vorhersagbarkeit von Entwicklungsdynamiken aus systemischen Interaktionen **Verbindung zu Vermarktung und Produktdesign:** Besteht noch ein Markt für das Produkt oder ist es inzwischen technisch obsolet?
Beschaffung/Logistik	
Beschaffung und Logistik bei Recycling- und Re-Use-Ansätzen erfordern im Vergleich zur Neuproduktion/Produktion mit Neumaterial zusätzliche Wertschöpfungsaktivitäten wie Altproduktdemontage, Materialaufbereitung und Materialrückführung	**Zusätzliche Systemelemente und Unterschiedlichkeit der Systemelemente:** Rückführlogistiknetzwerke entstehen und neue Akteure wie Recyclingunternehmen. Materialaufbereiter und Altproduktsammler erscheinen in der Ökonosphäre. **Verbindung zur Vermarktung:** Bei Re-Use bestimmen Art und Qualität der eingesammelten Produkte das spätere Kundenangebot entscheidend mit.
Kontrolle über Quellen → Quellen des Recyclingmaterials werden kontrolliert, um Verunreinigung in Recyclingmaterialströmen auszuschließen, Materialqualität sicherstellen; Leasing	**Zusätzliche Systemelemente:** Quellen des Recyclingmaterials im Zuliefernetzwerk, z. B. Kunden, andere produzierende Firmen, Recyclingfirmen; Änderungen an den Wertschöpfungsketten. **Verbindung zu Produktion/Refabrikation:** Qualitätssicherungsschritte, z. B. auf der Basis geeigneter Technologien zur Vermeidung von Verunreinigungen, werden erforderlich. **Verbindung zu Produktentwicklung:** Änderung/Degradierung der Materialeigenschaften durch Recycling erfordert Entwicklungsaufwand. **Verbindung zur Vermarktung:** Leasingangebote an Kunden nehmen zu.
Bei Einbindung von Konsumenten: Motivation zur Rückgabe von Altprodukten herstellen	**Unterschiedlichkeit der Systemelemente:** Individuelle oder gruppenspezifische Merkmale bezüglich Rückgabeneigung müssen berücksichtigt werden; es gibt viele Einflussfaktoren wie Information, Zugang, Bequemlichkeit, soziale Normen, Glaubwürdigkeit etc. **Verbindung zur Vermarktung:** Leasing, Nutzenverkauf und Produkt-Service-Systeme prüfen **Zeitliche Dimension:** Kundeneinstellung kann sich im Zeitverlauf verändern.

Beschaffung/Logistik	
Unsicherheit über Menge, Zeitpunkt, Zusammensetzung und Zustand des Materials oder des Produkts	**Unterschiedlichkeit der Systemelemente:** Rückkehrender Materialstrom/Produktstrom ist durch hohe Vielfalt/Volatilität, zeitliche Verzögerungen und Unsicherheit gekennzeichnet. **Verbindung zu Produktion:** Es muss mit nicht stetigem Input und verringerter Planbarkeit des Inputs gerechnet werden.
Kooperationen und symbiotische Geschäftsmodelle	**Unterschiedlichkeit der Systemelemente:** Kooperation und Informationsaustauch gehen über sonst übliche Kooperationen in der Zulieferkette hinaus; neue Koordinationsformen über Industriegrenzen hinweg; Ko-Spezifität von Ressourcen
Kleine Losgrößen mit unbekannter Qualität bzw. Zustand bei Re-Use. Beschaffung/Rückholung ist externe, nicht bzw. nur bedingt kontrollierbare Variable	**Verbindung zu Produktion:** begründet komplexere Shop-Strukturen
Veränderung der Materialeigenschaften durch Recyclingprozesse	**Verbindung zur Produktentwicklung:** Veränderungen in Produkt-/Materialeigenschaften müssen beim Produktdesign berücksichtigt werden. **Verbindung zur Refabrikation/Produktion:** Neue Ressourcen und technische Fähigkeiten zur Verarbeitung von Recyclingmaterial sind aufzubauen (Adaptionen an Produktionsprozesse, ergänzende Prozessschritte, neue Technologien und neues Know-how).
Produktion/Refabrikation	
Zusätzliche Zerlege-/Sortier-/Aufbereitungsschritte	**Zusätzliche Systemelemente und Unterschiedlichkeit der Systemelemente:** Gewöhnlich andere Anforderungen/benötigte Fähigkeiten im Vergleich zu Neuproduktionsschritten. Ressourcen und technische Fähigkeiten zur Verarbeitung von Recyclingmaterialien bzw. Re-Use-Produkten/Komponenten müssen aufgebaut werden.
Geringere Losgrößen bei Re-Use, hohe Variantenvielfalt bei Re-Use	**Unterschiedlichkeit der Systemelemente:** Variantenreichtum des Input-Stroms, hoher Anteil manueller Arbeit **Verbindung zur Beschaffung:** resultiert aus der Art der Beschaffung und Konfiguration von Sammelsystemen/-netzwerken.
Integration von Produkt- und Prozessorientierung für Re-Use-Lösungen	**Zusätzliche Systemelemente und Verbindung zur Produktentwicklung:** Erfordernisse der Demontage/Aufarbeitung müssen in anderer Lebenszyklusphase berücksichtigt werden.
Komplexere Shop-Struktur in der Produktion bei Re-Use: Stochastische Produktionsplanung steigert Komplexität der Produktionsressourcenplanung	**Unterschiedlichkeit der Systemelemente:** Unterschiede in der Abfolge der Arbeitsschritte erfordern produktspezifische Prozessplanung. **Zusätzliches Systemelement:** mangelnde Informationsverfügbarkeit als Problem

Vermarktung	
Vorbehalte gegenüber Recyclingmaterial und Re-Use-Produkten	**Zusätzliche Systemelemente und Verbindung zur Produktion und Produktentwicklung:** Qualitätssicherungsschritte in der Produktentwicklung, um Vorbehalte auszuräumen
Technischer Fortschritt und Markttrends	**Zusätzliches Systemelement:** kann Markt für Gebrauchtprodukte zerstören **Zeitliche Dimension:** Dauer der Nutzungsphase
Leasingangebote	**Zusätzliches Systemelement:** Wiedererlangung der Kontrolle über Produkte in der Nutzungsphase **Verbindung zur Beschaffung:** stellt Rücklauf der Produkte sicher
Produktentwicklung	
Designansätze wie Design for Disassembly, Design for X, Cradle-to-Cradle	**Zusätzliche Systemelemente:** zusätzliche Ziele im Produktentwicklungsprozess, möglicherweise Zielkonflikte **Zeitliche Dimension:** setzt zu Beginn des Produktlebens an, verursacht dort Mehraufwand/Kosten, bringt möglichen Nutzen/Ertrag aber in späteren Produktlebensphasen, wenn überhaupt **Verbindung zur Vermarktung und Beschaffung:** kann Nutzen absichern
Technischer Fortschritt	**Zusätzliches Systemelement:** Risiko technischer Obsoleszenz von Gebrauchtprodukten
Degradierung/Änderung der Materialeigenschaften bei Recycling	**Zusätzliches Systemelement:** Mehraufwand in der Produktentwicklung

Diese Aufstellung von Komplexitätstreibern bei Recycling- und Re-Use-Ansätzen dokumentiert eine höhere Komplexität im Vergleich zur Neuproduktion. Im Ergebnis verändert sich die Struktur der Wertschöpfung. Neue Akteure und zusätzliche Wertschöpfungsschritte müssen berücksichtigt werden. Eine größere Anzahl und die Heterogenität interagierender Systemelemente sind zu berücksichtigen. Hinzu kommt der zeitliche Aspekt durch den Einbezug mehrerer Nutzungsphasen: Ergebnisse treten zeitverzögert auf und sind schwieriger vorhersagbar. Aus systemtheoretischer Sicht begründen CL-GM somit eine höhere Komplexität im Vergleich zu Geschäftsmodellen in einer Durchlaufwirtschaft.

Das Management von Komplexität ist eine unternehmerische Aufgabe. Grundsätzlich kann Komplexität vermieden, reduziert oder beherrscht werden.[198] Entsprechende Geschäftsmodellkonzepte können als Managementinstrument verstanden werden, das die Komplexitätsbeherrschung erleichtert.

198 Vgl. Schoeneberg (2014), S. 19–21.

2.3. Nachhaltigkeit und Rohstoffeffizienz als Innovationstreiber

Während konventionelle Konzepte der Innovation vor allem auf die Neuheit von Technologien, Produkten oder Prozessen abzielen, sieht die in dieser Arbeit vertretene Closed-Loop-Innovationslogik in einer bestmöglichen und mehrmaligen Nutzung knapper Rohstoffe eine weitere Innovationsquelle. Innovation kann als Lösung für ein bislang unzureichend gelöstes oder für ein neues Problem interpretiert werden. Sie ist das Ergebnis eines mehrstufigen Prozesses, in dem Aspekte wie Kreativität, Vorstellungskraft, Wahrnehmungsfähigkeit, Urteilsvermögen, Beharrlichkeit und Durchsetzungskraft eine wichtige Rolle spielen. Eine Innovation setzt zweierlei voraus: einen aktuellen/potenziellen Problemlösungsansatz sowie die Realisierbarkeit und Akzeptanz einer (technischen) Lösung.[199]

Der Bedarf nach Closed-Loop-Innovationen resultiert aus dem Erfordernis der Nutzenmaximierung natürlicher, nicht regenerierbarer, aber wiederverwendbarer Ressourcen (Erkennung und Entdeckung). Er steht im Einklang mit den Prinzipien der Industriellen Ökologie, die sich in der Innovations- und Wertschöpfungslogik eines nachhaltigen Innovationskonzepts widerspiegeln müssen (Ideengenerierung und Problemlösung). Schließlich müssen die innovativen Lösungen auch in Geschäftsmodellen implementiert werden (Nutzung und Diffusion). Im Folgenden werden das konventionelle Innovationsverständnis diskutiert, Öko-Innovationen im Nachhaltigkeitskontext kritisch gewürdigt und das Konzept von CLI sowie dessen Verbindung zu Geschäftsmodellen vorgestellt.

2.3.1. Traditionelle Innovationskonzepte: Wettbewerb durch Neuigkeit und einmalige Wertschöpfung

Innovationen spielen für die Zukunftsfähigkeit von Unternehmen in der Wettbewerbswirtschaft eine zentrale Rolle. Sie führen im dynamischen Wettbewerb durch Wertschöpfung und Generierung neuer Wettbewerbsvorteile zu nachhaltigem Unternehmenserfolg.[200] Innovationen erlangen zunehmende Bedeutung für Unternehmen vor dem Hintergrund beständigen technischen Fortschritts, anspruchsvollerer Kundenanforderungen, intensiverer Wettbewerbsprozesse und Globalisierungstendenzen.[201] Das Konstrukt Innovation ist mul-

---

[199] Vgl. Myers und Marquis (1969). Damanpour hebt diesen Aspekt bei der Definition seines Innovationsbegriffs hervor: *„Innovation is conceived as a means of changing an organization, either as a response to changes in the external environment or as a pre-emptive action to influence the environment."* Damanpour (1996), S. 694.

[200] Vgl. Zahn (1998), S. 1–4.

[201] Vgl. Gerbadze (2004), S. 3.

tidisziplinär verankert. Seine Interpretation ist somit auch eine Frage der Perspektive.[202] Das in den Wirtschaftswissenschaften dominierende Innovationsverständnis orientiert sich an der wirtschaftlichen Verwertung von neuen Ideen und Wissen bzw. an der erfolgreichen Markteinführung einer neuen Problemlösung. Eine Innovation kann eine bestehende Problemlösung verbessern (inkrementelle Innovation in exploitativen Innovationsprozessen) oder eine grundlegende Neuerung darstellen (radikale Innovation in explorativen Innovationsprozessen). Unter Innovation im hier interpretierten Sinn werden subsumiert:

- neue Produktqualitäten
- neue Dienstleistungen
- neue Produktionsmethoden und -prozesse
- Erschließen neuer Märkte
- Erschließen neuer Rohstoffquellen und Zulieferer
- neue Formen der Organisation.[203]

Zahn und Weidler (1995) unterscheiden:

- technische Innovation: betrifft neue Produkte und Prozesse
- organisationale Innovation: beinhaltet neue Strukturen, Systeme, Kulturen und Verhaltensmuster in Organisationen
- geschäftsbezogene Innovation: fokussiert neue Geschäftsmodelle

Zwischen diesen Innovationstypen bestehen Beziehungen und Wechselwirkungen. So können Produktinnovationen zu neuen Produktionsprozessen und diese auch zu neuen Geschäftsmodellen führen, die wiederum die Emergenz neuer Organisationsformen befördern können.[204] Auch durch die Interdependenz von technischen (Produkte/Prozesse), geschäftsbezogenen und organisationalen Innovationen entsteht eine Dynamik, deren Beherrschung eine systemisch-strategische Sichtweise erfordert. In einer sich laufend verändernden Geschäftswelt geht es schließlich darum, das Unternehmen in seinem Umfeld immer wieder aufs Neue zu erfinden, zu verstehen, wie neuer Kundenwert geschaffen wird,

---

202 Vgl. Baregheh et al. (2009), S. 1325–1327; Brockhoff (1999), S. 35–47; Damanpour und Schneider (2006), S. 216.

203 Vgl. Damanpour (1996), S. 694; Johannessen et al. (2001), S. 21; Schumpeter (1935), S. 100 f.; Zahn (1986), S. 16 f.

204 Vgl. Zahn und Weidler (1995), S. 359; Geroski (1998), S. 3. Diese Sichtweise von Zahn und Weidler (1995) stützt die Geschäftsmodellperspektive, die in Kapitel 3 dieser Arbeit eingeführt wird. Geschäftsmodellinnovationen entsprechen in dieser Kategorisierung einer integrierten Innovation.

wie Konkurrenten verdrängt werden können und wie die Unterstützung wichtiger Stakeholder-Gruppen erlangt werden kann:[205]

> *„the capacity to reconceive the existing industry model in ways that create new value for customers, wrong-foot competitors, and produce new wealth for all stakeholders."*[206]

Innovation wurde trotzdem weitgehend als sequentiell-linearer Prozess gesehen, der im engeren Bereich der Forschung mit einer Stufenfolge von der Grundlagenforschung über die anwendungsorientierte Forschung bis zur Entwicklung beschrieben ist.[207] Neuere Modelle entkoppeln den Innovationsprozess auf der Ebene des Unternehmens von der Wissensgenerierung auf der Ebene der Forschung. Unternehmen können auf externes (Umwelt-)Wissen direkt oder indirekt zugreifen. Der Innovationsprozess auf der Unternehmensebene beginnt mit der Ermittlung eines latenten Bedarfs bzw. mit der Idee zur Lösung eines Problems, gefolgt von Phasen des analytischen Designs, des Entwickelns und Testens, der Designüberarbeitung und Produktion bis zur Phase der Markteinführung und Distribution. Allerdings verläuft diese Phasenfolge nicht mehr direktional, sondern ist durch Feedback- und Feed-Forward-Beziehungen gekennzeichnet. Erstere implizieren Lernsysteme, letztere verdeutlichen, dass nachgelagerte Phasen von der Wissensgenerierung vorgelagerter Phasen profitieren.[208] Dieses Innovationsverständnis wird durch das Chain-Link-Modell repräsentiert. Dabei wird der Prozess zur Produktinnovation auch als meilenstein-gesteuerter Stage-Gate-Innovationsprozess mit Rückkopplungen interpretiert.[209]

Unternehmen nutzen in Innovationsprozessen sowohl internes als auch externes Wissen.[210] Der Zugang zu externem Wissen wie auch die externe Verwertung von Wissen außerhalb der Grenzen der eigenen Organisation hin zu marktreifen Produkten wird in der Innovationsforschung unter dem Begriff ‚Open Innovation' diskutiert. Mit dieser Option haben sich zusätzliche Möglichkeiten der Markterschließung und -bearbeitung eröffnet.[211]

Resümierend kann festgehalten werden, dass neues technisches Wissen nach wie vor Kernbestandteil konventioneller, nicht an Kreislaufwirtschaft orientierter, unternehmensbe-

205 Vgl. Afuah (2009), S. 6 f.; Geroski (1998), S. 1–2; Hamel (1998), S. 7; Johnston und Bate (2013), S. 1–54; Kim und Mauborgne (2015), S. 3–24; Tucker (2001), S. 24–27.
206 Hamel (1998), S. 8.
207 Vgl. OECD (1993).
208 Vgl. Gerybadze (2004), S. 26 f.
209 Vgl. Cooper (1990), S. 45 f.; Kline und Rosenberg (1996), S. 289–294.
210 Vgl. Li et al. (2008), S. 119 f.
211 Vgl. Chesbrough (2003); Chesbrough et al. (2006); Gassmann (2006), S. 223–225.

zogener Innovationskonzepte ist. Dabei lässt sich in Branchen mit überwiegend exploitativer Nutzung von Wissen zur Realisierung bestehender Geschäftspotenziale ein Trend beobachten, der schnellere Produktgenerationenfolgen bewirkt hat. Im Nachhaltigkeitskontext verstärkt die exploitative Wissennutzung im Gegensatz zu explorativer Innovationstätigkeit[212] die ‚Wegwerf-Mentalität'. Produktgenerationen manifestieren sich hier zwar in neuen Produkteigenschaften, aber nicht in neuen Nutzungsmustern im Sinne der Wiederverwendung. Neue Produkte mit ihrer erfolgreichen Vermarktung bieten zwar ein maximales Wertniveau, dieses reduziert sich aber durch ihre Nutzung wieder bis zum Abfallwert. Eine effiziente Nutzung knapper natürlicher Ressourcen bleibt dabei unberücksichtigt.[213]

In der Nachhaltigkeitsforschung werden die Begriffe ‚grüne Innovation' oder ‚Öko-Innovation' verwendet, wenn der Umweltnutzen einer Neuerung hervorgehoben werden soll. ‚Öko-', ‚Bio-' oder ‚grüne' Produkte oder Dienstleistungen suggerieren die Schonung natürlicher Ressourcen oder die Verminderung von Umweltbelastungen.[214] Eine umfassende Interpretation des Konstrukts Öko-Innovation gibt die folgende Definition:

> *„Eco-innovations are all measures of relevant actors [...] which develop new ideas, behaviour, products and processes, apply or introduce them [but also] contribute to a reduction of environmental burdens or to ecologically specified sustainability targets."*[215]

Solche Öko-Innovationen verwenden ebenfalls neues technologisches Wissen, erfordern aber zur Erreichung von Nachhaltigkeit gewisse soziale und institutionelle Bedingungen.[216] Dabei müssen sie für Unternehmen im Wettbewerb kein Hindernis sein, sondern können eine Quelle für Wettbewerbsvorteile werden.[217]

Die Forderung nach Öko-Innovation impliziert keine völlige Abkehr vom traditionellen Innovationsverständnis, wohl aber die Ergänzung der Innovationsziele um Aspekte der Umweltverträglichkeit. Dabei sollte jedoch das Konstrukt der Öko-Innovation nicht in Richtung inkrementeller Innovation verzerrt, sondern vielmehr im Sinne radikalen Innovationsverständnisses verwendet werden. Innovation, die in kleinen Schritten auf bestehenden Technologiepfaden die jeweils nächste Produktgeneration nur verbessert, ist nicht hinreichend.

---

212 Vgl. Zahn (2017), S. 197–199.
213 Vgl. Slowak und Regenfelder (2017), S. 458.
214 Vgl. US Department of Commerce (2010), S. 1.
215 Rennings (2000), S. 325.
216 Vgl. Rennings (2000), S. 326.
217 Vgl. Porter und van der Linde (1995), S. 37 f.

‚Umweltfreundlich' ist hier relativ und bezieht sich lediglich auf die Verbesserung der vorhergehenden Produktgeneration.[218]

Die traditionellen Innovationskonzepte fokussieren auf Wettbewerb durch Neuigkeit in Gestalt neuer Produkteigenschaften aufgrund neuer Technologie. Bezogen auf das Produkt, wird dabei eine einmalige Wertschöpfung unterstellt. Mit Gebrauch oder Verbrauch werden die in den Produkten enthaltenen Materialien/Rohstoffe abgenutzt oder verbraucht. An diesem Muster ändern grundsätzlich auch Öko-Innovationen nichts, zumal Ressourceneffizienz als impliziter Anteil ökonomischer Effizienz hier zu kurz greift. Das Innovationsverständnis der Nachhaltigkeit bedarf deshalb einer weiteren Konkretisierung im Kontext der Industriellen Ökologie. Diese Forderung wirft folgende Fragen auf: Wie muss Innovation gestaltet werden, damit die Ressourceneffizienz als explizites Ziel berücksichtigt wird? Wie können Recycling und Re-Use als innovative Tätigkeiten in der Kreislaufwirtschaft im Innovationsprozess verankert werden? Welche Optionen bieten multiple sich überschneidende (Produkt-)Lebenszyklen? Wie lassen sich die Potenziale für Öko-Innovationen mit innovativen Geschäftsmodellen nutzen?

2.3.2. Closed-Loop-Innovation: Ermöglichen von multiplen, sich überschneidenden Lebenszyklen und neue Geschäftsmodelle

Auf der Suche nach Antworten auf diese Fragen wird im Folgenden ein Closed-Loop-Innovationskonzept, das Re-Use und Recycling in die Wertschöpfungslogik mit einschließt, vorgeschlagen. Dazu werden Grundprinzipien der Industriellen Ökologie herangezogen, Ansatzpunkte für Innovationen im (Produkt-)Lebenszyklus verdeutlicht, die Bezüge zu Geschäftsmodellen hergestellt und in den Strategieinnovationskontext gestellt. Zusätzlich werden die Ansatzpunkte für Wertschöpfung und Innovation im Lebenszyklus dargestellt. Der Bezug zu Geschäftsmodellen wird in diesem Kapitel hergeleitet. Zudem werden Argumente für die These geliefert, dass verschiedene Innovationspotenziale im Rahmen eines Closed-Loop-Innovationsmusters identifiziert und in innovativen Geschäftsmodellen verknüpft und realisiert werden können.[219]

Die grundsätzliche Logik der Industriellen Ökologie ist das Wirtschaften in Kreisläufen und die bestmögliche Nutzung von nicht regenerierbaren, jedoch wiederverwendbaren Ressourcen, sobald sie aus der Ökosphäre in die industrielle Sphäre transferiert werden. Dies

---

218 Vgl. Hellström (2007), S. 149–151.

219 Der Autor war an der Entwicklung dieses Konzepts beteiligt. Siehe hierzu die grundlegende Ver-öffentlichung Slowak und Regenfelder (2017).

impliziert einerseits eine möglichst hochwertige Ressourcennutzung und andererseits eine möglichst lange Werterhaltung der Ressourcen oder Produkte durch längere und wiederholte Nutzung. Ein Konzept für CLI erfordert deshalb zusätzliche Wiederaufarbeitungsaktivitäten (Produkt und Komponenten) und Recyclingprozesse (Produkt zu Material). Eine wiederkehrende Verkettung von primärer Wertschöpfung, (Produkt-)Wertnutzung, Wertverlust und anschließender Wertwiedererschließung bzw. sekundärer Wertschöpfung ist anzustreben. Wertwiedererschließung bedeutet, dass ein Produkt, eine Komponente oder ein Material durch die (Ab-)Nutzung an Wert verliert, im Anschluss über logistische Prozesse zurückgeführt wird und schließlich durch industrielle Arbeitsschritte und/oder die Einführung in einen neuen Markt wieder an Wert gewinnt.[220] Ein derartiges Konzept zielt nicht nur auf Produkteigenschaften und Neuheit des Produkts an sich ab, sondern setzt auch eine Lebenszyklusperspektive voraus.[221] Der Lebenszyklus bezieht sich hierbei sowohl auf Produkte und Komponenten als auch auf deren Material. Die Nutzung natürlicher Rohstoffe wird gesenkt, indem der Lebenszyklus verlängert wird. Unternehmen, die eine solche Strategie verfolgen, müssen diese Aspekte in ihrer Produktentwicklung, der Produktnutzung sowie in der Rückführung der Produkte berücksichtigen. Nachhaltigkeit im Sinne der in dieser Arbeit eingenommenen systemischen Perspektive bedeutet, den größtmöglichen Nutzen aus natürlichen Ressourcen im industriellen Kreislauf zu ziehen. Dabei lässt sich unter der Prämisse der Nutzenmaximierung nicht unterscheiden, ob die Ressourcen in Form eines Produkts, einer Komponente oder als Materialbestandteile vorliegen.[222]

Im Verständnis der CLI findet Wertschöpfung nicht einmalig statt, vielmehr ist die Werterhaltung von Produkten, Komponenten und Materialien durch wiederholte Wertschöpfung Schlüssel zu nachhaltiger Innovation. Wertschöpfung setzt wiederholt und mehrmalig im Lebenszyklus an. Es bestehen sowohl Überschneidungen als auch Unterschiede des CLI-Konzepts zum Ansatz ‚Design for Sustainability'. Dieser betont die Berücksichtigung der Umweltauswirkungen in verschiedenen Produktlebenszyklusphasen. Dabei kann bereits in

220 Obwohl dieses Konzept eine gewisse Überschneidung zur Kaskadennutzung hat, vgl. Arnold et al. (2009), S. 15–21, ist in dieser Aufwertung und Verortung in der Wertschöpfungskette (statt Verwertung mit abnehmendem Nutzen) eine signifikante Abgrenzung gegeben.

221 Vgl. Ebelt und Regenfelder (2015), S. 5. Unter Lebenszyklus eines Produkts werden hier alle Phasen verstanden, in denen Umweltauswirkungen festgelegt werden oder anfallen. Diese Phasen des materiellen Produktlebenszyklus sind aufeinanderfolgend: Produktentwicklungsphase, Produktionsphase, Nutzungsphase, Verwertungsphase. In den Schnittstellen der Phasen finden u. a. logistische Prozesse statt. Für einen ähnlichen Aufbau des Produktlebenszyklus siehe Niemann et al. (2009), S. 6, Fig. 1.4 oder die VDI-Richtlinie 2343, Blatt ReUse, VDI (2014a).

222 Vgl. Krikke (2011), S. 1197 f.; Slowak und Regenfelder (2017), S. 459.

der Produktdesignphase eine bessere Kreislaufführbarkeit (Zerlegbarkeit, Modularität oder Recycelbarkeit) integriert werden, was das Schließen von Stoffkreisläufen erleichtert.[223]

Im Konzept der Öko-Innovation können Unternehmen den Verbrauch natürlicher Ressourcen vermeiden, wenn sie

- für die Herstellung ihrer Produkte weniger natürliche Ressourcen verwenden,
- die Produkte bei ihrer Nutzung weniger natürliche Ressourcen beanspruchen,
- Produkte nach ihrer ersten Nutzungsphase Re-Use-freundlich bzw., wenn keine weitere Nutzung als Produkt oder Komponente möglich ist, recyclingfreundlich gestaltet sind.

Das Konzept für CLI, wie es hier entworfen wird, steht somit nicht im Widerspruch zum Konzept der Öko-Innovation im Allgemeinen, sondern differenziert dieses weiter aus. Der Fokus liegt auf mehrmaliger Wertschöpfung aus natürlichen Ressourcen im industriellen Kreislauf. Die Umweltbelastung wird durch mehrfache Nutzung natürlicher Ressourcen, durch Re-Use und Recycling, gesenkt.[224]

Innovation definiert sich also nicht mehr (allein) durch verbesserte und neue Produkte, sondern die Kreislaufführung von Produkten, Komponenten und Materialien aus einer Lebenszyklusperspektive ist entscheidend. Das Closed-Loop-Konzept kombiniert Produktentwicklung über Rücknahmesysteme mit Werterhaltung/Wertwiedererschließung. Hersteller und Händler eines Produkts können dessen wirtschaftliche Nutzungsdauer durch zusätzliche Nutzungsphasen verlängern. Innovation, die auf Closed-Loop-Ansätzen einer Industriellen Ökologie basiert, wird aus einer erweiterten Perspektive gesehen. Innovatoren transferieren ein genutztes Produkt in einen anderen oder neuen Anwendungsbereich, gewinnen Komponenten zurück oder recyceln Material und verwenden dieses für die wiederholte Herstellung neuer Produkte. Hierbei überschneiden sich die Lebenszyklen von Produkten, Materialien und Märkten. Die Wertschöpfungskette wird schließlich geschlossen. Abbildung 17 gibt einen Überblick über den Aufbau dieses CLI-Konzepts.[225]

CLI stellt sich als Abfolge von Wertschöpfung, Wertverlust durch Nutzung und Wertwiedererschließung dar. Elemente dieses Konzepts sind somit sowohl die Schumpeterianische kreative Zerstörung, die (Neu-)Wertschaffung mit neuen Produkten, als auch die Wieder-

223 Vgl. UNEP and TU Delft (2006), S. 23–24.
224 Zur notwendigen, fallspezifischen Betrachtung der Umweltauswirkungen von Produkten siehe Kapitel 4.3.
225 Vgl. Ehrenfeld (2004), S. 830.

Wertschaffung nach Wertverlust mit Gebrauchtprodukten. Im Gegensatz zur bisherigen Praxis wird die Wertschöpfungskette mindestens um eine zweite, wenn nicht um mehrere Phasen der Wertwiedererschließung verlängert. Wettbewerb über Produktneuheit (‚innovative new product') findet nur bei der Erstherstellung statt. Nach einer ersten Nutzungsphase verlagert sich dieser Wettbewerb auf das bestmögliche Nutzwertangebot mit einem wiedererneuerten Produkt (‚innovative new re-use product') im selben oder in einem anderen Markt.

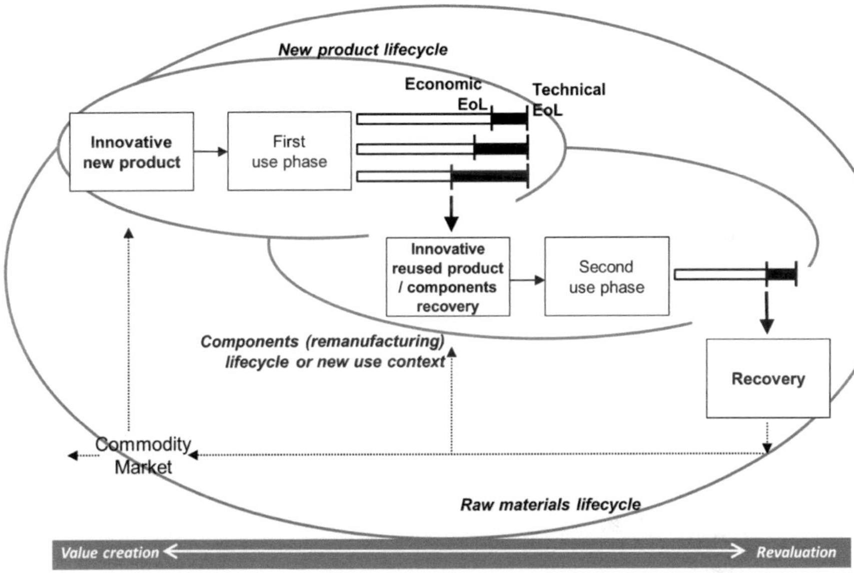

Abbildung 17: Konzeptionalisierung des Closed-Loop-Innovationsmusters[226]

Eine Verlängerung der Wertschöpfungskette bedeutet für Unternehmen die Beherrschung zusätzlicher Prozesse oder Funktionen. Das sind am Ende der jeweiligen Nutzungsphase beispielsweise Sammlung und Rückführlogistik, Produktzerlegung, Sortier- und Aufarbeitungsschritte für Materialien sowie für Produktionsprozesse, die Recyclingmaterial handhaben können, und Remanufacturingprozesse von Produkten und Komponenten.

Grundlegende Voraussetzung für die Wertwiedererschließung eines Produkts in Form von Re-Use ist, dass die technische Lebensdauer (die Zeitspanne, in der ein Produkt oder eine Komponente mit ihrer gegebenen Funktionalität nutzbar ist) die wirtschaftliche Lebensdauer (die Zeitspanne, in der ein Produkt vom Nutzer gebraucht wird, z. B. aus Verbrauchsge-

226 Slowak und Regenfelder (2017), S. 461, Figure 2.

sichtspunkten oder technischer Obsoleszenz) übertrifft und Marktnachfrage nach Re-Use-Produkten besteht. Ist das nicht der Fall, bietet sich das Materialrecycling zur Schließung des Stoffkreislaufes an.[227]

In jedem Fall werden auf Kunden- und Unternehmensebene Preis-Nutzen- bzw. Kosten-Nutzen-Überlegungen erforderlich. Konsumenten treffen eine wirtschaftliche Entscheidung, wann die Nutzungsphase eines Produkts endet. Unternehmen ihrerseits treffen eine wirtschaftliche Entscheidung am Produktlebenszyklusende in einem Anwendungsfall darüber, ob der Transfer in einen anderen Anwendungsfall lohnend ist, Komponenten wiedergewonnen werden oder das Materialrecycling als wirtschaftliche Alternative verbleibt.[228]

CLI berücksichtigt die Möglichkeiten weiterer Nutzungsphasen und Wertschöpfungszeitpunkte. Das Konzept beinhaltet drei verschiedene Arten der Wertwiedererschließung:[229]

- Unternehmen können Wert schaffen durch Re-Use von Produkten oder Komponenten im ursprünglichen Anwendungsfall. Innovation beschränkt sich dabei auf den technischen Aufarbeitungsprozess, ein geeignetes Produktdesign und auf die eher inkrementelle Verbesserung von Produkteigenschaften durch Aufrüstungen.[230]
- Wert wird geschaffen, indem ein gebrauchtes Produkt nach erforderlichen Aufarbeitungsschritten in ein neues sozio-technisches Anwendungsfeld überführt wird. Dabei können Markt- und Industriegrenzen übertreten werden. Das zweite Anwendungsfeld ist beispielsweise ein Markt mit verringerten Leistungsanforderungen. Innovative Unternehmen fokussieren hier die Erkundung solcher Märkte und die Implementierung entsprechender Geschäftsmodelle.[231]
- Nach der (unter Umständen mehrfach) verlängerten Produktlebenszeit werden noch brauchbare hochwertige Materialien rückgewonnen. Rückgewinnungsmöglichkeiten und Wertschöpfungspotenziale des Materialrecyclings hängen von den technischen Möglichkeiten der Sortier-, Demontage- und Aufbereitungstechnologien sowie den Fertigungsverfahren in der Neuproduktion ab.

Während das konventionelle Muster der Neuproduktinnovation auf Wertschöpfung durch neue Produkteigenschaften und Technologien fokussiert, zielen nachhaltige Innovationsstrategien auf das Erkennen und Ergreifen neuer Möglichkeiten der Wiedernutzung ab. Mit

---

[227] Vgl. VDI (2014a), S. 43 f.
[228] Vgl. VDI (2014a), S. 44 f.
[229] Vgl. Slowak und Regenfelder (2017), S. 462.
[230] Vgl. Henderson und Clark (1990).
[231] Vgl. Geroski (2003), S. 191 f.

der Logik „Vom Erstgebrauch – zum Zweitgebrauch – zum Drittgebrauch bis zur Materialrückgewinnung“ sind neue Phasen der Wertschöpfung mit sich zum Teil überschneidenden Lebenszyklen bzw. deren Verknüpfung verbunden.

Unter solch einem kreislaufwirtschaftsgetriebenen Innovationsregime müssen Innovatoren nach der ersten oder iterativ folgenden Nutzungsphasen überprüfen:

- Kann ein Produkt oder können Komponenten im ursprünglichen Anwendungsfall (Use Case A) wiederverwendet werden?
- Kann das gebrauchte Produkt auf einen anderen Anwendungsfall (Use Case B) übertragen werden?
- Können hochwertige Materialien rückgewonnen und für neue Produkte genutzt werden (Recovery)?

Der Innovator berücksichtigt in seinem ökonomischen Kalkül Markt-, Produkt- und Materiallebenszyklen und trifft abhängig von Überschneidungen die Wahl der geeigneten Strategie. Abbildung 18 verdeutlicht diese Logik an Beispielen aus der Industriepraxis und zeigt Ansatzpunkte für Innovationstätigkeiten nach einem primären Produktlebenszyklus.[232]

Das Beispiel verdeutlicht: Neben den üblichen Innovationsfeldern, wie Wettbewerb über Produkteigenschaften, Prozesse und Dienstleistungen, stehen am Anfang eines primären Produktlebenszyklus zumeist spezifische technologische Innovationen. Produkte werden Re-Use-freundlich entwickelt oder Produktionsprozesse werden aufgesetzt, um mit recycelten Materialien eine gewünschte Produktqualität erreichen zu können. Am Ende der ersten Nutzungsphase werden Sammelsysteme eingerichtet und damit neue ‚Rohstoff‘-Quellen für die Produktherstellung erschlossen. Daraus resultieren Veränderungen organisationaler oder geschäftsbezogener Verhaltensmuster und Branchenstrukturen. Sind die Produkte rückgeführt, werden bei Produkt- und Komponenten-Re-Use unter anderem Zerlege- und Aufarbeitungsschritte erforderlich. Hier kann abermals technische Innovation ansetzen. So können beim Materialrecycling innovative Recyclingtechnologien zum Einsatz kommen. Sammelsysteme und Wertwiedererschließung oder der Transfer in einen neuen Anwendungsfall können wiederum Ansatzpunkte für organisationale oder geschäftsbezogene Innovationen sein.

---

[232] Vgl. Zahn und Weidler (1995), S. 359. Details zu den Fallbeispielen finden sich bei Kerr und Ryan (2001), Krikke (2011), S. 1201–1203; Neubauer und Pesaran (2010); Neubauer et al. (2012), S. 24–26; Regenfelder et al. (2014), S. 169–167; Wolfs (2010); Xerox (2012), S. 3–22. In der Abbildung sind nur einzelne entscheidende Aspekte zur Art der Innovation und deren Ansatzpunkte aufgeführt.

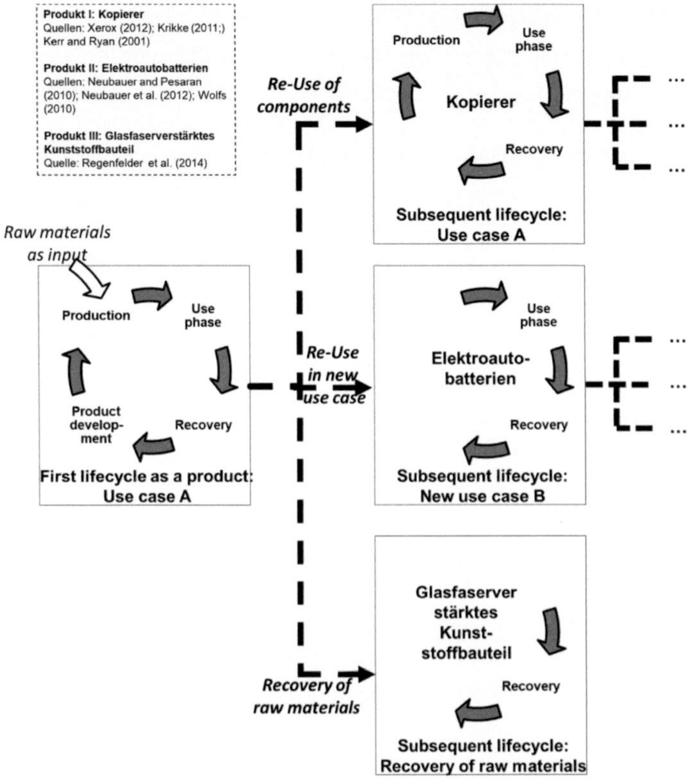

Art der Innovation		
Produkt I: Stabilisierung der Designs von Komponenten über Produktgenerationen; Remanufacturingprozesse → technologisch	→ *Re-Use von Komponenten*	**Produkt I:** Rückführlogistik → organisational Leasing → geschäftsbezogen Zerlegeprozesse → technologisch
Produkt II: Akkukapazität → technologisch	→ *Re-Use in neuem Anwendungsfall*	**Produkt II:** Überführung in neuen Markt als stationäre (Not-) Stromversorgung → geschäftsbezogen
Produkt III: Materialeffizientes Design; Produktionsprozesse für Recyclingmaterial; Prozessänderung zur verschmutzungsfreien Sammlung von Angüssen → technologisch	→ *Materialrück-gewinnung*	**Produkt III:** Aufbereitungsprozesse (Mahlen, Staubfilterung) → technologisch Lagerungskapazität → organisational

Abbildung 18: Möglichkeiten für Innovatoren zur Wertschöpfung nach einer ersten Nutzungsphase[233]

[233] Slowak und Regenfelder (2017), S. 463, Figure 3; mit Ergänzungen und Fallbeispielen zur Kategorisie-

CLI ist ein integriertes Gebilde und hinsichtlich der Bedeutung für die Verhaltensdynamik zur Koevolution industrieller Unternehmen mit ihrer ökologischen Umwelt eine nach außen wirkende, strategische Innovation. Damit gehen Veränderungen der Spielregeln im Wettbewerb und in Märkten einher, aber vor allem in der Logik der Wertschöpfung – mit einem Wandel von der einmaligen Wertschöpfung zu einer Verkettung von Wertschöpfungen.

Zweck der Analyse ist die Suche nach Chancen für neue Geschäftsmodelle, die den Charakter einer strategischen Innovation haben. Diese strategischen Innovationen fokussieren auch die gezielte Veränderung bestehender Geschäftsmodelle.[234]

> *„Business model innovation captures the essence of [strategy innovation] without ambiguity. Business model innovation is the discovery of a fundamentally different business model in an existing business."*[235]

Geschäftsmodellinnovationen sind ein effektiver Mechanismus zur Umsetzung von CLI. Sie integrieren technische, organisationale und geschäftsbezogene Innovationen.[236]

---

rung von Innovationstätigkeit.

234 Vgl. Nemeth (2011), S. 132.

235 Markides (2006), S. 19 f.

236 Vgl. Zahn und Weidler (1995), S. 359 f.

3. Geschäftsmodelle und Geschäftsmodellkonzepte

Kapitel 3 gibt einen Überblick über den Stand der Forschung zu Geschäftsmodellen und Geschäftsmodellkonzepten. Zunächst werden die grundlegenden Definitionen, Funktionen und Merkmale von Geschäftsmodellen dargestellt. Im Anschluss wird auf die Struktur der Wertschöpfung als wesentliches Element bei der Analyse von Geschäftsmodellen eingegangen. Da es Ziel dieser Arbeit ist, ein CL-GMK als Managementinstrument zur Handhabung von Komplexität durch Kreislaufwirtschaftsstrategien auf Produktebene zu entwickeln, werden bestehende Geschäftsmodellkonzepte kritisch gewürdigt und die bestehende Forschungslücke in diesem Bereich begründet.

3.1. Geschäftsmodelle als theoretisches Konstrukt – Begriffsabgrenzungen und Grundlagen

Eine steigende Anzahl von Publikationen aus dem Bereich der Unternehmensführung beschäftigt sich mit Geschäftsmodellen. Themen sind beispielsweise Geschäftsmodelle als Mittel zur Klassifikation von Unternehmen, die Analyse von Unternehmenserfolg oder die Durchsetzung von Innovationen.[237] Das Geschäftsmodell als eigenständiges Konzept dient als Modell zur Analyse, Planung und Kommunikation der Geschäftstätigkeit.[238] Umschreibungen des Begriffs beziehen sich darüber hinaus auf das Verständnis des Geschäftsmodells als Strukturvorlage, Architektur, Rahmenwerk, Mittel zur Darstellung, Statement oder Muster, wie Unternehmen ihre Geschäfte betreiben.[239] Gleichwohl gibt es bisher kein allgemein geteiltes Verständnis in der Literatur, wie ein Geschäftsmodell definiert ist. Vielmehr gibt es eine Reihe von Definitionen und Beschreibungen, die sich nur partiell überschneiden.[240] Zahn umschreibt den Begriff wie folgt:

> *„Das Geschäftsmodell bestimmt, wie ein Unternehmen Wert schafft oder vernichtet. Seine Erneuerung ist damit der Hebel zur Erschließung neuer Möglichkeiten der Wertschöpfung. [...] Es gilt herauszufinden, was die Kunden erwarten, was Schlüsselpositionen im Wertschöpfungssystem sein werden, welche von diesen unbedingt*

---

237 Vgl. Lambert und Davidson (2013), S. 673; Osterwalder und Pigneur (2004), S. 66; Osterwalder et al. (2005), S. 3 f.; Zott et al. (2011), S. 1022 f.

238 Vgl. Baden-Fuller und Morgan (2010), S. 167 f.; Bieger und Reinhold (2011), S. 20.

239 Siehe hierzu Schmidt (2015), S. 31 f., der diesen Schluss aus einer Metaanalyse von Geschäfts-modelldefinitionen zieht.

240 Vgl. Bieger und Krys (2011), S. 1; Lambert (2006), S. 3.

besetzt werden sollten und wie welche Bausteine sich zu einem überlegenen Geschäftsmodell formen lassen.“[241]

Daraus lassen sich zwei wichtige Punkte herausziehen, um sich einer Definition des Begriffs ‚Geschäftsmodell‘ anzunähern:

- Ein Geschäftsmodell ist wertschöpfungszentriert.
- Es besteht aus einzelnen Bausteinen.

Geschäftsmodelle bilden zudem ein Unternehmen und sein Umfeld (im Sinne von ‚Ökosystem‘) strukturorientiert ab:

> *„A business model shows in a highly simplified and aggregate form which resources play a role in the company and how the internal process of creating goods and services transforms these resources into marketable information, products and/or services. A business model therefore reveals the combination of production factors which should be used to implement the corporate strategy and about functions of the actors involved.“*[242]

Chesbrough und Rosenbloom gehen von folgenden Funktionen eines Geschäftsmodells aus:

- Es formuliert eine Value Proposition.
- Es identifiziert Zielmarktsegmente und wie in diesen Erträge geschaffen werden.
- Es definiert die Struktur der Wertschöpfungskette und arbeitet komplementäre Ressourcen heraus, um die Position in dieser abzusichern.
- Es schätzt die Kostenstruktur und Profitmöglichkeiten auf der Basis der Value Proposition und der Wertschöpfungskette ab.
- Es beschreibt die Position des Unternehmens im Wertschöpfungsnetzwerk unter Berücksichtigung von Partnern, Komplementoren und Konkurrenten.[243]

Ein Geschäftsmodell stellt die Produkt-Markt-Kombination und Kombination wertschöpfender Aktivitäten dar. Es beschreibt, wie ein Unternehmen Erträge erzielt. Es hat den Zweck, als Ergebnis Kundennutzen zu erzeugen und aufzuzeigen, wie ein Unternehmen Wettbe-

---

241 Zahn (2001), S. 15.
242 Wirtz (2000), S. 81.
243 Vgl. Chesbrough und Rosenbloom (2002), S. 533 f.

werbsvorteile sichert, und dies auch in Verbindung mit der Wettbewerbsstrategie.[244] Ausgangspunkt, um Wert zu schaffen und dem Kunden zu liefern, ist die Value Proposition: Sie beschreibt, wie ein Bündel von Produkten oder Dienstleistungen für eine spezifische Kundengruppe Wert schafft. Die Value Proposition beantwortet die Frage, welchen Nutzen Kunden von einem Angebot erwarten können.[245] Der Kundennutzen entsteht, indem ein Produkt oder eine Dienstleistung ein ‚Problem' der Kunden löst oder für diese einen ‚Job' erledigt.[246] Grundlegend für Geschäftsmodelle ist die Logik der Wertschöpfung, denn Geschäftsmodelle fokussieren sich nicht nur auf die Wertschöpfung eines einzelnen Unternehmens, sondern auch auf die Wertschöpfung in Netzwerken über ein fokales Unternehmen hinaus.[247] Auf diese Weise können lineare, parallele und multidirektionale Wertschöpfung und Austauschbeziehungen zwischen Akteuren berücksichtigt werden. Darüber hinaus sind Geschäftsmodelle sowohl unternehmensextern als auch -intern orientiert. Sie gelten als Werkzeug zur Aneignung von Erträgen aus Innovationen; entsprechend kann ein Scheitern der Aneignung von Erträgen aus Innovationstätigkeiten auf die Wahl eines unpassenden Geschäftsmodells zurückgeführt werden.[248] Geschäftsmodelle sind zudem auf verschiedenen Ebenen skalierbar: von der übergeordneten Industrieebene über die Unternehmensebene und Geschäftsbereichsebene bis zur spezifischeren Produktebene als kleinteiligstem Betrachtungsgegenstand.[249]

Die Geschäftsmodellforschung ist interdisziplinär. Ihre Wurzeln werden in der Wirtschaftsinformatik und in der Unternehmensführung verortet. Es lassen sich folgende Ansätze unterscheiden:

- Technologieorientierte Ansätze: Sie modellieren Geschäfte, beispielsweise in Programmiersprachen, weit verbreitet bei E-Business-Modellen.
- Organisationsorientierte Ansätze: Sie beschreiben die Geschäftsarchitektur, die strukturellen Elemente und deren Verknüpfungen.
- Strategieorientierte Ansätze: Sie fokussieren auf Wertschöpfungslogik, Kernkompetenzen und Wertschöpfung in Netzwerken.[250]

---

244 Vgl. Teece (2010), S. 173.
245 Vgl. Osterwalder und Pigneur (2004), S. 71 f.; Osterwalder et al. (2014), S. 6.
246 Vgl. Johnson et al. (2008); S. 60.
247 Vgl. Zott und Amit (2010), S. 216. Siehe ausführlich Kapitel 3.2 hierzu.
248 Vgl. Chesbrough und Rosebloom (2002), S. 533, S. 550.
249 Vgl. Wirtz (2011), S. 66–68.
250 Vgl. Wirtz (2011), S. 26 f.; für einen Überblick zur zeitlichen Entwicklung dieser Ansätze mit relevanten Autoren siehe Wirtz (2011), S. 15, Figure 2-2 und S. 29, Figure 3-6.

Durch den engen Bezug der Geschäftsmodellforschung zur Unternehmensstrategie ist eine Abgrenzung zwischen der Geschäftsmodell- und der Strategieebene notwendig. Sie kann zunächst über das Abstraktionsniveau hergestellt werden. Die Geschäftsmodellebene ist eine taktische Vermittlungsschicht zur Implementierung der übergeordneten, abstrakteren Unternehmensstrategie und der operativen Umsetzung in Geschäftsprozessen. Das Geschäftsmodell dient hierbei der Übersetzung und Implementierung der Unternehmensstrategie, steht mit der Strategie aber auch in Wechselwirkung: Einerseits bildet die Strategie den Bezugsrahmen, innerhalb dessen verschiedene Geschäftsmodellausgestaltungen für die Strategieimplementierung gewählt werden können.[251] Das Geschäftsmodell ist dann ein Werkzeug zur effektiven Umsetzung einer geplanten Strategie. Andererseits kann das Geschäftsmodell als emergente Reaktion auf Veränderungen des Umfelds adaptiert werden. Diese Anpassung umfasst eine Bandbreite von inkrementellen, taktischen Änderungen am Geschäftsmodell bis hin zur radikalen Änderung der Strategie, falls wesentliche Änderungen des Umfelds dies erfordern.[252] Geschäftsmodelle sind eine verbindende Ebene im Dreieck zwischen Geschäftsstrategie, Organisation und eingesetzter Technologie. Sie unterliegen somit äußeren Einflüssen wie Wettbewerbskräften, technologischem Fortschritt und sich verändernden Kundenbedürfnissen.[253] Geschäftsmodelle konkretisieren die Strategie. Beispielsweise können in ihren Bausteinen auch die notwendigen Details zur Strategieimplementierung und gegenseitige Abhängigkeiten zwischen einzelnen Teilbereichen innerhalb des ‚Systems Unternehmen bzw. Unternehmensnetzwerk' berücksichtigt werden. Dies setzt folgende Perspektive auf Unternehmen oder Unternehmensnetzwerke voraus: Sie sind aus einzelnen Bausteinen der Nutzenerstellung, bei denen wechselseitige Abhängigkeiten bestehen, zusammengesetzt. Abbildung 19 verdeutlicht diese Einordnung als Vermittlungsebene von Strategie zu untergeordneten Geschäftsprozessen.

---

251 Vgl. Bieger und Reinhold (2011), S. 25; Casadesus-Masanell und Ricart (2010), S. 196; Osterwalder und Pigneur (2002), S. 2; Tikkanen et al. 2005, S. 804 f.

252 Vgl. Schmidt (2015), S. 110 f.

253 Vgl. Osterwalder und Pigneur (2004), S. 68 f.

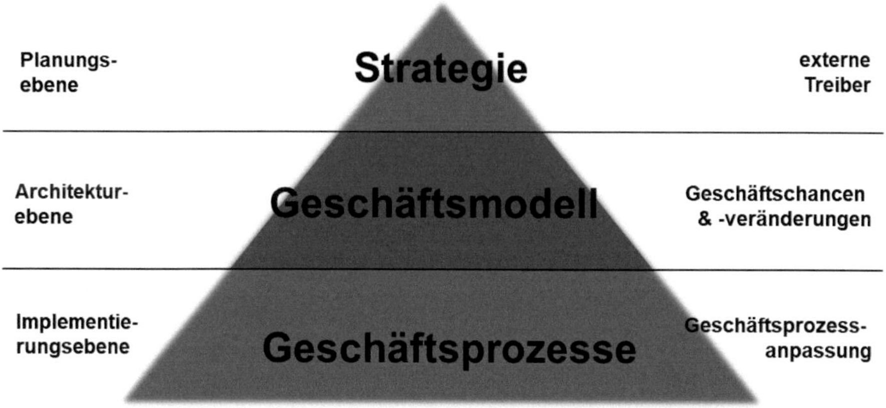

Abbildung 19: Einordnung der Geschäftsmodellebene in die Unternehmensführung[254]

Eine weitere Abgrenzung kann über den Fokus auf die Wertschöpfung getroffen werden. Die Abgrenzung zwischen Geschäftsmodell und Geschäftsstrategie erfolgt über drei Kriterien:

- Konkurrenz: Während Strategien stärker auf das Erkennen und Ausbeuten von Wettbewerbsvorteilen abzielen – also auf die Aneignung des geschaffenen Wertes über Wettbewerbsstrategien –, fokussieren Geschäftsmodelle auf die Wertschöpfung und -lieferung aus Kundensicht.
- Finanzierung: Finanzielle Aspekte (Schaffen von Shareholder Value und Unternehmensfinanzierung) spielen für Geschäftsmodelle eine untergeordnete Rolle im Vergleich zur Strategie.
- Wissen: Während die Strategie vom weitgehenden Vorliegen aller relevanten Informationen ausgeht, berücksichtigen Geschäftsmodelle kognitive Beschränktheit und verzerrte, unzuverlässige Informationen, die durch das ‚Ausprobieren' in der Praxis erst nach und nach eindeutiger werden.[255]

Zusammenfassend dienen Geschäftsmodelle in dem dieser Arbeit zu Grunde liegenden Verständnis als Vermittlungsebene zur Umsetzung von Geschäftsstrategien, die ausgehend vom Kundennutzen die Architektur und Organisation der Wertschöpfung bestimmen. Dabei treten finanzielle Aspekte zunächst in den Hintergrund und Informationen zur strategischen Planung liegen meist nur unzureichend vor. In Bezug auf Recycling- und Re-Use-

[254] Osterwalder (2004), S. 14, Figure 6, übersetzt und mit Anpassungen.
[255] Vgl. Bieger und Reinhold (2011), S. 23 f., S. 37 f.; Chesbrough und Roosenbloom (2002), S. 535 f.

Strategien ist es das Ziel, deren Umsetzung auf Produktebene zu überführen sowie mit einzelnen Bausteinen und deren definierten Inhalten eine Art ‚Gerüst' für die Unternehmenspraxis zu bieten. Eine Strategie allein im Sinne von Zielsetzung zu definieren, ist nicht ausreichend, da erst die Implementierung(-sinstrumente) entscheidend für die erfolgreiche Umsetzung ist (sind): Wie können die gesetzten Ziele erreicht werden und welche unternehmensinternen und -externen Rahmenbedingungen sind relevant?

3.2. Wertschöpfungsverständnis in der Geschäftsmodellforschung

Für Geschäftsmodelle sind die Logik und die Struktur der Wertschöpfung von zentraler Bedeutung. Die Struktur verdeutlicht, welche wertschöpfenden Aktivitäten mit ihren jeweiligen Zwischenergebnissen (unternehmensintern, vielmehr jedoch mit unternehmensexternen Partnern) verbunden sind, um die Value Proposition zu erfüllen. Veränderungen an bestehenden Geschäftsmodellen können zu Änderungen in der Struktur der Wertschöpfung führen. Folglich sind Änderungen oder die Rekonfiguration der Wertschöpfung(-sketten) zentrale Aufgaben und Erfolgsfaktor für das Management von Geschäftsmodellen.[256]

Abbildung 20 zeigt den ‚traditionellen' Wertschöpfungskettenansatz von Porter.

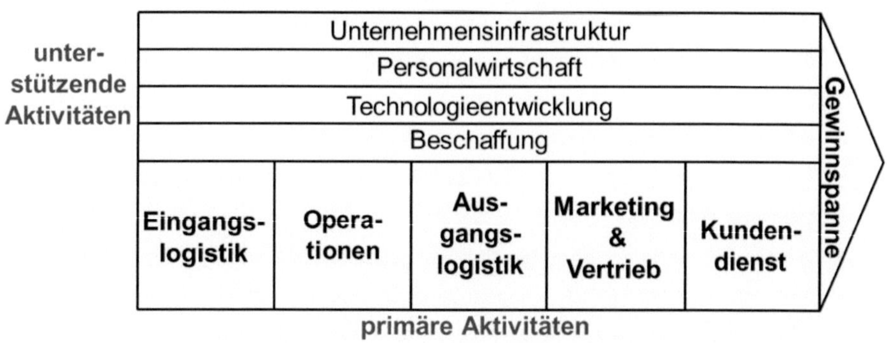

Abbildung 20: Struktur der Wertschöpfungskette[257]

Der Wertschöpfungskettenansatz betrachtet ausschließlich ein einzelnes Unternehmen oder einen Geschäftsbereich und dessen Aktivitäten, die Wert zu einem Produkt hinzufügen (Primärprozesse) oder das Produkt unterstützen. Es geht also um die lineare Wert-

256 Vgl. Porter (1989), S. 61 f.; Wirtz (2011), S. 17, S. 79 f.; Zott und Amit (2010), S. 218 f.
257 Vgl. Porter (1989), S. 62.

schöpfung innerhalb eines Unternehmens und die Identifizierung der einzelnen Schritte der Wertsteigerung.[258]

Das Wertschöpfungssystem ist einen Schritt näher am Geschäftsmodellansatz bzw. hin zu einem Ökosystem.[259] Das Wertschöpfungssystem hat den Fokus auf dem hinzugefügten Wert, berücksichtigt aber auch horizontale Verbindungen (innerhalb einer Industrie, Wertschöpfungstiefe, Up- oder Downstream) und vertikale Verbindungen (mit einer anderen Industrie) zwischen Unternehmen mit ihren jeweiligen Wertschöpfungsketten. Die Wertschöpfung selbst entsteht aus der Summe der verschiedenen wertschöpfenden Aktivitäten, auch über Unternehmensgrenzen hinweg. Im Zentrum steht die Vernetzung der einzelnen Wertschöpfungsketten zu komplexeren Strukturen. Der Einbezug externer Partner ist eine Erweiterung des Wertschöpfungskettenansatzes. Trotzdem wird die Wertschöpfung weiterhin als linearer, Wert hinzufügender Prozess verstanden.[260] Abbildung 21 verdeutlicht die Struktur dieser Art der Wertschöpfung.

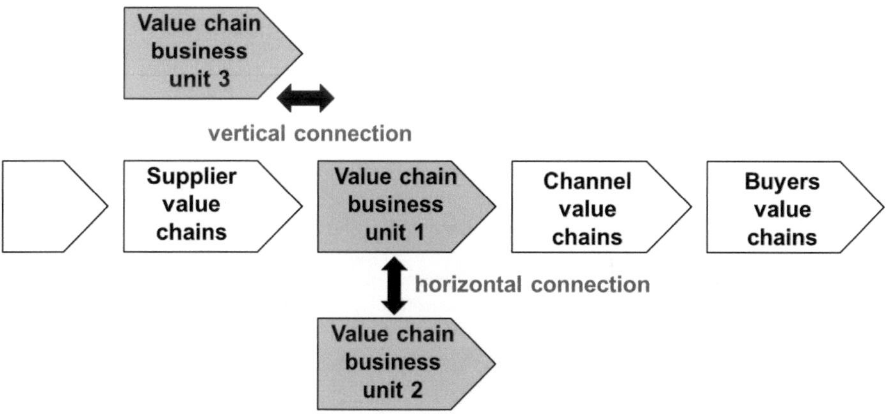

Abbildung 21: Struktur eines Wertschöpfungssystems[261]

Die Wertschöpfungskonstellation ist ein netzwerkzentrierter Ansatz und setzt den Fokus auf die Wertschöpfung durch Transaktionen über Unternehmensgrenzen hinweg und deren Abhängigkeiten. Der Ansatz untersucht, wie die Value Proposition in einem Netzwerk geschaffen wird und welche Austauschbeziehungen hierfür charakteristisch sind. Wert kann in diesem Konzept nicht nur linear, sondern auch in multiplen Richtungen oder paral-

258 Vgl. Wirtz (2011), S. 78 f.
259 Vgl. Kagermann und Österle (2007), S. 171.
260 Vgl. Wirtz (2011), S. 82–84.
261 Porter (1989), S. 59.

lel geschaffen werden. Ziel ist es, die potenziellen Verbindungen der Wertschöpfung im Geschäftsmodellökosystem zu identifizieren.[262] Die Wertschöpfungskonstellation als Ganzes schafft ein spezifisches Kundenangebot, das mit anderen Angeboten konkurriert. Sie bezieht den Kunden als Akteur, der zur Wertschöpfung beiträgt, mit ein. Diese Perspektive betrachtet auch die Funktionen und die wichtigsten beigetragenen Ressourcen der beteiligten Partner.[263] Abbildung 22 stellt eine beispielhafte Wertschöpfungskonstellation dar.

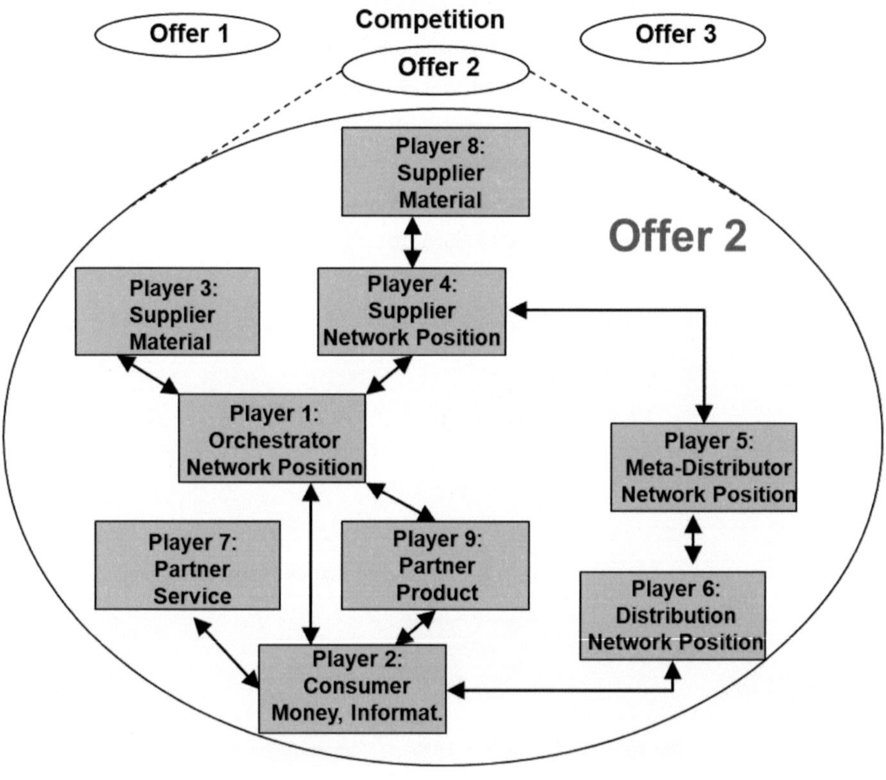

Abbildung 22: Struktur einer Wertschöpfungskonstellation[264]

Relevant für den Geschäftsmodellansatz sind vor allem das Wertschöpfungssystem und die Wertschöpfungskonstellation. Sie vervollständigen die Sichtweise des Geschäftsmodellökosystems mit der über die Unternehmensgrenzen hinausgehenden Wertschöpfung

[262] Vgl. Norman und Ramirez (1993), S. 68 f.; Vanhaverbeke und Cloodt (2006), S. 266.
[263] Vgl. Wirtz (2011), S. 84–88.
[264] Wirtz (2011), S. 89, Figure 2-7, mit Anpassungen.

(Wertschöpfungssystem) und der nicht-linearen, parallelen Wertschöpfung in Netzwerken (Wertschöpfungskonstellation), zu der viele Akteure beitragen.

Über die Unternehmensgrenzen hinausgehende Wertschöpfungskonzepte sind besonders für CL-GM von Bedeutung. Die Verlängerung der Nutzungsphase(n) von Produkten und Komponenten bedeutet Wettbewerb mit zukünftigen Konkurrenten, längere Zeithorizonte und Vorhersageungenauigkeiten. Zudem verlängern CL-GM das Wertschöpfungssystem oder rekonfigurieren es. Selbst wenn ein lineares Muster der Wertschöpfung beibehalten wird, muss es erweitert werden, um Sammel-, Rückführ-, Recycling- und Aufarbeitungsschritte von Kreisläufen zu schließen. Das kann auch den vertikalen Transfer von Produkten, Komponenten oder Materialien in Wertschöpfungssysteme anderer Industrien zur Folge haben. Schließlich kann das Wertschöpfungssystem vollständig neu definiert oder zerstört werden, wenn die Wertschöpfung parallel und multidirektional in einer Wertschöpfungskonstellation stattfindet. Dies trifft insbesondere dann zu, wenn der Nutzer eines Produkts (in dessen erstem Lebenszyklus) als Inputquelle für einen zweiten Produktlebenszyklus dient.

Die Geschäftsmodellinnovation überschreitet die Grenzen der Produkt- und Prozessinnovation. Sie steht für die Erneuerung der Art und Weise, wie ein Unternehmen sein Geschäft betreibt.[265] Die Schlussfolgerung aus der Darstellung des Wertschöpfungssystems und der Wertschöpfungskonstellation lautet, dass sich die Struktur der Wertschöpfung in der Konfiguration eines Geschäftsmodells widerspiegelt: Abhängig von den vielfältigen Wertschöpfungsmustern kann ein optimales Geschäftsmodell definiert oder ein bestehendes angepasst werden. Die Neuheit bei Geschäftsmodellinnovationen kann in veränderten Strukturen der Wertschöpfung verortet werden, was neue wertschöpfende Aktivitäten, Akteure, Verknüpfungen und Ressourcen einschließt. Deswegen sind die Struktur und das Muster der Wertschöpfung grundlegende Aspekte bei der Analyse von Geschäftsmodellen. Dies gilt auch für CL-GM. Die Wertschöpfungsperspektive komplementiert die aus Kundensicht hergeleitete Value Proposition.[266]

3.3. Geschäftsmodellkonzepte – Vorstellung und kritische Würdigung

Ein Geschäftsmodellkonzept gibt eine Struktur vor, wie ein real vorliegendes Geschäftsmodell beschrieben wird. Abhängig vom betrachteten Geschäftsmodellkonzept ist ein Geschäftsmodell vice versa definiert als spezifische Konfiguration des Geschäftsmodellkon-

---

[265] Vgl. Zahn (2001), S. 15.
[266] Vgl. Wirtz (2011), S. 92–94; Zahn (2001), S. 17.

zepts. Letzteres ist somit ein Metamodell: Es stellt ein konzeptionelles und aggregiertes Rahmenwerk dar, das die wichtigsten Komponenten der Geschäftsmodelle berücksichtigt.[267] Ein Geschäftsmodellkonzept ist charakterisiert durch die Auswahl seiner Komponenten und seine Struktur, beispielsweise Schichten und Beziehungen zwischen einzelnen Elementen, mit denen ein Geschäftsmodell beschrieben wird. Ein Geschäftsmodellkonzept ist ein Werkzeug, um in seinem Rahmen ein spezifisches Geschäftsmodell zu definieren. In den Komponenten werden Teilaspekte des unternehmerischen Handelns inhaltlich zusammengefasst. Insgesamt verdeutlicht ein solches Konzept die Logik des Geschäfts.[268] Geschäftsmodellkonzepte tragen zu einer systemischen Perspektive auf ein Unternehmen und sein Umfeld bei, da sie die internen und externen Verknüpfungen der Geschäftsarchitektur und der Wertschöpfung strukturieren. Sie unterstützen beim sequentiellen, adaptiven Erkundungsprozess neuer Geschäftsmodelle, indem sie diese visualisieren und strukturieren.[269]

Für Theorie und Praxis sowie für die Fragestellung dieser Arbeit relevante Beispiele für Geschäftsmodellkonzepte finden sich bei Wirtz, bei Hamel, ebenso bei Osterwalder und Pigneur, bei Zott und Amit sowie bei Lüdeke-Freund.[270] Die Konzepte sind organisations- oder strategieorientiert. Einzelne Teilaspekte dieser Geschäftsmodellkonzepte werden im CL-GMK aufgegriffen. Im folgenden Unterkapitel werden die bestehenden Konzepte vorgestellt und anschließend kritisch gewürdigt. Zugleich wird damit auch ein Überblick über den Stand der Forschung zu Geschäftsmodellkonzepten – auch mit Nachhaltigkeitsbezügen – gegeben.

3.3.1 Das integrierte Geschäftsmodellkonzept von Wirtz

Für die Analyse des Unternehmenserfolgs müssen alle relevanten Aktivitäten und Aspekte unternehmerischer Tätigkeit beachtet und antizipiert werden. Hierzu bildet das integrierte Geschäftsmodellkonzept von Wirtz ein aggregiertes Rahmenwerk, bestehend aus einer Reihe von einzelnen Elementen. Es ist unterteilt in drei Schichten: Strategie-Komponente (Strategie-, Ressourcen- und Netzwerkmodell), Kunden- und Marktkomponente (Kunden-, Marktangebotsmodell und Erlösmodell) und Wertschöpfungskomponente (Wie werden Güter und Dienstleistungen hergestellt, Input beschafft und diese Tätigkeiten finan-

---

267 Vgl. Wirtz (2001), S. 210.

268 Vgl. Osterwalder et al. (2005), S. 5, S. 9 f.

269 Vgl. Chesbrough (2010), S. 359. Siehe Shafer et al. (2005), S. 201, Table 1; Bieger und Reinhold (2011), S. 18 f., Tabelle 2; Wirtz et al. (2016), S. 43, Figure 3 für einen Überblick von Komponenten von Geschäftsmodellen in der Literatur.

270 Vgl. Amit und Zott (2002), S. 511; Hamel (2001), S. 88 f.; Lüdeke-Freund (2009), S. 42–44; Osterwalder und Pigneur (2010), S. 18 f.; Wirtz (2011), S. 110–114, Zott und Amit (2010), S. 217 f.

ziert?).[271] Die Abgrenzung der einzelnen Teilmodelle erfolgt theoriegeleitet über die Analyse interner und umweltbedingter Faktoren, die für den Unternehmenserfolg von Bedeutung sind.[272] Einzelne Teilmodelle sind an die Geschäftsmodellbausteine von Hamel angelehnt.[273] Der Fokus auf Wertschöpfung aus Kundensicht wird mit einer firmeninternen Perspektive komplementiert: Durch welche internen Wertschöpfungsprozesse liefert die Unternehmung das Nutzenversprechen für den Kunden? Nichtsdestotrotz werden externe Partner und Wertschöpfungsnetzwerke berücksichtigt.[274]

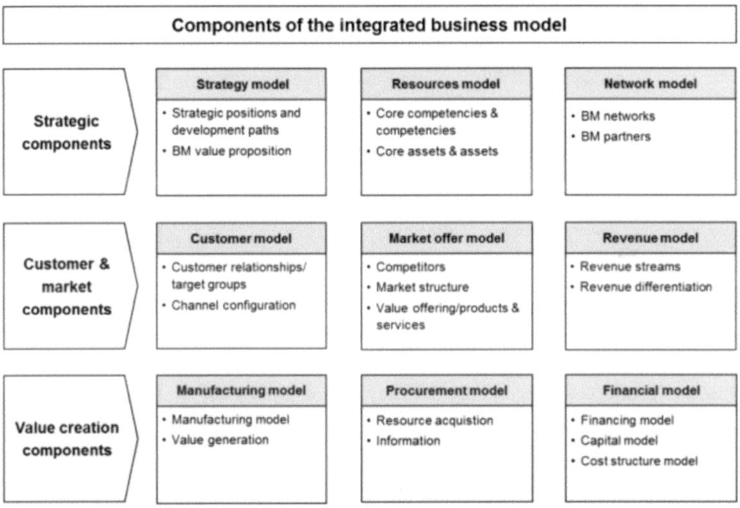

Abbildung 23: Übersicht über das integrierte Geschäftsmodellkonzept von Wirtz[275]

3.3.2. Das Geschäftsmodell-Canvas von Osterwalder und Pigneur

Das Geschäftsmodell-Canvas nach Osterwalder und Pigneur besteht aus neun Bausteinen. Sie sollen alle relevanten Punkte bei der Schaffung neuer Geschäftsmodelle abdecken und den Geschäftsmodellinnovationsprozess anleiten sowie die Logik abbilden, wie ein Unternehmen Gewinn erwirtschaftet. Die Bausteine wurden aus einer Literaturanalyse bestehender Geschäftsmodellkonzepte und aus empirisch fundierten Taxonomien abgeleitet. Sie erweitern und konkretisieren die vier Säulen eines Geschäftsmodells nach Oster-

271 Vgl. Wirtz (2011), S. 110–114.
272 Vgl. Afuah (2004), S. 4.
273 Vgl. Hamel (2001), S. 88–89.
274 Vgl. Wirtz (2011), S. 110–114.
275 Vgl. Wirtz et al. (2016), S. 44, Figure 4.

walder.[276] Der Aufbau wurde in Workshops mit Praktikern validiert. Ziel des Canvas ist es, Unternehmenspraktikern ein Instrument für die Schaffung neuer Geschäftsmodelle anzubieten und Geschäftsmodellinnovationen voranzutreiben.[277]

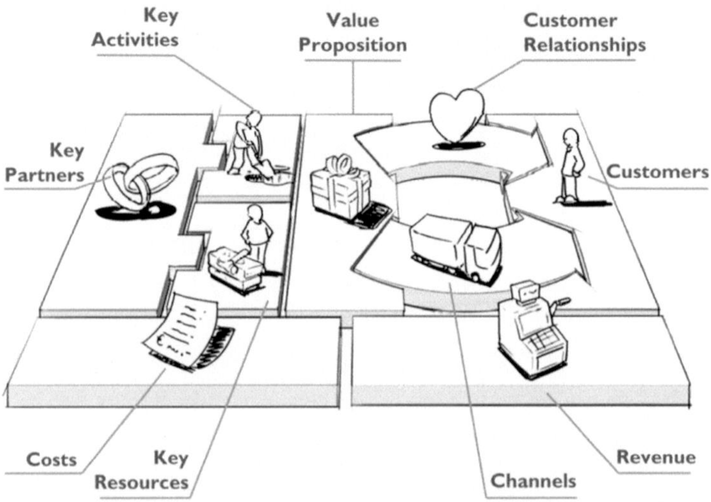

Abbildung 24: Geschäftsmodell-Canvas nach Osterwalder und Pigneur[278]

Die neun Bausteine mit ihren Inhalten sind:[279]

- Kundensegmente: Definition der Zielgruppen und der zu bedienenden Kunden (Massenmarkt versus Nische) mit dem jeweiligen Kundennutzen.[280]
- Value Proposition: Welchen Wert bietet ein Angebot aus Kundensicht? Welche Bedürfnisse werden befriedigt und welche Kundenprobleme gelöst?[281]
- Absatzkanäle: Welche Verkaufs- und Kommunikationskanäle sollen genutzt werden? Welche davon funktionieren effektiv und kosteneffizient?[282]

276 Vgl. Ballon (2007), S. 8; Osterwalder (2004), S. 42–46; Osterwalder et al. (2005), S. 18.
277 Vgl. Osterwalder und Pigneur (2010), S. 15.
278 Osterwalder und Pigneur (2010), S. 18 f.
279 Vgl. Osterwalder et al. (2005), S. 18, Table 3.
280 Vgl. Osterwalder und Pigneur (2004), S. 74 f.; Osterwalder und Pigneur (2010), S. 20 f.
281 Vgl. Osterwalder und Pigneur (2004), S. 70–73; Osterwalder und Pigneur (2010), S. 22–25.
282 Vgl. Osterwalder und Pigneur (2004), S. 75–78; Osterwalder und Pigneur (2010), S. 28 f.

- Kundenbeziehungen: Welche Art von Beziehung wird zum jeweiligen Kundensegment hergestellt (persönlich, automatisiert, gemeinschaftlich, Ko-Hersteller)? Inwieweit passen diese zum übrigen Geschäftsmodell?[283]
- Schlüsselaktivitäten: Welche Aktivitäten (intern und extern) sind notwendig, um die Value Proposition zu erfüllen und sich Erträge hieraus zu sichern?[284]
- Schlüsselressourcen: Welche Ressourcen werden benötigt, um die Schlüsselaktivitäten ausführen zu können (beispielsweise Wissen, geistiges Eigentum, Produktionsanlagen, Marktpositionen etc.)?[285]
- Schlüsselpartnerschaften: Wer sind die Schlüsselpartner und welche Schlüsselressourcen und -aktivitäten tragen sie zum Geschäftsmodell bei?[286]
- Erträge: Für welche Angebote besteht auf Kundenseite Zahlungsbereitschaft? Welche Zahlungsarten werden von den Kunden bevorzugt? Für welche Produkte und Dienstleistungen bezahlen sie derzeit?[287]
- Kostenstruktur: Was sind die wichtigsten Kosten im Geschäftsmodell? Welche Ressourcen und Aktivitäten sind die Kostentreiber?[288]

Bei dieser Vorstellung der Bausteine wird deutlich, dass Markt- und Kundenperspektive (Kundensegmente, Kundenbeziehungen, Value Proposition) um eine Perspektive der Wertschaffung ergänzt werden (Schlüsselaktivitäten, -ressourcen und -partner) und finanzielle Aspekte (über Erträge und Kosten hinaus) bei diesem Konzept nicht berücksichtigt werden.

3.3.3. Bausteine des Geschäftsmodells von Hamel

Mit dem Ziel, Geschäftsmodelle ganzheitlich betrachten zu können, entwickelte Hamel ein Konzept aus vier Komponenten und deren Verbindungen (über sogenannte ‚Brückenkomponenten'). Abbildung 25 stellt dieses Konzept dar.

Die Hauptkomponenten Kernstrategie, strategische Ressourcen, Schnittstelle zum Kunden und Wertschöpfungsnetzwerk werden über die jeweiligen Brückenkomponenten mit dem Geschäftsmodell verbunden. Entscheidend für den langfristigen Erfolg eines Geschäftsmodells sind dessen Effizienz (Kundennutzen und Zahlungsbereitschaft höher als Kosten

---

283 Vgl. Osterwalder und Pigneur (2004), S. 73 f., S. 78–82; Osterwalder und Pigneur (2010), S. 28 f.
284 Vgl. Osterwalder und Pigneur (2004), S. 84–87; Osterwalder und Pigneur (2010), S. 36 f.
285 Vgl. Osterwalder und Pigneur (2004), S. 78–84; Osterwalder und Pigneur (2010), S. 34 f.
286 Vgl. Osterwalder und Pigneur (2004), S. 87–92; Osterwalder und Pigneur (2010), S. 38 f.
287 Vgl. Osterwalder und Pigneur (2010), S. 30–33.
288 Vgl. Osterwalder und Pigneur (2010), S. 40 f.

der Wertschaffung), die vom Kunden geschätzte Einzigartigkeit, die Passgenauigkeit der einzelnen Bausteine zueinander und der Gewinnverstärker.[289] Das Konzept von Hamel erweiternd, können ursprünglich nicht direkt verbundene Bausteine miteinander verknüpft werden, beispielsweise das Wertschöpfungsnetzwerk mit der Kundenschnittstelle und der Kernstrategie, da auch diese interagieren und ein strategischer Fit anzustreben ist. Dies unterstreicht die systemische Sichtweise von Geschäftsmodellen, deren Komponenten aufeinander abgestimmt werden müssen und deren Beziehungen vielfältig sind.[290]

Abbildung 25: Bausteine des Geschäftsmodells von Hamel[291]

3.3.4. Geschäftsmodelle als Aktivitätssysteme von Amit und Zott

Amit und Zott konzeptualisieren das Geschäftsmodell von Firmen als ein System von untereinander verknüpften Aktivitäten, die über die Firmengrenzen der fokalen Firma hinausgehen und Wert schaffen. Jede an den Aktivitäten beteiligte Unternehmung muss sich einen Anteil am geschaffenen Wert aneignen können, um ihre Kosten zu decken. Das Geschäftsmodell definiert sich aus den spezifischen Aktivitäten und den Mechanismen, wie diese miteinander verbunden werden. Eine Aktivität besteht aus dem Einsatz von physischen Ressourcen, Human- und Finanzressourcen, dient einem spezifischen Zweck und trägt zur Erfüllung der Oberziele eines Geschäftsmodells bei. Ausgangspunkt für die Entwicklung oder Beschreibung von Geschäftsmodellen ist die Erfassung der Aktivitäten, die ausgeführt werden müssen, um ein Geschäftsmodell zu verwirklichen (bei gegebenen Leistungsversprechen und Zielmarkt). Danach werden benötigte Ressourcen und Partner identifiziert.[292] Aktivitätssysteme werden definiert durch:

---

289 Vgl. Hamel (2001), S. 88 f.
290 Vgl. Zahn (2001), S. 16–18.
291 Hamel (2001), S. 115; mit Erweiterungen nach Zahn (2001), S. 17.
292 Vgl. Zott und Amit (2010), S. 217 f.

- Inhalt: Auswahl der auszuführenden Aktivitäten und deren Gegenstand
- Struktur: beschreibt die Verknüpfung der einzelnen Aktivitäten, beispielsweise ihre Abfolge und Bedeutung für das Geschäftsmodell
- Governance: Welcher Akteur führt die Aktivitäten aus?[293]

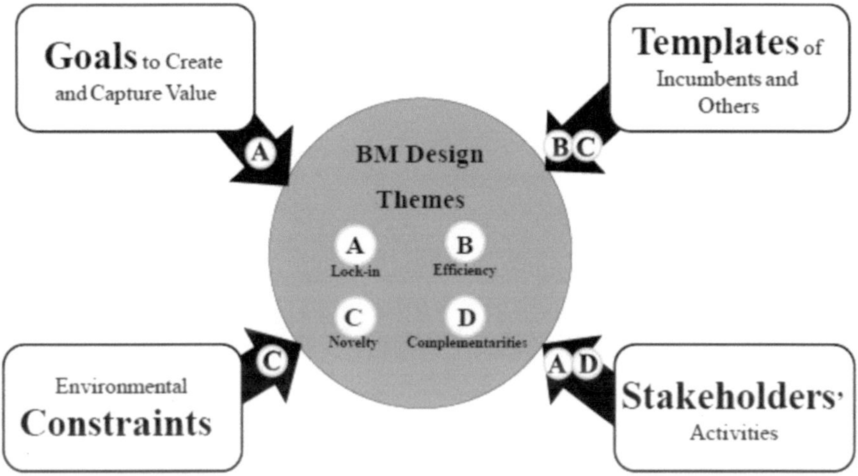

Abbildung 26: Themenfelder des Geschäftsmodelldesigns[294]

Der Fokus liegt hierbei auf den Abhängigkeiten im Geschäftsmodelldesign, die das Aktivitätssystem charakterisieren. Wertschöpfungstreiber werden verortet in den Dimensionen Neuartigkeit, Lock-in, Komplementaritäten und Effizienz.[295]

3.3.5. Fünf-Säulen-Konzept für nachhaltige Geschäftsmodelle von Lüdeke-Freund

Lüdeke-Freund erweitert das Vier-Säulen-Geschäftsmodellkonzept von Osterwalder, das aus den Säulen Infrastrukturmanagement, Value Proposition/Produkt, Kundenschnittstelle und finanzielle Aspekte besteht.[296] Abbildung 27 bildet den Aufbau des Fünf-Säulen-Konzepts für nachhaltige Geschäftsmodelle ab.

293 Vgl. Amit und Zott (2002), S. 511; Zott und Amit (2010), S. 220.
294 Amit und Zott (2015), S. 334, Figure 1. Der Begriff ‚Environmental Constraints' in der Grafik bezieht sich auf das direkte Geschäftsmodellumfeld und nicht auf ökologische Grenzen.
295 Vgl. Amit und Zott (2002), S. 503–509; Zott und Amit (2010), S. 221.
296 Vgl. Osterwalder (2004), S. 42–46.

Bei den von Osterwalder übernommenen vier Säulen dieses Konzeptes wird die Beachtung von Nachhaltigkeitsaspekten hervorgehoben und das Konzept wird um eine fünfte Säule ergänzt, in der Nicht-Marktaspekte der Nachhaltigkeit betrachtet werden. Hier geht es um die Frage, welchen Wert das Geschäftsmodell einer Firma über den Kundennutzen hinaus für Gesellschaft und Umwelt schafft.[297]

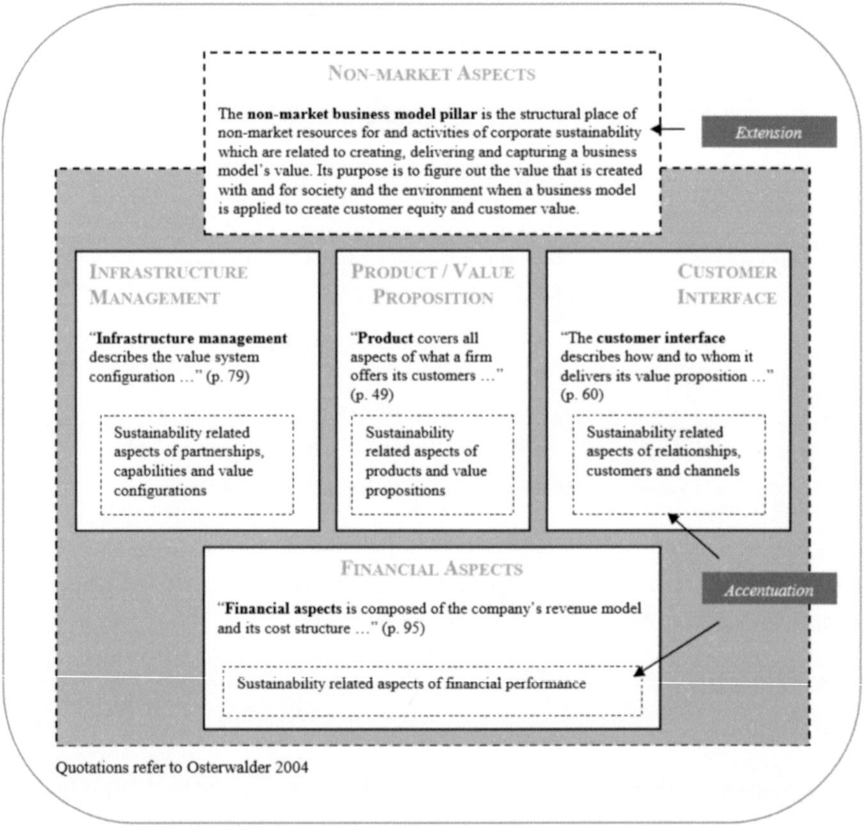

Abbildung 27: Fünf-Säulen-Konzept für Geschäftsmodelle für Nachhaltigkeit von Lüdeke-Freund[298]

3.3.6. Kritische Würdigung der vorgestellten Geschäftsmodellkonzepte

Die vorgestellten Geschäftsmodelle sind danach zu bewerten, inwieweit sie geeignet sind, CL-GM abzubilden, um als Managementinstrument eingesetzt zu werden. Die Kriterien für

297 Vgl. Lüdeke-Freund (2009), S. 42–44.
298 Lüdeke-Freund (2009), S. 43, Figure 6.

die Bewertung leiten sich aus den Ausführungen zu Nachhaltigkeit in Kapitel 2.1, den Spezifika und der Komplexität von Recycling-, Re-Use- und Remanufacturing-Ansätzen in Kapitel 2.2 sowie den Anforderungen produzierender Unternehmen ab.

Es werden folgende Kriterien angelegt:

- Detailliertheit der Komponenten: Werden ausreichend Teilmodelle berücksichtigt und inhaltlich definiert, um die Geschäftslogik produzierender Unternehmen abzubilden? Aus welchen Teilen besteht ein Geschäftsmodellkonzept? Dieses Kriterium folgt daraus, dass – wie in Kapitel 2.2 ausgeführt – bei CL-GM die Wertschöpfung um kreislaufwirtschaftsspezifische Tätigkeiten erweitert wird, beispielsweise bei Rückführung, Produktdesign und Aufarbeitung.
- Definition der Beziehungen zwischen den Komponenten: Wie werden die einzelnen Komponenten miteinander verknüpft, um die Ziele des Geschäftsmodells zu erreichen? Werden die Komponenten/Elemente/Teilmodelle und das Geschäftsmodell passend für CL-GM strukturiert? In Kapitel 2.2 wurde eine höhere Komplexität bei CL-GM damit begründet, dass einzelne Teilmodelle sich gegenseitig stark beeinflussen. Deshalb müssen diese Interdependenzen abgebildet werden, um die Komplexität in einer durch das Geschäftsmodellkonzept vorgegebenen Struktur besser beherrschen zu können.
- Berücksichtigung von Nachhaltigkeitskriterien, Grundsätzen der Industriellen Ökologie und Kreislaufwirtschaftsaspekten: Wie wird die Nachhaltigkeit im Sinne dieser Arbeit in den Geschäftsmodellkonzepten berücksichtigt und gefördert? Kreislaufwirtschaftsstrategien sind ein transformativer Ansatz, um die Ressourceneffizienz auf Produktebene zu steigern. Dies geht über die Bewertung der Nachhaltigkeit von bereits vorliegenden Geschäftsmodellen hinaus und erfordert Werkzeuge zur Wahl von Ansätzen, die aus Nachhaltigkeitsgründen zu bevorzugen sind.

Das integrierte Geschäftsmodellkonzept von Wirtz berücksichtigt keine Nachhaltigkeitsaspekte. Es besteht aus einer Vielzahl von Komponenten und Teilmodellen, die gut strukturiert und detailliert alle relevanten Bereiche eines Geschäftsmodells erfassen. Auch wenn darauf hingewiesen wird, dass die Teilmodelle nicht isoliert betrachtet werden sollen, werden Verknüpfungen zwischen ihnen nur rudimentär betrachtet. Es wird allerdings eine Vorgehensweise zum Design von Geschäftsmodellen, aufbauend auf dem integrierten Geschäftsmodellkonzept, herausgearbeitet, die auch Beziehungen zwischen den Komponenten berücksichtigt.[299]

Das Geschäftsmodell-Canvas von Osterwalder und Pigneur deckt ebenfalls alle relevanten Bereiche eines Geschäftsmodells ab, bleibt bezüglich der Produktion aber vage. Durch den Workshop-artigen Ansatz des Canvas sollen Praktiker die Verbindungen zwischen den Bausteinen herausarbeiten, konkrete Verknüpfungen werden nur teilweise beschrieben. Nachhaltigkeitsaspekte werden in Struktur und Inhalt nicht einbezogen, wenngleich es Versuche gibt, das Geschäftsmodell-Canvas um Bausteine der Kreislaufwirtschaft (wie Rücknahmekanäle) zu erweitern.[300]

Die vier Bausteine des Geschäftsmodellkonzepts von Hamel decken die Kunden-/Marktseite und die strategischen Aspekte in ihren Komponenten ab. Die Produktion von Gütern wird im Wertschöpfungsnetzwerk berücksichtigt. Die Komponenten erfassen weniger Details als beispielsweise die Teilmodelle des integrierten Geschäftsmodellkonzepts von Wirtz. Durch die Brückenkomponenten werden die Verbindungen und Abhängigkeiten zwischen den Bausteinen erfasst und konkretisiert. Nachhaltigkeitsaspekte sind nicht Teil des Konzepts.

Geschäftsmodelle als Aktivitätssysteme fokussieren auf die Verbindungen von einzelnen zielgerichteten Aktivitäten und deren Struktur. Die Zusammenhänge zwischen einzelnen Geschäftsmodellelementen werden deutlich. Eine inhaltliche Struktur der Bestandteile eines Geschäftsmodells wird jedoch nicht vorgegeben und muss eher fallspezifisch herausgearbeitet werden. Die Designelemente Inhalt, Struktur und Governance bleiben vage. Nachhaltigkeitsaspekte werden nicht berücksichtigt.

Das Fünf-Säulen-Geschäftsmodellkonzept von Lüdeke-Freund erweitert einzelne Teilmodelle um Nachhaltigkeitsaspekte und berücksichtigt Nicht-Marktaspekte in einer eigenen Komponente. Die Säulen und ihre Beziehungen werden eher abstrakt definiert. Der Anwendungsfall dieses Konzepts ist die Analyse nachhaltiger Geschäftsmodelle und nachhaltiger Geschäftsmodellinnovationen. Bestehende Geschäftsmodelle werden in diesem Rahmen in einzelnen Bestandteilen und nicht in der Gesamtwirkung auf ihre Nachhaltigkeit hin untersucht.[301] Es wird bereits vorhandene (Nicht-)Nachhaltigkeit bewertet, aber kein Instrument angeboten, wie bestehende Geschäftsmodelle hin zu CL-GM transformiert

[299] Vgl. Wirtz (2011), S. 192–198.
[300] Vgl. Lewandowski (2016), S. 43 f.
[301] Vgl. Boons und Lüdeke-Freund (2013), S. 12 f.

werden können. Die Bewertung von Nachhaltigkeit kann nur ein erster Schritt zu einer umfassenderen Veränderung sein.

Tabelle 5 listet die untersuchten Geschäftsmodelle und den Grad der Erfüllung der oben genannten Kriterien auf. Eine ähnliche Vorgehensweise der Bewertung findet sich bei Wirtz. Dort steht bei der Bewertung von weiteren technologie-, organisations- und strategieorientierten Geschäftsmodellkonzepten die Feststellung, dass der Definition der Komponenten und deren Beziehungen zueinander bislang nur höchstens mittelmäßige (Komponenten) oder keine Relevanz (Beziehungen) beigemessen wurde.[302]

Tabelle 5: Geschäftsmodelle und Erfüllung der Kriterien

Geschäftsmodellkonzept	Komponenten	Beziehungen	Nachhaltigkeitsaspekte	Anmerkungen
Integriertes Geschäftsmodellkonzept (Wirtz 2010)	■	□	□	Komponenten detailliert; Beziehungen weitgehend undefiniert
Geschäftsmodell-Canvas (Osterwalder und Pigneur 2010)	◩	◩	□	Komponenten nur teilweise detailliert, Beziehungen implizit berücksichtigt
Bausteine des Geschäftsmodells (Hamel 2001)	◩	◩	□	Komponenten teilweise definiert, Beziehungen gut definiert
Aktivitätssysteme (Zott und Amit 2010)	□	■	□	Keine Komponenten definiert, aber Beziehungen zwischen Aktivitäten zentraler Bestandteil
Fünf-Säulen-Konzept für nachhaltige Geschäftsmodelle (Lüdeke-Freund 2009)	◩	◩	◩	Komponenten und Beziehungen teilweise definiert, Nachhaltigkeit wird berücksichtigt, aber nicht vorgegeben

nicht berücksichtigt: □ teilweise berücksichtigt: ◩ ausreichend berücksichtigt: ■

Weitere Konzeptualisierungen von Geschäftsmodellen im Nachhaltigkeitskontext sind keine Geschäftsmodellkonzepte im engeren Sinne. Es werden weder Komponenten oder Beziehungen noch Strukturen definiert, sondern generische nachhaltige Geschäftsmodelle aus empirischen Untersuchungen hergeleitet (Taxonomien) oder theoretisch fundierte Typologien von nachhaltigen Geschäftsmodellen bestimmt.[303] Beispiele für diese Vorgehensweise sind Archetypen nachhaltiger Geschäftsmodelle wie ‚Steigerung der Material- und Energieeffizienz' oder ‚Wertschöpfung aus Abfall',[304] ähnlich wie die Konzeptualisie-

---

[302] Vgl. Wirtz (2011), S. 45, Figure 3-13, S. 47, Figure 3-16, S. 51, Figure 3-19, S. 58, Figure 3-20.

[303] Vgl. Schaltegger et al. (2016), S. 6 f., Baden-Fuller und Morgan (2010), S. 161; Osterwalder et al. (2005), S. 8 f.

[304] Vgl. Bocken et al. (2014), S. 48.

rung eines Nachhaltigkeitsgeschäftsmodells, bei dem fallspezifisch auch ökologische und soziale Kriterien berücksichtigt werden.[305]

In Kapitel 2.2 wurde hergeleitet, weshalb CL-GM die zu handhabende Komplexität für Unternehmen erhöhen. In Teilbereichen der unternehmerischen Tätigkeiten treten zusätzliche Anforderungen auf, die sich über die Teilbereiche hinaus gegenseitig beeinflussen. Deswegen muss ein Geschäftsmodellkonzept als Managementinstrument für CL-GM sowohl im inhaltlichen Detail als auch in der Art geeignete Teilmodelle sowie definierte Verknüpfungen zwischen diesen aufweisen. Der Strukturierung und der Handhabung der Interdependenzen von Teilmodellen kommt bei CL-GM besondere Bedeutung bei der Beherrschung der Komplexitätstreiber zu. Bei bestehenden Geschäftsmodellkonzepten werden diese beiden Kriterien nicht in ausreichendem Maße erfüllt.

Aus dem Nachhaltigkeitsverständnis der Industriellen Ökologie (vgl. Kap. 2.1) muss ein möglichst ‚nachhaltiges Produkt' die Materialentropie verringern (Minimierung der Zyklusspanne) und ausreichend Wert erhalten, um von Unternehmen wirtschaftlich umgesetzt werden zu können. Dies ist der Ansatzpunkt für nachhaltiges Wirtschaften und eher eine radikale Innovation als eine inkrementelle Verbesserung, wie in Kapitel 2.3.1 dargelegt. Bestehende Geschäftsmodellkonzepte, die Nachhaltigkeitsaspekte berücksichtigen, bilden nur anhand von Nachhaltigkeitskriterien bestehende Geschäftsmodelle ab oder bewerten sie. Die Betrachtungsebene – ob Industrie, Unternehmen oder Produkt – bleibt dabei unbestimmt. Diese Konzepte definieren Typologien oder Taxonomien, generische ‚Archetypen' von nachhaltigen Geschäftsmodellen. Das genügt jedoch nicht für ein Managementinstrument mit Blick auf die Transformation zur Kreislaufwirtschaft. Auf der Ebene der Geschäftsmodellkonzepte besteht somit eine Forschungslücke, denn es gibt kein Konzept, das für die Umsetzung von CL-GM unter besonderer Berücksichtigung der Grundsätze der Industriellen Ökologie geeignet ist.

---

305 Vgl. Stubbs und Cocklin (2008), S. 120 f.

4. Ein integriertes Managementinstrument für die Umsetzung ressourceneffizienter Herstellung von Produkten – das Closed-Loop-Geschäftsmodellkonzept

4.1. Zielsetzung des Konzepts

Mit dem CL-GMK wird die in Kapitel 3.3 beschriebene Forschungslücke geschlossen: Bislang gibt es kein Geschäftsmodellkonzept, das den inhaltlichen Anforderungen und der erhöhten Komplexität von CL-GM gerecht wird. Ziel ist es, ein Managementinstrument zur Abbildung von CL-GM zu entwickeln, das ausgehend von den Grundsätzen der Industriellen Ökologie deren Umsetzung in die Unternehmenspraxis unterstützt. Das Konzept hat als Zielgruppe produzierende Unternehmen. Produzierend im Sinne dieser Arbeit bedeutet, dass ein physisches Produkt im Zuge der Wertschöpfung erstellt oder ein Teilbeitrag zu dieser, beispielsweise in Form einer Komponente, geleistet wird. Bei dieser Herstellung werden bereits einmal im Produktionsprozess genutzte Materialien sowie gebrauchte Komponenten oder Produkte verwendet. Die Einschränkung auf produzierende Unternehmen folgt aus der ökologischen Relevanz der Herstellung von (physischen) Produkten, da diese Unternehmen natürliche Ressourcen aus der Ökosphäre entnehmen und im industriellen Subsystem gebrauchen.

Das CL-GMK beansprucht partielle Gültigkeit und ist nicht universell auf alle Produkte anwendbar.[306] Es erfasst ein Unternehmensnetzwerk bzw. das dahinterstehende Produkt. Die einzelnen Teilmodelle des Geschäftsmodellkonzepts werden ex ante definiert. Der Ansatz ist darüber hinaus zunächst statisch: Zu einem bestimmten Zeitpunkt werden die Ausprägungen der Elemente des Geschäftsmodells erfasst und analysiert. Die Darstellung des Konzepts erfolgt in Textform, unterstützt von einer grafischen Abbildung der Beziehungen einzelner Teilmodelle und der Ebenen des Geschäftsmodellkonzepts. Seine theoretische Fundierung erhält das CL-GMK auf der Sachebene aus dem in Kapitel 2.1 dargelegten Bezugsrahmen der Industriellen Ökologie und den in Kapitel 2.2 aufgeführten Teilaspekten der Kreislaufwirtschaft. Auf der Ebene der Konzeptualisierung von Geschäftsmodellen baut das CL-GMK auf den in Kapitel 3 beschriebenen Geschäftsmodellkonzepten auf.

---

[306] Abhängig von Produkteigenschaften können beispielsweise Effizienzstrategien ökologisch zu bevorzugen sein. Diese Produkte werden im CL-GMK nicht weiter betrachtet.

Bei der theoretischen Fundierung wird eine integrierende Perspektive eingenommen: Die Elemente des Geschäftsmodells werden zwar nicht aus einer bestimmten, durchgängigen Theorie abgeleitet (ressourcenbasierter Ansatz, Netzwerktheorie etc.), sondern einzelne Elemente des Geschäftsmodells greifen auf entsprechende Theorien zurück.[307] Basierend auf Kapitel 3.2, wird Wertschöpfung verstanden als nach außen gerichteter, auf Kundennutzen fokussierter Prozess, dessen (unternehmensinterne) Wertschaffung in Unternehmensnetzwerken mit einbezogen wird. Das Geschäftsmodellkonzept selbst ist produktorientiert.[308] Somit ist die Betrachtungsebene – auch für die empirischen Fallstudien in Kapitel 5 – auf ein Produkt und das dahinterstehende Geschäftsmodell gerichtet, einschließlich aller daran beteiligten Unternehmen und relevanten Akteure. Dies berücksichtigt auch, dass in der Struktur der Wertschöpfung bestimmte Unternehmen für einzelne Teilbereiche verantwortlich sind, auf Netzwerkebene Leistungsbeiträge erbringen und daraus auf Unternehmensebene wieder Nutzen ziehen (Aufteilung der Erträge).

4.2. Aufbau des Recycling- und Re-Use-Geschäftsmodellkonzepts

Der Aufbau des CL-GMK ist definiert durch die Auswahl der Teilelemente, deren Inhalte und Beziehungen sowie durch die Verankerung von Kreislaufwirtschaftsstrategien (Recycling- oder ReUse-Strategie) und die Berücksichtigung von Grundsätzen der Industriellen Ökologie in dieser Struktur. Das Konzept besteht aus drei Ebenen, die jeweils einen in sich geschlossenen Bereich repräsentieren. Der Nachhaltigkeitsrahmen mit dem Zielmodell, das den Kontext des Konzeptes vorgibt, ist top-down der Unternehmensausrichtung übergeordnet. Im Zielmodell des Nachhaltigkeitsrahmens wird die Sinnhaftigkeit einer Kreislaufwirtschaftsstrategie, also einer generischen Recycling- oder einer generischen Re-Use-Strategie, abgeschätzt: Ist sie für ein gegebenes Produkt ökonomisch oder ökologisch vorteilhaft? Dabei dient das Zielmodell als sinngebendes System, verdeutlicht strategische Absichten und steuert den Suchprozess nach neuen Geschäftschancen.[309] Die Zielsetzung im Geschäftsmodell kann hierbei zur Kommunikation innerhalb der Unternehmen (im Rahmen des Sensemaking-Prozesses) und für externe Stakeholder beitragen, vor allem bei der Erneuerung von bestehenden Geschäftsmodellen und somit Veränderungsprozessen, die auch in unsicheren Situationen stattfinden können.[310] Die Zielerfüllung wird im Ergebnismodell des Nachhaltigkeitsrahmens kontrolliert (Controllingprozesse) und unter-

---

307 Siehe Bieger und Reinhold (2011), S. 20–22 zur formalen Einordnung von Geschäftsmodellkonzeptansätzen.

308 Vgl. Wirtz (2011), S. 68.

309 Vgl. Zahn (1997), S. 82.

310 Vgl. Weick (1995), S. 9; Weick et al. (2005), S. 413.

stützt aktiv den Strategiefindungsprozess durch Informationsrückkopplung an das Zielmodel. Die Unternehmensausrichtung wiederum ist (tendenziell) der Leistungserstellung übergeordnet. Zwischen der Leistungserstellung und der Unternehmensausrichtung gibt es allerdings Verbindungen mit daraus folgenden Interdependenzen. Die zu wählende Kreislaufwirtschaftsstrategie wird anhand relevanter Produkteigenschaften untersucht. Die Unternehmensausrichtung ist eine strategische Ebene, die über der spezifischeren operativen Umsetzung (Leistungserstellung) angeordnet ist.[311] Das Geschäftsmodellkonzept ist auf den Ebenen der Unternehmensausrichtung und Leistungserstellung unterteilt in jeweils vier Teilmodelle. Sie repräsentieren die essentiellen Aspekte für die Realisierung in der Praxis.[312] Ein strategisches Teilmodell der Unternehmensausrichtung beschreibt einzelne Aspekte der längerfristigen strategischen Planung, die durch Managemententscheidungen geprägt und kontrolliert werden. Ein operatives Teilmodell der Leistungserstellung beschreibt spezifische Wertschöpfungsprozesse mit ihren Verbindungen und Interdependenzen zu den anderen Teilmodellen. Die Unterteilung in weitere Teilmodelle, wie beispielsweise in der Literatur bei Wirtz mit einem Erlösmodell und einem Finanzmodell, wird hier nicht weiter verfolgt,[313] jedoch finden finanzielle und Controlling-Aspekte beispielsweise im Ziel- und Ergebnismodell des Nachhaltigkeitsrahmens, dem Kunden-/Marktmodell und dem Vermarktungsmodell Berücksichtigung. Diese Aspekte sind keine spezifischen Charakteristika für Re-Use- und Recyclingstrategien. Abbildung 28 bietet einen Überblick über die Struktur mit den Teilmodellen des CL-GMK.

Vergleichbar mit einem strategischen Fit von Kernstrategie, Ressourcen und sich harmonisch verstärkenden Geschäftsmodelbausteinen,[314] ist bei CL-GM ein solcher Fit zwischen den Produkt-/Markteigenschaften, der Kreislaufwirtschaftsstrategie und der Abstimmung der Teilmodelle anzustreben.

Die inhaltliche Abgrenzung der Teilmodelle und Ebenen erfolgt angelehnt an bestehende Geschäftsmodellkonzepte (vgl. Kap. 3.3) und in der operativen Ebene Leistungserstellung anhand der Zuordnung der Komplexitätstreiber der Kreislaufwirtschaft auf einzelne Teilbereiche (vgl. Kap. 2.2.3).

---

311 Dies schließt nicht aus, dass die Modelle der Leistungserstellung strategisch relevant sind, da hier ebenfalls Wettbewerbsvorteile erzeugt und gesichert werden können.

312 Für eine ähnliche Vorgehensweise der Unterteilung in Teilmodelle siehe beispielsweise die Geschäftsmodellkonzepte von Hamel (2001), S. 115; Lüdeke-Freund (2009), S. 43; Osterwalder und Pigneur (2010), S. 18 f.; Wirtz (2011), S. 110–114.

313 Vgl. zu Erlösmodell und Finanzmodell Wirtz (2011), S. 129–131, S. 141–143.

314 Ähnlich bei Zahn (2001), S. 16–18.

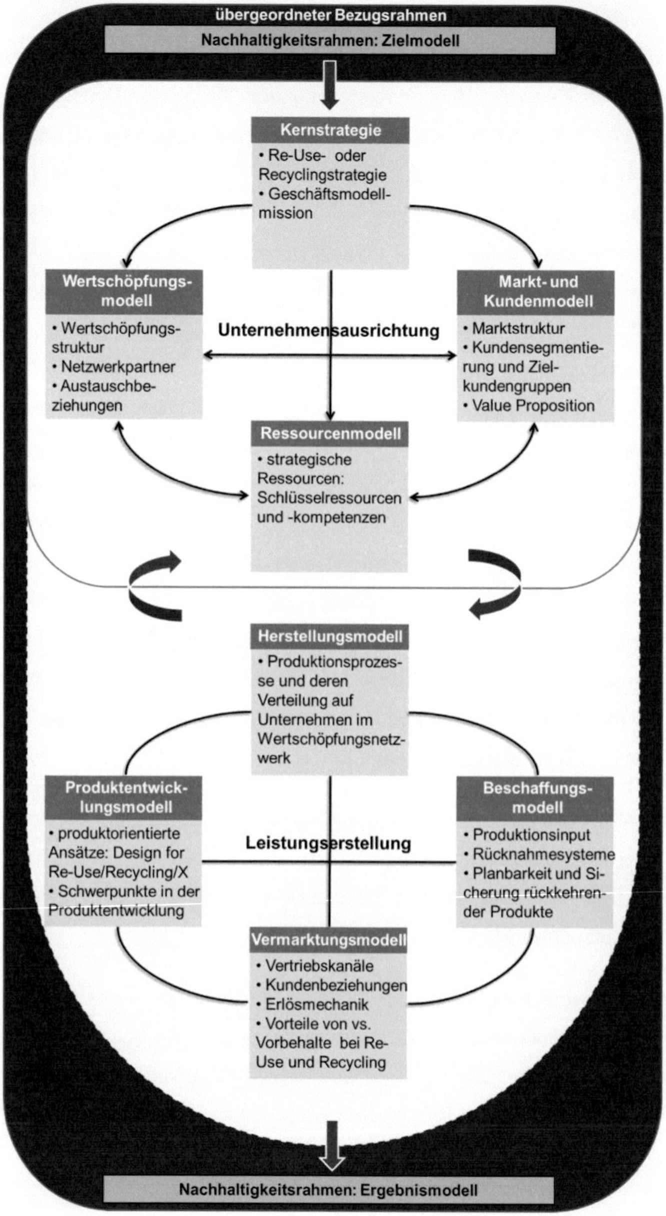

Abbildung 28: Grafische Übersicht des CL-GMK[315]

[315] Für eine ähnliche Version dieses Aufbaus, allerdings mit zum Teil anderen Teilmodellen und ohne weitere Definitionen der Teilmodelle, siehe Regenfelder (2012), S. 30, Abb. 1.

Der Nachhaltigkeitsrahmen mit Ziel- und Ergebnismodell repräsentiert in diesem Geschäftsmodellkonzept die Hülle für die Aspekte der strategischen Unternehmensausrichtung und der operativen Leistungserstellung. Im Zielmodell wird aus externen Anforderungen abgeleitet, ob und wie ein Produkt nach den Grundsätzen der Industriellen Ökologie hergestellt werden kann. Es werden ökologische und ökonomische Kriterien zur Zielerfüllung festgelegt. Im CL-GMK (Zielmodell) wird entweder eine generische Recycling- oder eine Re-Use-Strategie (als Sachdimension) wegen der vorliegenden Produkteigenschaften (Ursache) gewählt. Die gewählte Strategie determiniert die Konfiguration des CL-GMK (Wirkung). Kardinale Voraussetzung für den CL-GMK-Ansatz ist die Akzeptanz des Oberziels Nachhaltigkeit. Nachhaltigkeit wird in Bezug auf die Industrielle Ökologie definiert und über den Materialentropieansatz weiter konkretisiert. Zugleich werden im Nachhaltigkeitsrahmen (Zielmodell) die im Geschäftsmodell zuerfüllenden Ziele festgelegt. Es besteht also eine Top-down-Beziehung. Der Rahmen ist inhaltlich aggregierter und somit abstrakter als die Teilmodelle im strategischen und operativen Bereich. In diesen erfolgt eine schrittweise Konkretisierung der aus dem Rahmen abgeleiteten Anforderungen.

Auf der Ebene der Unternehmensausrichtung werden die strategischen Fragen beantwortet. Teilmodelle wie die Kernstrategie, das Markt- und Kundenmodell, das Wertschöpfungsmodell und das Ressourcenmodell finden sich inhaltlich ähnlich definiert in den Konzepten von Wirtz, Osterwalder und Pigneur sowie Hamel.[316]

Die Ebene der Leistungserstellung betrachtet die operativen Aspekte der Wertschöpfung. Diese leiten sich aus den in Kapitel 2.2.3 diskutierten Komplexitätstreibern von CL-GM ab. Die Komplexitätstreiber werden dementsprechend in den Handlungsfeldern Produktentwicklung, Produktion, Ressourcenbeschaffung und Vermarktung verortet und inhaltlich konkretisiert.

4.3. Nachhaltigkeitsrahmen: Zielmodell und Ergebnismodell

Der Nachhaltigkeitsrahmen geht der Frage nach, welche Strategie für ein vorliegendes Produkt im Sinne der Industriellen Ökologie vorteilhaft und zugleich wirtschaftlich umsetzbar ist. Abhängig von den Produkteigenschaften können Re-Use-Strategien, Recycling-Strategien oder Effizienzstrategien sinnvoll sein.[317]

---

316 Vgl. Hamel (2001), S. 89–97, S. 99–107 und S. 109–115; Osterwalder und Pigneur (2010), S. 18 f.; Wirtz (2011), S. 110–114, jedoch ohne Kreislaufwirtschaftsaspekte aufzugreifen.

317 Diese Logik unterscheidet sich grundlegend vom Geschäftsmodellkonzept von Lüdeke-Freund (2009), S. 42–44. Effizienzstrategien werden in dieser Arbeit nicht weiter betrachtet, da sie im Gegensatz zu

Gradmesser für die aus Sicht der Industriellen Ökologie bestmögliche Art der Produktion ist das Entropiekonzept bzw. dessen Weiterentwicklung über die Kombination der Materialentropie und Werterhaltung. Aus Kapitel 2.1.2 folgt die Anforderung, die Zyklusspanne zu minimieren, um Produkte, Komponenten und Materialien möglichst hochwertig im industriellen Kreislauf zu erhalten. Diese Bedingung deckt die ökologische Vorteilhaftigkeit ab.

Die Kosten aller Prozesse, die durch das Produktrecycling oder Re-Use anfallen, müssen mindestens durch den erhaltenen Wert gedeckt werden. Die Werterhaltung leitet sich ab aus der Differenz zwischen dem Wert des Rohstoffes zum Zeitpunkt t_0 (vor der Entnahme der natürlichen Ressource aus der Ökosphäre) und dem Wert des aufgearbeiteten Produktes zum Zeitpunkt t_1. Nicht berücksichtigt ist dabei, dass im Wettbewerb auch eine angemessene Rendite zu erzielen ist, um dauerhaft im Markt bestehen zu können. Ebenso werden zu diesem Zeitpunkt noch keine Beseitigungskosten mit einbezogen. Die Werterhaltung setzt somit die wirtschaftliche Grenze für die Herstellungskosten eines Recycling- oder Re-Use-Produkts, damit ein Unternehmen einen Closed-Loop-Ansatz verfolgen kann.[318]

Tabelle 6 verdeutlicht die ökologischen und ökonomischen Kriterien zur Wahl der geeigneten Kreislaufwirtschaftsstrategie im Überblick.

Aus diesen Kriterien zur Minimierung der Zyklusspanne und der wirtschaftlichen Tragfähigkeit folgt eine Hierarchie der Kreislaufwirtschaftsstrategien: Auf der obersten Stufe steht das Re-Use von Produkten, gefolgt von Komponentenwiederverwendung und Materialrecycling. Nur wenn eine in dieser Hierarchie favorisierte Strategie aus ökonomischen Gründen oder wegen Produkteigenschaften nicht umgesetzt werden kann, ist die nächstniedrigere Strategie zu prüfen.[319] Es ist zu untersuchen, ob die Kosten der Wiederaufarbeitung oder Wiederaufbereitung den erhaltenen Wert übersteigen; sie wären in einem solchen Fall wirtschaftlich nicht tragfähig. Hierzu ist eine Abschätzung aller mit der Kreislaufführung

den beiden anderen in der Industrie weit verbreitet sind und keine gänzlich neuen Anforderungen an die Unternehmen stellen. Effizienzstrategien folgen einer in den Unternehmen weitgehend bekannten Logik und sind strukturkonservativ. Sie stellen eine Optimierung eines bereits bekannten Pfades einer Produktionstechnologie dar. Problematisch ist aus Unternehmenssicht ihr abnehmender Grenznutzen und aus makroökonomischer Sicht der Rebound-Effekt, durch den der Stoffumsatz insgesamt tendenziell gesteigert wird. Vgl. hierzu grundlegend Jevons (1865); Braungart und McDonough (2009), S. 33 f., Hertwich (2005), S. 94 f.; Huber (2000), S. 117. Im unternehmensstrategischen Kontext werden effizienzverbessernde Maßnahmen dem Wesen von Strategie, das auf Entdeckung und Ausbeutung von Differenzierungspotenzialen abzielt, nicht gerecht, vgl. hierzu Zahn (2001), S. 2.

318 Diese Grenze leitet sich aus der Deckung der Fixkosten und der variablen Kosten her.

319 Eine ähnliche Hierarchisierung (Priorisierung der Vermeidung vor Wiederverwendung und vor Recycling) findet sich in der Europäischen Abfallrahmenrichtlinie und im deutschen Kreislaufwirtschaftsgesetzt, siehe Bundesministerium der Justiz und für Verbraucherschutz (2012), S. 9 f.; vgl. EU (2008), S. 10.

in Verbindung stehenden Kosten vorzunehmen. Die Wertschöpfungskette wird um Schritte zur Kreislaufführung erweitert (vgl. Kap. 2.2.2). Dies beinhaltet Kosten für Sammel-, Rückführlogistik, Demontage-, Aufarbeitungs- und/oder Aufbereitungsschritte sowie eventuell eine Gutschrift für vermiedene Abfallbeseitigungskosten.

Tabelle 6: Ökologische und ökonomische Kriterien zur Bewertung produktbezogener Recycling- und Re-Use-Strategien

Minimieren der Zyklusspanne	*Ein EoL-Produkt oder -Material wird in seinem höchstwertigen Zustand wiederverwendet oder recycelt*
$\min S_p$ S_p: *Zyklusspanne eines Produktes p*	
Ökonomische Tragfähigkeit	*Die Kosten für die Wiederaufarbeitung bzw. Wiederaufbereitung übersteigen nicht den Wertzuwachs*
$W_{t1} - W_{t0} \geq K_r$ W_{tn}: *Wertniveau zum Zeitpunkt n* K_r: *Kosten aller mit der Wieder-/ Weiterverwendung verbundenen Prozesse*	
Senkung der Materialentropie	*Eine Recycling- oder Re-Use-Strategie senkt die Materialentropie unter Einsatz von Energie*
$E_{t3} - E_{t1} > 0$ E_{tn}: *Entropieniveau zum Zeitpunkt n*	

Neben den rein ökonomischen Bedingungen können auch die in Kapitel 2.2.2 diskutierten Produkteigenschaften prohibitiv einer Kreislaufführung entgegenstehen. Dafür muss das jeweilige Produkt mit seinen Eigenschaften und seinem Geschäftsmodellumfeld fallspezifisch geprüft werden.

Für die zu verfolgende Strategie bei einem CL-GM sind die entscheidungsrelevanten Produkteigenschaften (beispielhaft, jeweils produktspezifisch) zu prüfen:

- Zugang zu Informationen (Produkt, Märkte)
- Art der Produkte (Konsum-/Investitionsgüter, Marktzyklus)
- Zugang zu den Produkten (Beschaffung)
- Absatzmöglichkeiten, Vorhandensein von Nachfrage
- Umschlagshäufigkeit bzw. -dauer
- Innovationszyklen
- Produktdesign: modular, demontagefähig, upgradefähig etc.
- Knappheit der verwendeten Rohstoffe, Versorgungssicherheit

- Abnutzung durch Gebrauch
- Umweltauswirkungen (wenn neue Produktgenerationen deutlich effizienter im Ressourcenverbrauch in der Nutzungsphase sind).[320]

Im Nachhaltigkeitsrahmen sind Veränderungen der Unternehmensumwelt zu berücksichtigen, beispielsweise gesetzliche Vorgaben für den Umweltschutz, die Abfallgesetzgebung oder das Produktdesign betreffend.[321]

Der Nachhaltigkeitsrahmen ist in zwei Teilmodelle untergegliedert: Ziel- und Ergebnismodell. Sie zeigen zwei Seiten desselben Sachverhalts: keine Zielsetzung ohne Ergebniskontrolle.

Im Zielmodell werden Vorgaben gesetzt, denen ein Geschäftsmodell für ein bestimmtes Produkt genügen muss und die über eine Re-Use- oder Recycling-Strategie erreicht werden sollen. Beispiel für eine Zielvorgabe ist, dass ein Produkt mit einem Re-Use-Ansatz 30% CO_2-effizienter unter Erreichung bestimmter Kosten- und Erlösziele hergestellt werden soll. Es werden Kriterien für eine nachhaltige Wirtschaftsweise aus der Industriellen Ökologie abgeleitet und auf das Produkt bezogen. Inwieweit diese Vorgaben und je nach Produkt ausgewählte Kriterien für eine ökologische und ökonomische Nachhaltigkeit durch die Leistungserstellung erreicht werden, ist im Ergebnismodell des Nachhaltigkeitsrahmens zu kontrollieren. Diese Untersuchung kann sowohl quantitativ als auch qualitativ erfolgen. Um die ökologischen Vorteile der verschiedenen Re-Use- oder Recyclingansätze zu ermitteln, werden LCAs verwendet, in deren Rahmen Ökobilanzen erstellt werden. Die ISO-Normen 14040 und 14044 sind die dafür relevanten Standards. Sie legen die Methodik fest, setzen Untersuchungsgrenzen und stellen eine gewisse Vergleichbarkeit her.[322] Mögliche Einsparpotenziale bei Materialverbräuchen oder Emissionen sind zu quantifizieren.[323]

Im Ergebnismodell liegt ein Fokus auf der Berücksichtigung möglicher Rebound-Effekte, da sie ökologische Gewinne pro Produkt im makroökonomischen Kontext durch Mengeneffekte wieder im negativen Sinne kompensieren können. Kriterien für die Nachhaltigkeit in einzelnen Teilmodellen der Leistungserstellung aufzustellen und zu kontrollieren, ist nicht zielführend, da erst deren Zusammenspiel bei der Leistungserstellung Auswirkungen er-

---

320 Kompiliert aus den Kapiteln 2.2.2 und 2.2.3 und VDI (2014a), S. 37.

321 Siehe Kapitel 2.1.1 für einen Überblick über die aktuelle Entwicklung der für CL-GM relevanten Gesetzgebung in der Europäischen Union und deren Umsetzung in Deutschland.

322 Vgl. ISO (2006); ISO (2009).

323 Beispielsweise Minderung von $CO_{2äq.}$-Emissionen, Abfallerzeugung oder Schmutzwasser.

zeugt, die quantitativ operationalisiert oder qualitativ betrachtet werden können.[324] Die Systemgrenze der Betrachtung wird durch das Produkt gesetzt. Die Steigerung der Wirtschaftlichkeit durch bessere Komplexitätshandhabung ist das Ziel des Geschäftsmodellkonzepts. Von externen Anforderungen werden unternehmensinterne Geschäftsmodellkonfigurationen abgeleitet, um so in konkreten Fällen die Umsetzung in der Unternehmenspraxis zu unterstützen. Das abschließende Controlling der Kriterienerfüllung im Ergebnismodell dient der Beurteilung der Zielerreichung des Geschäftsmodells.

4.4. Unternehmensausrichtung

Auf der Ebene der Unternehmensausrichtung sind alle strategischen Teilmodelle angesiedelt. Sie bestimmen die längerfristige Ausrichtung des Unternehmens. Der Zweck der Strategie wird darin gesehen, Geschäftschancen zu ergreifen und dazu Geschäftsmodelle zu adaptieren bzw. zu erneuern.[325] Hierbei werden das Leistungsprogramm und das Verhalten in der Wettbewerbslandschaft bestimmt.[326] Ausgehend von der Frage, welche Kreislaufwirtschaftsstrategie zu wählen ist, wird die geeignete Strategie in der Unternehmensausrichtung ausdefiniert. Zwischen der Ebene der Unternehmensausrichtung und der Ebene der spezifischeren Leistungserstellung bestehen bidirektionale Austauschbeziehungen zwischen den jeweiligen Teilmodellen. Die Teilmodelle der Unternehmensausrichtung determinieren weitgehend die Konfiguration der Teilmodelle der Leistungserstellung (auch wenn diese Rückwirkungen auf die Teilmodelle der Unternehmensausrichtung haben).

- **Kernstrategie**

Die zu verfolgende Strategie wird aus den Prämissen des Nachhaltigkeitsrahmens abgeleitet. Es stehen grundsätzlich zwei generische Strategietypen zur Wahl: Recyclingstrategie oder Re-Use-Strategie. Diese definieren sich über ihren Inhalt:

- Re-Use-Strategie bedeutet: Ein Produkt wird durch die Verwendung einzelner bereits gebrauchter Komponenten oder eines gebrauchten Produktes hergestellt. Hierbei ist die Art der Wiederverwendung (Zustand, Wiederverwendung von Gesamtprodukt oder Komponenten) auszudifferenzieren. Ziel von Re-Use-Strategien ist es, die Produktfunktionalitäten wiederherzustellen oder zu erhalten und gebrauchte/aus dem Betrieb ausgeschiedene Produkte oder Komponenten einer er-

[324] Dieser Nachhaltigkeitsrahmen betrachtet ausdrücklich nicht die soziale/gesellschaftliche Seite der Nachhaltigkeit, da er ausschließlich der wirtschaftlichen Umsetzung der Industriellen Ökologie dient.
[325] Vgl. Zahn (2001), S. 9.
[326] Vgl. Zahn (2017), S. 193.

neuten Verwendung zuzuführen. Das Produkt geht dabei von einem ersten Nutzer zunächst zu einem aufarbeitenden Unternehmen, bevor es abermals zu einem Nutzer gelangt. Das Produkt/die Komponente bleibt in physischer Gestalt und Funktionalität erhalten. Dabei kann das Produkt auf einen funktionsfähigen Stand oder auf einen neuwertigen Zustand gebracht werden. Re-Use-Strategien schließen somit Wieder-/Weiterverwendung und Remanufacturing mit ein.[327]

- Recyclingstrategie: Ein physisches Produkt wird aus Material hergestellt, das bereits einmal zur Herstellung eines Produktes verwendet wurde. Das schließt Material, gewonnen aus Produktionsabfällen, gebrauchten Produkten und Altstoffen, ein. Das Sekundärmaterial ist für einen gleichwertigen Anwendungsfall wiederzuverwenden.[328]

Beide generischen Strategien sind auf das betrachtete Produkt hin zu konkretisieren: Wie wird ein Produkt wiederverwendet? Betrifft dies das ganze Produkt oder nur einzelne Komponenten? Wie definiert sich bei Recyclingmaterial der gleichwertige Anwendungsfall und welche Materialanforderungen stellt er?

Neben diesen für das CL-GMK spezifischen Strategien sind die konstituierenden Elemente der Geschäftsmodellmission (strategische Absicht, Ziele und Zweck des Unternehmens) zu bestimmen und auf ihre Konsistenz mit der (weiteren) Unternehmensstrategie zu überprüfen.[329] Wie werden Wettbewerbsvorteile geschaffen und gesichert?

Die Beziehungen zu den anderen Teilmodellen der Unternehmensausrichtung sind wie folgt: Ausgehend von der gewählten generischen Strategie, sind die Aktivitäten festzulegen, die für das Produktangebot benötigt werden. Die Strategie und die für ihre Umsetzung notwendigen Aktivitäten legen die Struktur der Wertschöpfung (Wertschöpfungsmodell), die benötigten Ressourcen sowie die adressierten Kundengruppen und Märkte fest.[330]

Abbildung 29 zeigt einen Überblick über die Ziele der Kernstrategie, CL-GM-Spezifika und Verbindungen zu anderen Teilmodellen.

---

[327] Ausführlicher hierzu die Herleitungen und Definitionen in Kapitel 2.2.1.
[328] Ausführlicher hierzu die Herleitungen und Definitionen in Kapitel 2.2.1.
[329] Vgl. Hamel (2001), S. 90; Wirtz (2011), S. 115 f.
[330] Vgl. Wirtz (2011), S. 114–117; Zott und Amit (2010), S. 217 f.

Ziele und Funktion	CL-GM-Spezifika	Interdependenzen mit anderen Teilmodellen
• Konkretisierung der gewählten Strategie • Definition der Business Model Mission	• Ausschließlich generische Re-Use und Recycling-strategien stehen auf Produktebene zur Wahl	• Strategie bestimmt den Zielmarkt, die Struktur der Wertschöpfung und schließlich die benötigten Ressourcen

Abbildung 29: Ziele, CL-GM-Spezifika und Interdependenzen der Kernstrategie mit anderen Teilmodellen

- **Wertschöpfungsmodell**

Als zentraler Punkt von Geschäftsmodellen ist in diesem Teilmodell ausgehend von der verfolgten Kernstrategie abzuleiten, wie die Wertschöpfung für das Produkt strukturiert ist und wie die Value Proposition, die im Markt- und Kundenmodell definiert wird, erreicht werden soll.[331] Das Wertschöpfungsmodell beschreibt, in welchen Netzwerken Unternehmen arbeiten, um ein CL-GM umzusetzen. Es schließt alle wertschöpfenden Aktivitäten und die dazu benötigten Ressourcen mit ein. Hierzu werden die involvierten Netzwerkpartner zur Erfüllung der Value Proposition identifiziert und deren jeweiliger Leistungsbeitrag dargelegt.[332] Wie in Kapitel 3.2 ausgeführt, ist zu prüfen, ob das Produkt als Teil der Value Proposition in einem Wertschöpfungssystem oder in einer Wertschöpfungskonstellation hergestellt werden soll. Dies ist abhängig von den einzelnen Aktivitäten (im Sinne von Wertschöpfungsprozessen), deren Verteilung auf verschiedene Unternehmen und von der Netzwerkkoordination.[333] Lineare Wertschöpfung schafft tendenziell Supply-Chain-Netzwerke, während parallele, multidirektionale Wertschöpfung vielseitigere, komplexere (sowohl in den Beziehungen als auch in der Interaktionsstruktur der Akteure) Netzwerke einer Wertschöpfungskonstellation hervorbringen kann.[334] Die am Netzwerk beteiligten Unternehmen müssen dementsprechend ein gemeinsames Verständnis ihres Geschäftsmodellökosystems entwickeln. Die Art der Beziehungen im Wertschöpfungsnetzwerk (vertraglich oder implizit) ist zu präzisieren, die Positionen der Partner (mit Rollen innerhalb des Netz-

---

331 Vgl. Osterwalder und Pigneur (2004), S. 71 f.; Osterwalder und Pigneur (2010), S. 22–25; Osterwalder et al. (2014), S. 6; Wirtz (2011), S. 77.

332 Vgl. Zott und Amit (2010), S. 217 f.; Hamel (2001), S. 109–114; Osterwalder und Pigneur (2010), S. 38 f.

333 Vgl. Osterwalder und Pigneur (2010), S. 36 f.

334 Vgl. Wirtz (2011), S. 121, Figure 3-7.

werkes) sind festzulegen und strategisch vorteilhafte Schlüsselpositionen sind zu identifizieren.[335] Die Wertschöpfungsstruktur – insbesondere in Netzwerken – wird charakterisiert durch:

- Anzahl der Partner, Lieferanten und Bündnisse
- Tätigkeitsbereiche und Positionen in der Wertschöpfungskette der Partner
- Wertschöpfungsparadigma (linear, parallel, multidirektional)
- Entscheidungsprozesse und -befugnisse
- Austauschbeziehungen (Waren, Dienstleistungen, Informationen, Geld, Wissen, Ressourcen)
- Verteilung des geschaffenen Wertes innerhalb des Netzwerkes (Wertschaffung und Wertaneignung).[336]

Interdependenzen dieses Teilmodells bestehen mit der Kernstrategie, dem Ressourcenmodell und dem Markt- und Kundenmodell. Die Verteilung der benötigten Ressourcen über die Netzwerkpartner erfolgt ebenfalls im Wertschöpfungsmodell. Die Verfügungsmacht über Schlüsselressourcen kann die vorteilhaften Positionen von Unternehmen im Wertschöpfungssystem bzw. in der Wertschöpfungskonstellation absichern. Abbildung 30 fasst das vorgestellte Wertschöpfungsmodell zusammen.

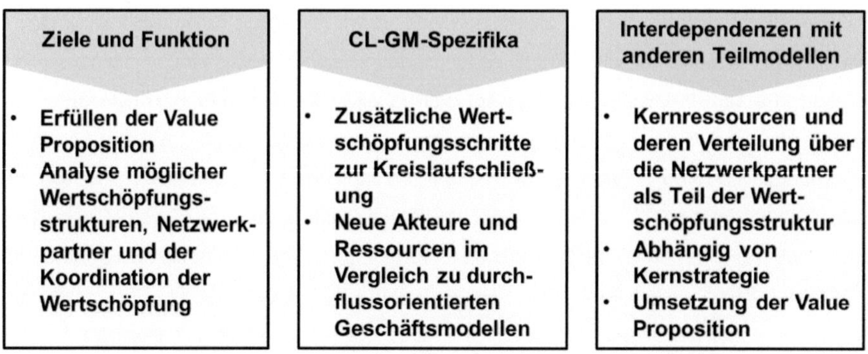

Abbildung 30: Ziele, CL-GM-Spezifika und Interdependenzen des Wertschöpfungsmodells mit anderen Teilmodellen

---

335 Vgl. Bieger und Reinhold (2011), S. 39, Abb. 8 und S. 51, Abb. 17; Zahn (2001), S. 15.

336 Vgl. Amit und Zott (2002), S. 511; Bieger und Reinhold (2011), S. 33; Bieger et al. (2002b), S. 57 f.; Hamel (2001), S. 109–111; Wirtz (2011), S. 120–123; Zott und Amit (2010), S. 220.

- **Markt- und Kundenmodell**

In diesem Teilmodell wird die Arena spezifiziert, in der ein Geschäftsmodell – bzw. hier das Re-Use- oder Recyclingprodukt – im Wettbewerb steht und seine Kernstrategie umsetzt.[337] Das Produkt wird mit dem Markt kombiniert.[338] Dazu sind die Zielmärkte, deren Wettbewerbsdynamiken (Innovationszyklen und Wettbewerbsdruck) und Kundensegmentierung zu untersuchen.[339] Es ist das Marktvolumen abzuschätzen und zu prüfen, ob die betreffenden Märkte für Re-Use- und Recycling-Produkte offen stehen oder ob mit Einschränkungen (Kundeneinstellungen, gesetzliche Vorgaben) zu rechnen ist.[340] Ausgehend von dieser Kundengruppensegmentierung, ist die Value Proposition, das jeweilige Nutzenversprechen für spezifische Kundensegmente in den Zielmärkten, zu formulieren.[341] Zur Erschließung neuer Zielmärkte können Partnerunternehmen erforderlich sein, die über Marktmacht verfügen, die den Marktzugang erleichtert oder erst ermöglicht. Aber auch Kunden können eine aktive Rolle bei der Wertschöpfung spielen (Ko-Kreation).[342] Abbildung 31 fasst das Teilmodell zusammen:

Ziele und Funktion	CL-GM-Spezifika	Interdependenzen mit anderen Teilmodellen
• Identifizieren des Zielmarktes und der Zielkundengruppen • Formulieren der Value Proposition	• Einschränkung auf einzelne Kundengruppen wegen Vorbehalten/ Einstellungen gegenüber Recyclingprodukten möglich	• Arena, in der die Kernstrategie umgesetzt wird • Marktzugang ist mit Ressourcen des Wertschöpfungsnetzwerks abzusichern

Abbildung 31: Ziele, CL-GM-Spezifika und Interdependenzen des Markt- und Kundenmodells mit anderen Teilmodellen

- **Ressourcenmodell**

Wertschöpfende Aktivitäten setzen tangible und intangible Ressourcen sowie technologische Kompetenzen, organisationale und kognitive dynamische Managementfähigkeiten voraus,[343] um die Ziele eines Geschäftsmodells zu erreichen, damit Wettbewerbsvorteile

337 Vgl. Hamel (2001), S. 91.
338 Vgl. Knyphausen-Aufseß und Meinhardt (2002), S. 66.
339 Vgl. Bieger und Reinhold (2011), S. 34.
340 Vgl. Wirtz (2011), S. 128
341 Vgl. Hamel (2001), S. 107; Johnson et al. (2008), S. 60; Osterwalder und Pigneur (2010), S. 20–25.
342 Vgl. Osterwalder und Pigneur (2010), S. 29; Wirtz (2011), S. 125.
343 Vgl. Reuter (2011), S. 15; Zahn (2017), S. 205–207.

zu erringen und in der Folge Wert zu schaffen/anzueignen.[344] Das Ressourcenmodell beschreibt die Schlüsselressourcen und -kompetenzen, die die beteiligten Unternehmen für die Umsetzung der Kreislaufwirtschaftsstrategie für ein Produkt benötigen.[345] Sie bestehen aus Assets und Kompetenzen, wobei letztere verstanden werden als pfadabhängige Nutzungsmuster zur optimalen Bündelung von Ressourcen. Auch die durch die Fähigkeiten ermöglichten überlegenen Marktpositionen zur Erschließung spezifischer Kundengruppen befähigen Unternehmen zur Umsetzung neuer Geschäftsmodelle.[346]

Die zur Herstellung eines Produkts benötigten Ressourcen liegen in der durch Arbeitsteilung und Spezialisierung auf einzelne Stufen des Wertschöpfungsprozesses geprägten Industrie üblicherweise nicht nur bei einem Unternehmen vor, sondern sind in Unternehmensnetzwerken oder über Lieferketten auf verschiedene Unternehmen verteilt. Für die gewählte generische Strategie müssen die geeigneten Ressourcen, Kompetenzen und Fähigkeiten verfügbar sein oder geschaffen werden.[347] Kompetenzen spiegeln sich in den Geschäftsprozessen wieder, die im CL-GMK in der Leistungserstellung verortet sind. Im Ressourcenmodell ist herauszuarbeiten, was die Kernressourcen und Kernkompetenzen für das verfolgte Geschäftsmodell sind und inwieweit diese im Zusammenspiel mit der Kernstrategie (re-)konfiguriert werden können, um zur Erlangung und Sicherung von Wettbewerbsvorteilen bestmöglich genutzt zu werden.[348] Dies schließt die dynamische Rekonfiguration (Bündelung) vorhandener Ressourcen über das Produktleben und bei der Umstellung auf ein CL-GM mit ein. Die Erschließung neuer CL-GM wird hierbei zur Kernkompetenz von Unternehmen und dient der Exploration neuer Geschäftspotenziale.[349]

---

344 Vgl. McIvor (2009), S. 48; Barney und Hesterly (2010), S. 6, S. 10; Grant (2008), S. 131. Für einen Überblick über die teils widersprüchlichen Definitionen des Begriffs ‚Ressourcen' innerhalb des Ressourcen-basierten Ansatzes siehe Reuter (2011), S. 7 f. Für das Verständnis im Geschäftsmodellkontext können Ressourcen auch kurz und prägnant definiert werden: „the most important assets required to make a business model work." Osterwalder und Pigneur (2010), S. 34.

345 Vgl. Freiling (2001), S. 27 zu Kompetenzen und Osterwalder und Pigneur (2010), S. 34 f.; Wirtz (2011), S. 118–120 zu Ressourcenmodellen in Geschäftsmodellkonzepten.

346 Vgl. Zahn (2017), S. 194.

347 Vgl. Jonsson et al (2011), S. 204 bzw. Allwood et al. (2011), S. 374 zu vorhandenen Ressourcen, die nicht für Kreislaufwirtschaftsstrategien geeignet sind und deren Vorliegen zur Barriere für CL-GM werden kann.

348 Vgl. Hamel (2001), S. 97 f. Im Gegensatz zu einer Strategiewahl, die darauf abzielt, die vorhandenen Ressourcen bestmöglich zu nutzen, siehe Grant (1991), S. 115, und im Einverständnis mit dem Dynamic-Capabilities-Ansatz, der diese Rekonfiguration als Schlüssel zur erfolgreichen Anpassung an sich dynamisch wandelnde Geschäftsmodellumwelten sieht, siehe Teece et al. (2008), S. 34; Penrose (1959), S. 1. Grundlegend zu Kernkompetenzen Prahalad und Hamel (1990); vgl. Bieger, et al. (2002), S. 56 zur Kompetenzkonfiguration bei der Umsetzung von Geschäftsmodellen.

349 Vgl. Pierce et al. 2008, S. 6; Prahalad und Hamel (1997), S. 250; Schmelzer und Sesselmann (2008), S. 98. Zu den teils widersprüchlichen Definitionen von Kompetenzen siehe Reuter (2011), S. 17–20. Das Erschließen neuer Geschäftsmodelle dient der Exploration, ihr effizientes Management über ein Geschäftsmodellkonzept der Exploitation. Eine organisationale Ambidextrie, ein Nebeneinander von Exploitation kann besonders in turbulenten Geschäftsmodellumwelten geboten sien, siehe Zahn (2017),

Abbildung 32 fasst diese Ausführungen zum Ressourcenmodell im CL-GM zusammen.

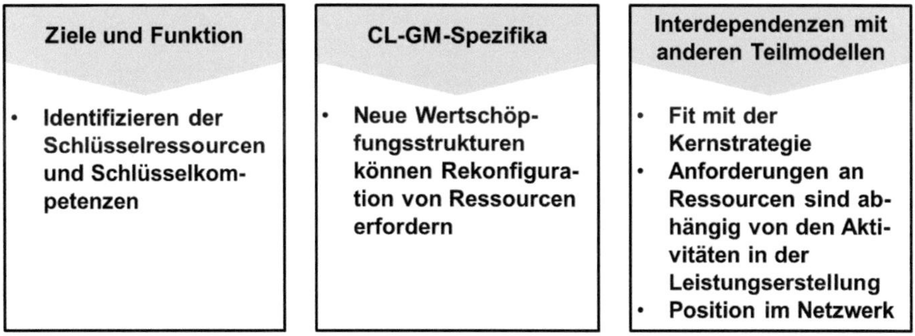

Abbildung 32: Ziele, CL-GM-Spezifika und Interdependenzen des Ressourcenmodells mit anderen Teilmodellen

Im Nachhaltigkeitsrahmen wird ausgehend von den Produkteigenschaften die zu verfolgende Strategie gewählt. Diese wird im Teilmodell Kernstrategie für das spezifische Produkt konkretisiert. Abhängig von dieser Strategie wird die Wertschöpfungsstruktur analysiert und es werden Zielmärkte und Kundengruppen einschließlich der jeweiligen Value Propositions definiert. Für die Umsetzung der gewählten Strategie in der Wertschöpfungsstruktur für die Zielmärkte und Zielkundengruppen müssen die erforderlichen Ressourcen bereitgestellt werden. Dynamische Fähigkeiten stehen hier für die Anpassung bestehender Geschäftsmodelle an Kreislaufwirtschaftsstrategien. Die Fähigkeit ständiger Anpassung von Unternehmens-/Netzwerkfähigkeiten an sich verändernde Marktanforderungen erfordert dynamische Wandlungsfähigkeit im Sinne einer erfolgreichen Ko-Evolution von Unternehmen/Netzwerken mit ihrer Umwelt und erlaubt, neue Geschäftschancen mit neuen Geschäftsmodellen zu ergreifen.[350] Das Gerüst für diesen strategischen Evolutionsprozess bietet die Ebene Unternehmensausrichtung des CL-GMK.

Eine Gesamtschau der Interdependenzen zwischen den Teilmodellen dieser Ebene bietet Abbildung 33:

S. 198 f.

350 Vgl. Zahn (2001), S. 3.

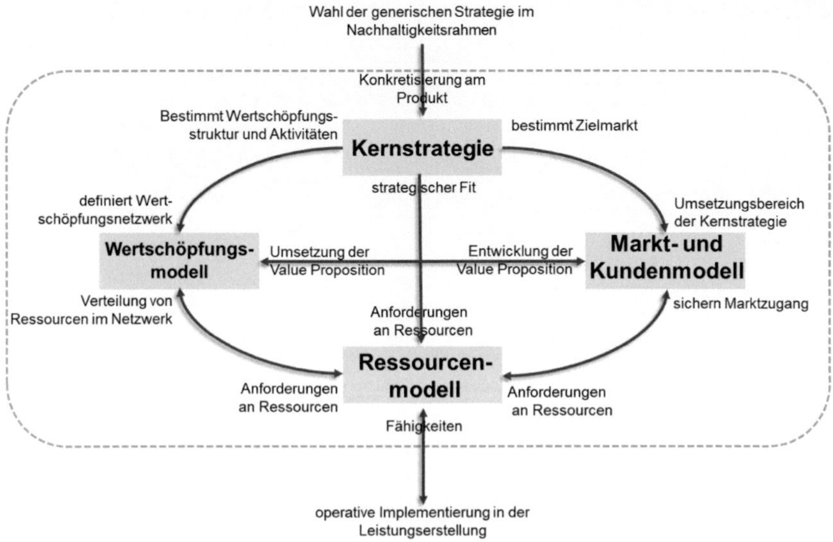

Abbildung 33: Interdependenzen der Teilmodelle der Unternehmensausrichtung

4.5. Leistungserstellung

Die Ebene der Leistungserstellung deckt Bereiche ab, die in Kapitel 2.2.3 als Komplexitätstreiber identifiziert wurden. Das gesamte Produktleben wird berücksichtigt: von der Produktentwicklung über die Beschaffung und Produktion bis hin zur Vermarktung. Die Fähigkeiten, welche die Leistungserstellung erfordert, sind eine Folge der Konfigurationen der Teilmodelle in der Unternehmensausrichtung. Außerdem müssen die Ressourcen für die Ausführung der erforderlichen Tätigkeiten in der Leistungserstellung bereitgestellt werden. In den Teilmodellen werden konkret die herausgearbeiteten Komplexitätstreiber berücksichtigt, um deren Handhabung in CL-GM zu ermöglichen.[351]

- **Produktentwicklungsmodell**

Die Produktentwicklung ist die früheste Phase im Produktlebenszyklus. Sie legt die Umweltauswirkungen eines Produkts in entscheidendem Maße fest. Hier ist zu untersuchen, ob und inwieweit mehrere Lebenszyklen eines Produkts möglich sind.[352] Die Ergebnisse dieser prospektiven Analyse können zu Änderungen im Produktdesign führen, falls beispielsweise ein aufrüstbares, modulares Produktdesign notwendig wird und ursprünglich

351 Die Komplexitätstreiber werden ausführlicher vorgestellt und diskutiert in Kapitel 2.2.3.
352 Vgl. Jonsson et al. (2011), S. 205.

nicht vorlag.[353] Standardisierung kann als Enabler für die Wiederverwendung dienen, steht aber auch in Konkurrenz zur Produktdifferenzierung als Erfolgsfaktor im Wettbewerb.[354] Der Produktentwicklungsprozess sollte systematisiert, standardisiert und mehrstufig sein (Quality Gates etc.). Hier ist zu prüfen, welche produktorientierten Ansätze (Design for Recycling, Design for Re-Use, Design for Disassembly, Design for Environment etc., abhängig von der verfolgten Kernstrategie), die auf die Kreislaufführung abzielen, anwendbar sind. Für die spätere Kreislaufführung sind somit bereits früh im Produktlebenszyklus Maßnahmen zu ergreifen, deren Kosten sich zeitlich erst spät im Produktleben rentieren. Eine Verschiebung der Schwerpunktsetzung auf einzelne Teilbereiche im Produktentwicklungsprozess ist möglich, beispielsweise bei Recyclingstrategien hin zur Materialqualifizierung.[355] Eine weitere Herausforderung für die Produktentwicklung ist die Frage, wie gebrauchte Komponenten oder Rezyklate wieder in Neuprodukte integriert werden können. Die Auswirkungen der verfolgten Produktentwicklungsstrategien auf die Produktionsprozesse (technische Umsetzbarkeit), die Vermarktung und die Beschaffung (Erschließen neuer Quellen für Gebrauchtprodukte/-materialien als Produktionsinput) sind zu ermitteln

Abbildung 34 zeigt einen Überblick über das Teilmodell Produktentwicklung.

Abbildung 34: Ziele, CL-GM-Spezifika und Interdependenzen des Produktentwicklungsmodells

- **Herstellungsmodell**

Das Herstellungsmodell bildet die notwendigen Produktionsprozesse und deren Verteilung im Wertschöpfungsnetzwerk ab. Es adressiert die physische Transformation von Inputfak-

---

353 Vgl. Kimura et al. (2001), S. 89f; Niemann et al. (2009), S. 4 f.

354 Vgl. Allwood et al. (2011), S. 374.

355 Vgl. Allwood et al. (2011), S. 376; Regenfelder et al. (2014), S. 176.

toren im wertschöpfenden Prozess hin zum Produkt.[356] Für CL-GM können folgende Punkte relevant werden:

- das Verhältnis der Kosten von Recycling- und Aufarbeitungsschritten und der verfügbaren Produktionstechnologie zum erhaltenen Wert.[357] Kosten können getrieben werden durch umfangreiche Qualitätssicherung und einen hohen Anteil manueller Arbeit.[358]
- die Verfügbarkeit von Ressourcen und technischen Fähigkeiten zur Verarbeitung von Recyclingmaterialien bzw. Re-Use-Produkten. Im Vergleich zur Neuproduktion können Änderungen an Produktionsprozessen zusätzliche Prozessschritte oder schwierige Zerlegeschritte Prozessinnovationen erfordern.[359]
- geringe Automatisierungsgrade bei Re-Use/hohe manuelle Arbeitsintensivität[360]
- hohe Variantenvielfalt bei Re-Use[361]
- komplexere Shop-Struktur in der Produktion bei Re-Use und damit höhere Komplexität der Produktionsressourcenplanung[362]
- Informationsverfügbarkeit über Spezifikationen gebrauchter Produkte, die für Aufarbeitungsprozesse benötigt werden[363]

Abbildung 35 stellt die Ziele, Funktionen und CL-GM-Spezifika des Herstellungsmodells dar.

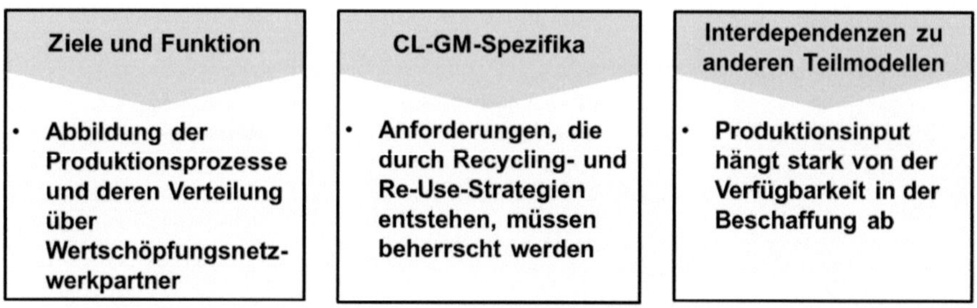

Abbildung 35: Ziele, CL-GM-Spezifika und Interdependenzen des Herstellungsmodells

---

356 Vgl. Wirtz (2011), S. 134–136.
357 Vgl. Dahmus und Gutowski (2007), S. 746.
358 Vgl. Chapman et al. (2009), S. 12; Kimura et al. (2001), S. 89.
359 Vgl. Chapman et al. (2009), S. 23 f.; Fleischmann et al. (2000), S. 661; Guide (2000), Regenfelder et al. (2014), S. 175 f.
360 Vgl. Chapman (2009); S. 23 f.; Guide (2000), S. 468–470; Lundmark et al. (2009), S. 135.
361 Seifert et al. (2013), S. 650f.
362 Vgl. Guide (2000), S. 470 f.; Seifert et al. (2013), S. 650 f.
363 Vgl. VDI (2014b), S. 18–28.

- **Beschaffungsmodell**

Das Beschaffungsmodell beschreibt die Struktur und die Quellen für (Gebraucht-) Materialien, (Gebraucht-)Produkte und Dienstleistungen, die für die wertschöpfende Produktion von Gütern verwendet werden. Die Gestaltung und Nutzung der Interdependenzen zwischen Herstellung und Beschaffung können zu Wettbewerbsvorteilen führen.[364] Die Konfiguration dieses Teilmodells ist stark davon abhängig, ob Recycling- oder Re-Use-Strategien verfolgt werden, weil sie unterschiedliche Anforderungen beispeilsweise an die Sammlung oder Behandlung von Gebrauchtprodukten und -materialien stellen, beispielsweise eine zerstörungsfreie Sammlung von Geräten für Re-Use im Gegensatz zu einer sortenreinen, verunreinigungsfreien Sammlung beim Recycling. Die Schwierigkeiten der praktischen Umsetzung der Kreislaufwirtschaft sind folgende: Rücknahme-/Rückholsysteme (Reverse Logistics) sind zu designen; Verfahren zur Behandlung entsorgter Produkte oder Materialien sind festzulegen, damit die Produkte wieder oder weiterverwendet werden können; der richtige Scope ist in Abhängigkeit von den Produkteigenschaften oder der Branchenstruktur festzulegen. Ein weiterer Aspekt ist die Planbarkeit von rückkehrenden Stoffströmen: Bei rückkehrenden Komponenten und Produkten, zum Teil auch bei Rezyklaten, ist nicht bekannt, a) ob diese überhaupt wieder zurückkommen, b) wann genau sie zurückkommen und c) in welcher Quantität und Qualität sie dann zur Verfügung stehen.[365] Oftmals macht dieser Umstand die Kontrolle über die Quelle erforderlich, bis hin zum Insourcing von Recyclingaktivitäten bei einem Partner oder neuen Kooperationsformen in symbiotischen Geschäftsmodellen.[366] Das Rückholnetzwerk muss zudem die Nachfrage mit dem Angebot abgleichen.[367] Sind Konsumenten die Quelle der Gebrauchtprodukte, ist deren Motivation zur Teilnahme an Sammelsystemen Voraussetzung, um grundsätzlich wiederverwenden oder recyceln zu können.[368] Im Vergleich zur Neuproduktion wird Versorgung mit Produktionsinput zur externen, nicht kontrollierbaren Variablen: Zusätzliche Prozessschritte und Akteure für die Sammlung der Gebrauchtprodukte oder -materialien sind erforderlich.[369] Abbildung 36 bietet hierüber einen Überblick.

---

[364] Vgl. Wirtz (2011), S. 136 und S. 140.

[365] Vgl. Allwood et al. (2011), S. 366; Brennan et al. (2002), S. 578; Fleischmann et al. (2000), S. 658 f.; Guide (2000), S. 469, Table 2; Lundmark et al. (2009), S. 134; Pehlken und Thoben (2011), S. 466; Poh (2004), S. 52 f.; Qu et al. (2006), S. 29 f.

[366] Vgl. Dillon (1999) S. 201; Gleich et al. (2006), S. 276; Regenfelder et al. (2014), S. 176 f.; Jonsson et al. (2011), S. 202-204.

[367] Vgl. Allwood et al. (2011), S. 366; Guide (2000), S. 469, Table 2.

[368] Siehe hierzu Regenfelder (2015) für eine Literaturstudie im Rahmen des EU FP7-Projektes ‚RUN'.

[369] Vgl. Fleischmann et al. (2009), S. 659.

Ziele und Funktion	CL-GM-Spezifika	Interdependenzen zu anderen Teilmodellen
• Quellen des Inputs für die Produktionsprozesse identifizieren	• Produktionsinput unterliegt Unsicherheit (Zeitpunkt, Quellen, Qualität)	• Produktionsprozesse müssen unterschiedliche Gebrauchtprodukte oder veränderte Materialeigenschaften handhaben können

Abbildung 36: Ziele, CL-GM-Spezifika und Interdependenzen des Beschaffungsmodells

- **Vermarktungsmodell**

Im Vermarktungsmodell werden die Verkaufskanäle für die Zielkundengruppen untersucht. Das Angebot wird an die Kunden herangetragen und Kundenbeziehungen gestaltet. Über die Vermarktung werden den Kunden die Value Proposition zugänglich gemacht, die Erlösmechanik für das Produkt festgelegt und die Zahlungsbereitschaft der Kunden ermittelt bzw. bestmöglich abgeschöpft.[370] Dabei ist zu unterscheiden zwischen einmaligen Erlösen (Verkauf), die die Verfügungsmacht über ein Produkt aufgeben, und Miet-, Leasing- sowie Nutzenverkaufsmodellen mit wiederkehrenden Erlösen, die diese Verfügungsmacht am EoL des Produkts nicht aufgeben.[371] Die gewählte Vertriebsart hat somit Einfluss auf die Sicherung der Verfügbarkeit über das Produkt am Ende seiner Nutzungsdauer:[372] Die Vertriebsart steht in direkter Beziehung zum Beschaffungsmodell. Dass CL-GM nachhaltige Produkte offerieren, ist bei der Vermarktungsstrategie und der Kundenkommunikation zu beachten, denn einerseits kann die Vermarktung ‚grüner' Produkte aus Kundensicht als Vorteil gelten[373] und andererseits können Vorbehalte gegenüber Recyclingmaterial und Re-Use-Produkten bestehen. Erwartet wird hier ein geringerer Verkaufspreis im Vergleich zu Neuprodukten.[374] Bei Re-Use-Produkten ist aufgrund technischen Fortschritts, Moden und Trends kritisch zu prüfen, ob für diese bereits gealterten Produkte noch Marktnachfrage vorhanden ist.[375]

---

370 Vgl. Bieger et al. (2002b), S. 53 f.; Hamel (2001), S. 99–106; Osterwalder und Pigeur (2010), S. 26–29; Wirtz (2011), S. 129–132.

371 Vgl. Bocken et al. (2016), S. 313, Osterwalder und Pigneur (2010), S. 30 f.; Tukker (2004), S.247 f.; Tukker (2015), S. 83.

372 Beispielsweise kann die Verfügungsmacht beim Kunden oder beim Leasinggeber liegen.

373 Vgl. Jonsson et al. (2011), S. 204.

374 Vgl. Chapman et al. (2009), S. 13; Dillon (1999), S. 201; Regenfelder et al. (2014), S. 170.

375 Vgl. Allwood et al. (2011), S. 376; Lundmark et al. (2009), S. 134; VDI (2014a), S. 37.

Abbildung 37 stellt die Ziele, Funktionen, CL-GM-Spezifika und Interdependenzen des Teilmodells dar.

Abbildung 37: Ziele, CL-GM-Spezifika und Interdependenzen des Vermarktungsmodells

5. Closed-Loop-Geschäftsmodelle in der Praxis – Zwei empirische Fallstudienuntersuchungen zu Konfigurationen bei Recycling- und Re-Use-Strategien

5.1. Untersuchungsmethodik und Vorgehensweise

Für den empirischen Teil dieser Arbeit der das CL-GMK illustriert, wird die sozialwissenschaftliche, qualitative Fallstudienmethodik herangezogen.[376] Fallstudien sind

> *„gestaltete Bilder von Wirklichkeit, die nicht ‚die Realität' in einem objektiven Sinn abbilden können. Fallstudien sind Schilderungen einer Situation realer Ausprägungen der Gesellschaft bzw. der Wirtschaft und ihrer Einflussfaktoren. Dieses Methodenbündel hat im Vergleich zu anderen qualitativen Zugängen tendenziell einen innovationsorientierten, hypothesen- bzw. modellbildenden Charakter und nimmt systemische Zusammenhänge stärker ins Blickfeld."*[377]

Die Anwendung der Fallstudienmethodik bietet einen wissenschaftlichen Mehrwert, wenn eine Verbindung zwischen Theorieentwicklung und Praxis geschaffen werden soll. Die Verdeutlichung einer eigenständigen Theorie durch praktische Beispiele intensiviert deren Aussagekraft. Dies verhindert eine nur sich selbst referenzierende Theorieentwicklung, die für praktische Fragestellungen irrelevant wird. Durch Fallstudien können Kausalzusammenhänge direkt am untersuchten realen Objekt aufgezeigt und erklärt werden.[378]

Bei der Fallstudie als qualitativ-empirischer Forschungsmethode muss offengelegt werden, welche Schritte im Forschungsprozess durchgeführt und wie Beobachtungen zu Daten, Ergebnissen und Erkenntnissen verdichtet werden.[379] Das induktive Ableiten eines theoretischen Ansatzes aus den Ergebnissen von Fallstudien ist dann eine zielführende Forschungsstrategie, wenn vorliegende Theorien für die Beantwortung der Forschungsfrage nicht ausreichend sind. Für die Induktion sind außerdem umfassende Beschreibungen des

---

[376] Vgl. Gläser und Laudel (2010), S. 29.
[377] Heimerl (2009), S. 396.
[378] Vgl. Siggelkow (2007), S. 22 f.; siehe auch folgendes Zitat von S. 23: „I am all for theory development; yet theory as a purely self-referential exercise — rather than as an attempt to better understand the world – strikes me in the end as a poor allocation of time and effort."
[379] Vgl. Gephart (2004), S. 458; Heimerl (2009), S. 396.

Untersuchungsgegenstands nötig. Dies berücksichtigt einen Entdeckungszusammenhang, der ohne diese Beschreibungen nicht erfassbar wäre.[380]

Die Umsetzung ökologisch nachhaltigen Wirtschaftens auf Unternehmensebene ist von entscheidender Bedeutung, um die ökologischen Grenzen des Wirtschaftens nicht zu überschreiten. Die derzeit bestehende unternehmensstrategische bzw. betriebswirtschaftliche Theorie, im Speziellen die Geschäftsmodellforschung, bietet für diese Umsetzung wenig Lösungsansätze. Dieses Desiderat greift die vorliegende Arbeit auf: Aus den spezifischen Ergebnissen der beiden Fallstudien werden allgemeinere, zu überprüfende Aussagen abgeleitet (induktiv-explorative Hypothesengenerierung: typische Merkmale der Geschäftsmodellkonfigurationen ‚hochwertiges Recycling' und ‚Re-Use', losgelöst von den Fallbeispielen). Die der Methodik implizite Anbindung der Theorie an die Realität wird umgesetzt: Das CL-GMK als hergeleitete, sowohl für sich stehende Theorie bzw. Baustein einer Theorie als auch als praxisorientiertes Managementinstrument wird über zwei Fallstudien – je eine für hochwertiges Recycling und Re-Use – an die Praxis angebunden. Die Fallstudien dienen zur Illustrierung der beiden Ausprägungen des theoretisch hergeleiteten CL-GMK.

In diesem Kapitel wird zunächst die Anwendung der Fallstudienmethodik begründet. Anschließend werden das Forschungs- und Fallstudiendesign sowie die Auswertungsmethode vorgestellt.

5.1.1. Fallstudienmethodik und Anwendungsfelder

Eine Fallstudie definiert sich über ihren Anwendungsbereich und ihre technischen Charakteristika wie Datensammlung und -analyse. Fallstudien können von explorativer, beschreibender oder erklärender Natur sein.[381]

> *„A case study is an empirical inquiry that investigates a contemporary phenomenon in depth and within its real-life context, especially when the boundaries between phenomenon and context are not clearly evident. [...] The case study inquiry copes with the technically distinctive situation in which there will be many more variables of interest than data points, and as one result relies on multiple sources of evidence, with data needing to converge in a triangulating fashion, and as another re-*

380 Vgl. Mintzberg (1979), S. 587; Eisenhardt und Graebner (2007), S. 26.
381 Vgl. Yin (2009), S. 7–9.

sult benefits from the prior development of theoretical propositions to guide data collection and analysis".[382]

Das Ziel einer Fallstudie ist es, von einem zugrunde liegenden ‚Fall' aus die Theorie induktiv zu entwickeln. Dabei ist die Vielzahl der verwendeten Datenquellen relevant.[383]

Die Fallstudienmethodik ist zielführend, wenn eine Forschungsfrage vor allem auf das ‚Wie' und ‚Warum' abzielt, keine oder nur wenig Kontrolle über das Verhalten des Betrachtungsgegenstandes besteht und ein gegenwärtiges Phänomen untersucht wird. Die Anwendung ist somit bei kontextabhängigen Wie- und Warum-Fragestellungen passend.[384]

Fallstudien können generell vier unterschiedlichen Zwecken dienen:

- Sie können vermutete komplexe Begründungszusammenhänge **erklären.**[385]
- Sie **beschreiben** Handlungen in ihrem realen Kontext.[386]
- Sie **illustrieren** bestimmte Sachverhalte in ihrem realen Kontext.[387]
- Sie **klären** in Situationen **auf**, in denen aus Handlungen auf keinen klaren Satz von Ergebnissen geschlossen werden kann bzw. wenige, eindeutige Variablen nicht zur Erklärung der komplexen sozialen Mechanismen der Realität ausreichen.[388]

Bei der Ableitung wissenschaftlicher Ergebnisse aus Fallstudien ist die Generalisierbarkeit kritisch zu hinterfragen. Das Ziel von Fallstudien ist es nicht, statistisch zu generalisieren – eine Fallstudie ist keine Stichprobe –, sondern aus ihnen theoretische Positionen abzuleiten und zu generalisieren. Dies ist unter ‚analytischer Generalisierung' zu verstehen.[389]

In der vorliegenden Arbeit sind folgende Kriterien und Bedingungen zur Anwendung der Fallstudienmethodik gegeben:

Die Forschungsfrage ist eine Warum- und Wie-Frage. Es wird untersucht, wie hochwertige Recycling- und Re-Use-Ansätze als Geschäftsmodelle erfolgreich in die Praxis umgesetzt

---

382 Yin (2009), S. 18.

383 Vgl. Eisenhardt und Graebner (2007), S. 25.

384 Vgl. Eisenhardt und Graebner (2007), S. 26 f.; Yin (2009), S. 8 f.; Gläser und Laudel (2010), S. 62–64; siehe auch folgendes Zitat von Eisenhardt (1989), S. 542: „[T]he qualitative data provide a good understanding of the dynamics underlying the relationship, that is the 'why' of what is happening".

385 Vgl. Yin (2009), S. 19 f.

386 Vgl. Eisenhardt und Graebner (2007), S. 25; Baxter und Jack (2008), S. 556; Yin (2009), S. 19 f.

387 Vgl. Siggelkow (2007), S. 22; Baxter und Jack (2008), S. 556; Yin (2009), S. 19 f.

388 Vgl. Gephart (2004), S. 455; Yin (2009), S. 19 f.; Gläser und Laudel (2010), S. 80 f.

389 Vgl. Yin (2009), S. 15.

werden können und warum einzelne spezifische Konfigurationen des Geschäftsmodellkonzepts von Unternehmen gewählt werden bzw. emergent sind.

Die beiden durchgeführten Fallstudien haben explorativen Charakter. Die Umsetzung von hochwertigen Recycling- und Re-Use-Ansätzen wurde bislang noch nicht integrativ aus einer Geschäftsmodellperspektive betrachtet. Da das CL-GMK in dieser Arbeit theoretisch hergeleitet wird, sind seine durch die Fallstudien illustrierten Ausprägungen und Konfigurationen spezifisch.

Bei den Fallstudien wird ein gegenwärtiges Phänomen in seinem realen Kontext untersucht: Geschäftsmodelle bei Unternehmen, die die Ressourceneffizienz ihrer Produkte durch Kreislaufwirtschaftsstrategien steigern. Den Hintergrund bilden die Knappheit ökologischer Ressourcen, steigende Rohstoffpreise, konkurrierende Unternehmen/Strategien, Branchenspezifika und Kundenbedürfnisse. Gleichzeitig sind hochwertige Recycling- und Re-Use-Strategien Bestandteil der Unternehmensumwelt und nehmen durch ihre Umsetzung darauf Einfluss. In der Geschäftsmodellforschung wird daher nicht mehr nur das einzelne Unternehmen betrachtet, sondern auch sein Umfeld. Das betrachtete Phänomen ist somit nur unter Einbezug seines realen, komplexen Kontextes zu verstehen. Es besteht kein oder nur ein äußerst geringer Einfluss des Autors auf das Verhalten der an den Fallstudien beteiligten Unternehmen.

Tabelle 7: Erfüllung der Voraussetzungen für die Anwendung der Fallstudienmethodik nach Yin (2009)[390]

Art der Forschungsfrage	Wie und Warum?
Kontrolle des Verhaltens	Nicht vorhanden
Fokus auf gegenwärtige Ereignisse	Gegeben. Rohstoffknappheit, Erreichen der Grenzen des Wachstums
Mehrere Datenquellen	Experteninterviews, interne Projektberichte, Sekundärliteratur
Bestehende theoretische Grundlagen	Nachhaltiges Wirtschaften, Geschäftsmodellforschung, Unternehmensstrategie, technische Fachliteratur
Zweck der Fallstudien	Illustration der generischen Ausprägungen des CL-GMK
Art der Generalisierung	Analytische Generalisierung, Erweiterung bestehender Theorie

390 Vgl. Yin (2009), S 8 f.

Die Fallstudien basieren auf mehreren Datenquellen (Experteninterviews[391], interne Projektberichte des EU-Projekts ZeroWIN und Sekundärliteratur) und bauen auf bereits vorhandenen, theoretischen Grundlagen auf (siehe Kap. 2). Sie illustrieren beispielhaft zwei typische generische Konfigurationen des CL-GMK. Ziel ist es, aus diesen Fallstudien im Sinne der Hypothesengenerierung Aussagen über die unternehmensinterne Konfiguration von Geschäftsmodellen für hochwertige Recycling- und Re-Use-Ansätze abzuleiten. Die dazu bestehende Theorie wird erweitert und analytisch generalisiert. Tabelle 7 gibt einen Überblick über die Kriterien für die Anwendung der Fallstudienmethodik und ihre Erfüllung in dieser Untersuchung.

5.1.2. Fallstudiendesign

Das einer Fallstudie zugrunde liegende Forschungsdesign verknüpft die Datenerhebung (auch die Sammlungs- und Analysetechniken) mit der Forschungsfrage und den Schlussfolgerungen. Es beschreibt die logische Strukturierung der Vorgehensweise bei empirischen Arbeiten und besteht aus folgenden Modulen: Art der Forschungsfrage, zu überprüfende Aussagen, Untersuchungsgegenstand, Logik der Verknüpfung von Daten und Aussagen, Kriterien zur Interpretation der Validität der Ergebnisse.[392]

Die durch die Fallstudie zu überprüfenden Aussagen stehen im Fokus und geben den zu untersuchenden Bereich vor. Durch die Aussagen erhalten einzelne Sachverhalte einer Fallstudie besondere Aufmerksamkeit und zeigen die Leitlinie für die Datensammlung an. Das Erkenntnisinteresse der Fallstudie wird detailliert offengelegt.[393]

Der Forschungsgegenstand definiert den eigentlichen ‚Fall' der Studie. Er hängt von der zugrunde gelegten Forschungsfrage und den zu überprüfenden Aussagen ab. Zwischen dem untersuchten ‚Fall' und seinem Kontext (Umwelt, Umgebung etc.) wird eine Grenze gezogen. Der Fall muss ein real auftretendes Phänomen sein, um davon mit den abgeleiteten Ergebnissen abstrahieren zu können. Der Fall ist in gewisser Weise vergleichbar mit einem Experiment, also eine eigenständige Untersuchungseinheit.[394] Er ist definiert als

[391] Die Experteninterviews haben eine herausgehobene Stellung bei der Datensammlung, Folge ihrer hohen Effizienz bei der Sammlung reichhaltiger qualitativer Daten, vgl. Eisenhardt und Graebner (2007), S. 28.

[392] Vgl. Yin (2009), S. 26 f.

[393] Vgl. Baxter und Jack (2008), S. 551 f.; Yin (2009), S. 28; Gläser und Laudel (2010), S. 77.

[394] Vgl. Eisenhardt und Graebner (2007), S. 25; Yin (2009), S. 29–31.

„a phenomenon of some sort occurring in a bounded context. The case is, in effect, your unit of analysis“.[395]

Die Auswahl von Fällen erfolgt nicht repräsentativ, denn das Ziel der Fallstudie ist die Entwicklung einer Theorie, es geht nicht um deren Test. Die zu untersuchenden Fälle werden aufgrund ihrer speziellen Eigenschaften gezielt ausgewählt. Die Vorgehensweise ist ein ‚theoretisches Sampling‘: Fälle werden auswählt, weil angenommen wird, dass sie besonders geeignet sind, theoretische Zusammenhänge zu erläutern, außergewöhnliche Phänomene sichtbar zu machen, Ergebnisse (nicht) zu replizieren, andere Erklärungen auszuschließen oder eine Theorie zu bilden.[396] Außerdem sollten sie die Beantwortung der Forschungsfrage(n) ermöglichen. Auch der Zugang zum Untersuchungsobjekt ist ein Kriterium, das aus der praktischen Durchführbarkeit der Fallstudie folgt.[397]

Die Generierung der zu überprüfenden theoretischen Aussagen (Hypothesen) findet in der Designphase einer Fallstudie statt. Die (bestätigten oder verworfenen) Aussagen werden im weiteren Verlauf zu einer Theorie verdichtet. Dieser Vorgang ist iterativ.[398] Je umfassender die theoretischen Aussagen sind, umso allgemeingültiger (ohne das Fallstudienbeispiel) sollte eine Theorie sein.[399] Ausgenommen von dieser Vorgehensweise sind explorative Fallstudien. Sie sind sinnvoll, wenn die bestehende Wissensbasis sehr gering ist und nur wenige überprüfbare Hypothesen oder konzeptionelle Rahmen verfügbar sind. Bei explorativen Fallstudien tritt an die Stelle der durch die Fallstudie zu überprüfenden Aussagen eine Beschreibung, was und aus welchen Gründen es untersucht wird, sowie Kriterien für eine erfolgreiche Untersuchung. Aber auch in diesem Fall ist zu Beginn der Untersuchung ein theoretisches Rahmenwerk zu entwickeln (u. a. welche bestehenden Theorien für die untersuchte Thematik relevant sind).[400] Dieses (vorläufige) Rahmenwerk ist im Laufe der Untersuchung offen für iterative Überarbeitungen oder Änderungen.[401] Die Theoriebildung sollte inhaltlich in Sektionen oder Hypothesen unterteilt werden. Das heißt: Jeder Sektion oder Hypothese sind die empirischen Belege – wenn möglich – gesondert zuzuordnen.[402]

395 Miles und Huberman (1994), S. 25.
396 Vgl. Eisenhardt (1989), S. 537; Eisenhardt und Graebner (2007), S. 27.
397 Vgl. Gläser und Laudel (2010), S. 97, S.100.
398 Vgl. Eisenhardt (1989), S. 546; Gläser und Laudel (2010), S. 77 f.
399 Vgl. Siggelkow (2007), S. 21.
400 Vgl. Eisenhardt (1989), S. 548; Baxter und Jack (2008), S. 552; Yin (2009), S. 35–37; Eisenhardt (1989), S. 542 spricht im Zusammenhang mit dem theoretischen Rahmenwerk von einem Konstrukt, das im Verlauf der Analyse immer weiter verbessert wird.
401 Vgl. Miles (1979), S. 591 f.; Eisenhardt (1989), S. 541 f.; Lamnek (2005), S. 21.
402 Vgl. Eisenhardt und Graebner (2007), S. 29.

Die Art der Forschungsfrage gibt das weitere Forschungsdesign vor. So kann beispielsweise nach einer ‚relationalen' oder ‚mechanischen' Erklärung für die Forschungsfrage gesucht werden.[403] Die Forschungsfrage selbst besteht aus zwei Teilen: Inhalt (Welcher Sachverhalt wird untersucht?) und Art (Welche Fragestellung ist relevant: Wer, was, wo, warum oder wie?). Sie muss zudem eine Wissenslücke adressieren, zu deren Schließung sie beitragen soll.

Die Qualität und Stringenz des Forschungsdesigns von Fallstudien hängt von vier zu überprüfenden Gütekriterien ab: Konstruktvalidität (Eignet sich die Fallstudie, um die zu überprüfenden Aussagen zu testen? Bei explorativen Fallstudien: Ist das theoretische Rahmenwerk geeignet für die Untersuchung?), interne Validität (nur bei erklärenden Fallstudien, Suche nach kausalen Zusammenhängen), externe Validität (Für welchen Theoriebereich können die Ergebnisse einer Fallstudie generalisiert werden?) und Belastbarkeit/Zuverlässigkeit (u. a. Wiederholbarkeit der Durchführung; die Bestätigung der gezogenen Schlüsse von Schlüsselinformanten erhöht die Zuverlässigkeit).[404] Die Validität einer Fallstudie wird anhand der Gütekriterien geprüft und ist maßgeblich durch die Datenerhebung, Auswertung und Interpretation bestimmt.

Bei den Fallstudiendesigns gibt es mehrere Formate: Single-Case-Designs sind grundsätzlich anwendbar, wenn es sich bei dem zu untersuchenden Fall um einen extremen/einzigartigen Fall handelt (Fall tritt nur sehr selten auf oder ein zu beobachtendes Merkmal ist sehr stark ausgeprägt) oder um einen enthüllenden Fall (ein zuvor nicht zugängliches Phänomen wird untersucht). Der Fall muss alle für die Forschungsfrage relevanten Aspekte abdecken.[405] Aus Single-Case-Designs lässt sich eine umfangreiche Theorie ableiten, da diese direkt an den Fall angepasst werden kann.[406]

Multiple-Case-Designs betrachten mehr als einen Fall. Ihre Ergebnisse werden aus Gründen der Replikation oftmals als empirisch valider bewertet als die Ergebnisse von Single-Case-Designs. Wenn mehrere Fälle vergleichbare Ergebnisse erbringen, kann die aus ihnen abgeleitete Theorie mit einer höheren Wahrscheinlichkeit als empirisch valide angesehen werden, da Schlüsse auch fallübergreifend gezogen werden können und zugleich überprüft werden kann, ob Ergebnisse nur für einen bestimmten Fall zutreffen. Anderer-

[403] Vgl. Gläser und Laudel (2010), S. 26, S. 33 f. Gläser und Laudel bezeichnen quantitative, nomothetisch-deduktive oder theorietestende Forschung als nach Kausalzusammenhängen suchend bzw. qualitative, induktive oder theoriegenerierende Forschung als nach Kausalmechanismen suchend.

[404] Vgl. Yin (2009), S. 41; weiterführend zur Diskussion der Relevanz verschiedener Kriterien in wissenschaftlichen Zeitschriften siehe Gibbert et al. (2008), S. 1470–1473.

[405] Vgl. Yin (2009), S. 47–50.

[406] Vgl. Eisenhardt und Graebner (2007), S. 30.

seits sind bei multiplen Fällen nur die über die meisten bzw. alle Fälle replizierten Zusammenhänge oder Mechanismen für die Theorieentwicklung verwendbar. Dies schränkt die verwendbaren Daten im Vergleich zu Single-Case-Designs ein, da wahrscheinlich nicht alle Zusammenhänge oder Mechanismen über die Fälle hinweg repliziert werden können.[407]

Bei holistischen Fallstudien gibt es einen spezifischen Kontext pro Untersuchungsgegenstand. Eingebettete Designs umfassen mehrere Untersuchungsgegenstände, die sich den gleichen Kontext teilen. Holistische Multiple-Case-Designs ermöglichen es, sowohl innerhalb eines Settings (Fall plus Kontext) als auch verschiedene Settings zu analysieren.[408]

Im Folgenden wird auf die einzelnen Aspekte in den Fallstudien der vorliegenden Arbeit eingegangen. Die Forschungsfragen in den Fallstudien greifen nur bestimmte Teile der in Kapitel 1 vorgestellten Forschungsfrage auf, da ein Teil der Forschungsfrage (das CL-GMK als theoretisches Rahmenwerk) in Kapitel 4 aus der bereits bestehenden Theorie abgeleitet wurde.[409] Die Fallstudien illustrieren das CL-GMK für die generischen Konfigurationen ‚hochwertiges Recycling' und ‚Re-Use'. Sie sind weit gefasst, da vom Auftreten des gegenwärtigen Phänomens ‚Closed-Loop-Geschäftsmodelle' getrieben. Die Forschungsfragen für die Fallstudien lauten:

- **Forschungsfrage 1: Wie ist das CL-GMK für den Ansatz ‚Recycling' bzw. ‚Re-Use' zu konfigurieren?**
- **Forschungsfrage 2: Aus welchen Gründen erfolgen diese Konfigurationen?**
- **Forschungsfrage 3: Welche generischen Konfigurationen für ‚Recycling' und ‚Re-Use' lassen sich aus den Fallstudien ableiten?**

Untersuchungsgegenstand der Fallstudien sind klar definierte Unternehmensnetzwerke (Fallstudie A: Continental Automotive mit OEMs und Zulieferern; Fallstudie B: Re-Use-Computer) sowie mit ihnen verbundene Produkte oder Produktgruppen (Fallstudie A: sicherheitsrelevantes, komplexes Kunststoffbauteil aus Rezyklat; Fallstudie B: aufgearbeitete IKT-Produkte). Jeder Fall ist über ein(e) Produkt(gruppe) sowie sein spezifisches Unternehmensnetzwerk vom Kontext abgegrenzt. Beide Fälle stehen in ihrem jeweils eigenen spezifischen Kontext. Die Fälle wurden gezielt ausgewählt, weil ihnen neuartige Geschäftsmodelle zugrunde liegen und sie über industrielle sowie ökologische Relevanz ver-

---

407 Vgl. Eisenhardt und Graebner (2007), S. 27; Yin (2009), S. 52–54.

408 Vgl. Baxter und Jack (2008), S. 550; Yin (2009), S. 50–52.

409 Dieses Rahmenwerk wurde während der Datensammlung und -analyse weiter verfeinert, seine grundlegenden Charakteristika wurden aber bereits davor festgelegt und änderten sich im Laufe der Untersuchung nur geringfügig.

fügen. Die Auswahlmethodik entspricht somit einem theoretischen Sampling. Der Beobachtungszeitraum reicht von 2011 bis einschließlich 2014. Es wird in den Fallstudien nicht auf Entwicklungen über diesen Zeitraum abgestellt.

Die beiden Fallstudien haben explorativen Charakter. Bislang wurde die Umsetzung von Re-Use- und Recycling-Ansätzen auf Unternehmens-(Netzwerk-)Ebene noch nicht aus der Geschäftsmodellperspektive betrachtet. Allenfalls Teilaspekte (Sammlung von entsorgten Produkten, technische Verfahren und Prozesse) wurden untersucht. Die Teilaspekte des Geschäftsmodels werden nun integriert analysiert. Bei explorativen Fallstudien wird darauf verzichtet, die durch die Fallstudie zu überprüfenden Aussagen vorher zu formulieren. Es wird untersucht, wie durch hochwertige Recycling- und Re-Use-Ansätze Geschäftsmodelle von Unternehmen konfiguriert werden. Ein umfangreiches theoretisches Rahmenwerk ist mit dem CL-GMK (vgl. Kap. 4) gegeben. Zu diesem Rahmenwerk gehören auch die adressierten Theoriebereiche und die beiden hergeleiteten, generischen Konfigurationen dieses Geschäftsmodellkonzepts. Der unterstellte Kausalmechanismus lautet, dass – neben unternehmens- und marktspezifischen Charakteristika – Produkteigenschaften ursächlich für die Wahl der Strategie und der weiteren Konfiguration des CL-GMK sind. Eine implizit angenommene und zu überprüfende Aussage ist allenfalls, dass das CL-GMK durch seinen Aufbau und seine Teilmodelle dafür geeignet ist, die relevanten Spezifika von hochwertigen Recycling- und Re-Use-Geschäftsmodellen zu erfassen und abzubilden. Die Exploration ist erfolgreich, wenn diese Abbildung gelingt und die zwei spezifischen Konfigurationen des CL-GMK herausgearbeitet werden. Die Struktur der Fallstudienberichte (siehe Kap. 5.2 und 5.3) ist linear-analytisch und somit geeignet für die Darstellung einer explorativen Fallstudie.[410]

Die Datenerhebung wird über das CL-GMK als theoretischer Bezugsrahmen und somit auch über die Auswahl der erhobenen Themenbereiche mit dem Zweck der Illustration der generischen Konfigurationen des Geschäftsmodellkonzepts verknüpft. In teilstandardisierten Experteninterviews werden gezielt die einzelnen Teilaspekte des CL-GMK abgefragt.

Die Interpretation der erhobenen Daten erfolgt mittels softwareunterstützter qualitativer Inhaltsanalyse. Die Ergebnisse der Interpretation werden in den einzelnen Fallstudienbeschreibungen dargestellt.

---

410 Vgl. Yin (2009), S. 176.

Zur Sicherstellung der Qualität des Forschungsdesigns[411] wurden verschiedene Vorkehrungen getroffen.[412] Die externe Validität ist durch die Beschränkung auf die Bereiche Geschäftsmodellforschung, ‚hochwertiges Recycling' und ‚Re-Use' sowie durch den explorativen Charakter der Fallstudien gegeben. Die Frage, inwieweit man aus den Fallstudien generalisierbare Schlüsse für die Konfiguration von Geschäftsmodellkonzepten ziehen kann, wird im Sinne der Hypothesengenerierung bei der Exploration als Ergebnis zur Diskussion gestellt. Die Belastbarkeit/Zuverlässigkeit der Ergebnisse wird durch die Nachvollziehbarkeit ihres Zustandekommens erreicht. Bei der Datensammlung sind teilstrukturierte Experteninterviews mit direkt an den untersuchten Fällen beteiligten Personen der wichtigste Baustein. Die Interviews folgen einem standardisierten Interviewfrageleitfaden (siehe Anhang I.I). Sie werden protokolliert und den Interviewpartnern zur Durchsicht und Bestätigung der inhaltlich korrekten Wiedergabe des Gespräches übersendet. Diese Bestätigungen liegen für alle Interviews vor.[413]

Verwendet wird ein holistisches, multiples Fallstudiendesign mit zwei Fallstudien. Es gibt für jede Fallstudie einen eigenen Untersuchungsgegenstand mit einem jeweils eigenen Kontext. Bei Fallstudie A ‚Recycling' ist der Untersuchungsgegenstand ein komplexes, sicherheitsrelevantes Kunststoffbauteil mit Rezyklatanteil aus der Automobilindustrie von Continental Automotive und dem dahinter stehenden Unternehmensnetzwerk. Der Kontext dieser Fallstudie ist geprägt von den Anforderungen der Automobilindustrie und der kunststoffverarbeitenden Industrie. Fallstudie B ‚Re-Use' hat die Wieder- und Weiterverwendung von gebrauchten IKT-Produkten mit dem Berliner Re-Use-Computer-Netzwerk im Hintergrund als Untersuchungsgegenstand. Der Kontext ist geprägt durch die Anforderungen des IKT-Marktes und die generellen Anforderungen der Wiederverwendung. Die Forschungsfragen für beide Fallstudien sind gleich.

Da die Fallstudien jeweils eine spezifische Konfiguration des CL-GMK illustrieren, weisen sie zu einem gewissen – wenn auch nicht zu einem überwiegenden – Grad Merkmale eines doppelten Single-Case-Fallstudiendesigns auf. Dies ist bedingt durch die beiden Untersuchungsgegenstände. Fallstudie A basiert auf einem Entwicklungsprojekt (das direkt in die Serienproduktion überführt wird), das bei Continental Automotive intern als Flaggschiffprojekt gilt, um hochwertiges Recycling von Kunststoffen in der Automobilindustrie zu etablieren. Da es im Jahr 2010 startete, war zuvor noch kein Zugang zur Untersuchung gege-

---

411 Da es sich hier um eine explorative Untersuchung handelt, ist die interne Validität als Kriterium nicht von Bedeutung.

412 Vgl. Mayring (2002), S. 53.

413 Vgl. Yin (2009), S. 182–184.

ben. Dieser Zugang bleibt aus Vertraulichkeitsgründen für Dritte auch weiterhin verwehrt. Fallstudie B ist aufgrund der Bedeutung des Netzwerkes (300.000 verkaufte gebrauchte Computer und IT-Geräte der Mitgliedsunternehmen im Jahr 2016; eines der größten Netzwerke für die Wiederverwendung von IKT-Produkten in Europa) und dessen Einflussmöglichkeiten auf sein Umfeld (Markt, Verbände, Gesetzgebung, Wissenschaft) von besonderer Bedeutung. Beide Untersuchungsgegenstände haben somit das Potenzial, einzigartige und/oder enthüllende Fälle darzustellen. Beide Fallstudien waren Teil des EU-geförderten Projekts ZeroWIN.

5.1.3. Datenerhebung und -analyse

Datenerhebung, -analyse und -interpretation sind ein grundlegender Bestandteil qualitativer Forschung.[414] Der wichtigste Teil der Datenerhebung für die Fallstudien erfolgte direkt bei den einzelnen beteiligten Unternehmen mithilfe von Experteninterviews. Interviews zeichnen sich durch folgende Aspekte aus: Zweck, Gegenstand, Art und Zahl der Interviewpartner, Kommunikationsform.[415] Experteninterviews gelten als effizientes Instrument der Datenerhebung zur Rekonstruktion von Expertenwissen. Bei der Durchführung sollte der Gesprächspartner eine möglichst vertraute, ‚normale' Gesprächssituation erleben. Verhörähnliche Situationen sind zu vermeiden.[416] Ein Experte, der als Repräsentant seiner Organisation befragt wird,[417] verfügt über spezifisches, einen Sachbereich betreffendes Wissen, das

> *„ihn nicht nur zur Problemlösung, sondern zur Erkenntnis und zur Begründung sowohl von Problemursachen als auch von Lösungsprinzipien befähigt. [...] Maßgeblich für Expertenschaft ist jedoch nicht nur das Wissen über die Prinzipien des*

---

414 Vgl. Gephart (2004), S. 455.

415 Vertiefend für die verschiedenen Arten von Interviews siehe Gläser und Laudel (2010), S. 41; für andere Klassifizierungen und Typisierungen vgl. Mayring (2002), S. 66–68 oder Lamnek (2005), S. 356–360.

416 In der Literatur wird grundsätzlich die Tonbandaufnahme von Interviews befürwortet, um die Informationen vollständig und exakt wiederzugeben. In der Datenerhebung dieser Arbeit wird auf den Einsatz von Tonbandgeräten verzichtet. Es wird ein schriftliches Protokoll des Interviews geführt. Dies folgt vor allem aus der Wettbewerbsrelevanz der behandelten Fragestellungen für die Interviewpartner, die den Einsatz eines Tonbandes zum Teil von vorneherein ablehnten (Fallstudie A), oder es hätte die Offenheit der Informationen deutlich vermindert (Fallstudie B). Der Verzicht lässt sich auch aus diversen Literaturquellen ableiten: vgl. Pfadenhauer (2009), S. 452 f.: Verhörähnliche Situationen – zu denen der Einsatz von Tonbandgeräten beiträgt – sind zu vermeiden; vgl. Gläser und Laudel (2010), S. 157: Wenn für die Beantwortung der Forschungsfrage nicht von Bedeutung ist, wie etwas gesagt wird (was in dieser Arbeit der Fall ist), ist diese Vorgehensweise akzeptabel; vgl. Mayring (2002), S. 70: Wenn kein Einverständnis vorliegt, kann „[n]otfalls während des Gesprächs oder danach ein Protokoll erstellt werden"; vgl. Yin (2009), S. 109: Obwohl der Tonbandeinsatz grundsätzlich befürwortet wird, sollte davon abgesehen werden, wenn die Gesprächspartner diesem nicht zustimmen oder sich unwohl dadurch fühlen.

417 Die Experten werden nicht nach individuellen Biografien oder Einzelfällen befragt, vgl. Meuser und Nagel (1991), S. 444.

Sachverhalts bzw. die Sachlogik, sondern darüber hinaus die (zurechenbare) Zuständigkeit für problemlösungsbezogene Empfehlungen bzw. Entscheidungen. Denn der Experte trägt letztlich die Verantwortung für die Expertise.“[418]

Der Experte ist Besitzer von Spezialwissen, entsprechend sind Experteninterviews eine Methode, dieses Wissen zu erschließen.[419] Die Daten wurden über halbstandardisierte Experteninterviews erhoben. Die Interviewpartner waren zum überwiegenden Teil Mitarbeiter in Leitungsfunktionen (Geschäftsführer, Produktionsleiter, Umweltmanager, Vertriebsleiter etc.). Es wurden ihnen die Fragen eines Interviewleitfadens in vorgegebenem Wortlaut und vorgegebener Reihenfolge gestellt. Es gab keine Vorgaben für ihre Antworten. Das methodologische Prinzip der Offenheit wurde somit berücksichtigt.[420] Eine Auflistung der Interviewpartner, ihrer Funktion und ihrer Unternehmen – falls sie nicht aus Vertraulichkeitsgründen anonymisiert wurden – befindet sich im Anhang (siehe Anhang I.II). Der Gegenstand der Datenerhebung in den Interviews (einzelne Unternehmen) unterscheidet sich vom Untersuchungsgegenstand (das jeweilige Produkt inklusive des dahinter stehenden Unternehmensnetzwerks; Geschäftsmodelle). Die Kommunikationsform der Interviews war das persönliche Gespräch. Bis auf zwei situationsbedingte Ausnahmen[421] sind alle Interviews Einzelinterviews gewesen.

Informationen über die beiden Untersuchungsgegenstände werden des Weiteren aus sekundären Informationsquellen erschlossen. Dies sind beispielsweise interne Projektberichte des EU-geförderten Projektes ZeroWIN, wissenschaftliche Veröffentlichungen und interne technische Firmenrichtlinien/-spezifikationen. Diese Quellen über den Kontext der beiden Fallstudien werden in den Kapiteln 5.2 und 5.3 bei den Fallstudienbeschreibungen durch Verweise in den Fußnoten eingebunden.

Die Interviews wurden auf der Grundlage von Notizen protokolliert, die während der Gespräche angefertigt wurden. Dies ist ein erster Aggregierungs- bzw. Auswertungsschritt. Die Protokolle wurden von den Interviewpartnern gegengelesen und geprüft. Somit fließt

---

418 Pfadenhauer (2009), S. 452; vgl. Meuser und Nagel (1991), S. 442–444; in Abgrenzung dazu hat der Interviewer einen Informationsstand zu erlangen, der es ihm ermöglicht, bestenfalls ein ‚Quasi-Experte' zu sein, da er in Abgrenzung zum Experten keine Handlungsverantwortung trägt, vgl. Pfadenhauer (2009), S. 453.

419 Vgl. Gläser und Laudel (2010), S. 12; Bogner und Wenz (2005), S. 37–39.

420 Klassifikation der Experteneigenschaft nach Gläser und Laudel (2010), S. 41; zur Offenheit als methodologisches Prinzip vgl. Gläser und Laudel (2010), S. 131–135.

421 Ein Produktionsleiter hat auf eigenen Wunsch zwei Vertriebsmitarbeiter zum Gespräch hinzugebeten, um die Fragen besser beantworten zu können und Mitarbeiter von Continental waren zusätzlich vor Ort, siehe Interview 2 Fallstudie A bzw. der Umweltmanager hat einen Entwicklungsingenieur für technische Fragen hinzugezogen, siehe Interview 1 Fallstudie A.

ein inhaltliches Feedback der Interviewpartner in das Interviewprotokoll ein. Die Interviewprotokolle und ein standardisierter Interviewfrageleitfaden sichern die Nachvollziehbarkeit und Zuverlässigkeit der Datenerhebung. Die Interviews orientieren sich an einem Interviewleitfaden mit 25 festgelegten Fragen (23 Fragen plus zwei fallstudienspezifische Zusatzfragen, Interviewleitfaden siehe Anhang I.I).[422] Basis dafür ist das Erkenntnisinteresse dieser Untersuchung, also die Forschungsfragen.[423] Die Fragen sind bis auf je zwei Ausnahmen in den beiden Fallstudien identisch. Dies gewährleistet eine Vergleichbarkeit der Ergebnisse sowohl innerhalb einer Fallstudie als auch beider Fallstudien miteinander. Die Vergleichbarkeit beider Fallstudien ist wichtig, weil sie jeweils eine Konfiguration desselben Geschäftsmodellkonzepts illustrieren. Tabelle 8 ordnet die Fragen den einzelnen Teilmodellen und dem Rahmen des CL-GMK zu, Mehrfachzuordnungen sind möglich. Die fallstudienspezifischen Fragen sind gekennzeichnet als ZFFA.1 (Zusatzfrage Fallstudie A 1) bzw. ZFFB.1 (Zusatzfrage Fallstudie B 1). Die Logik, wie die Datenerhebung mit der Illustrierung bzw. den generischen Konfigurationen des Geschäftsmodellkonzepts verknüpft wird, ist über die Zuordnung nachvollziehbar.

Der Interviewleitfaden enthält keine Filterfragen. Die Interviewpartner sind an der Erstellung eines Produkts mit einem hochwertigen Recycling- oder Re-Use-Ansatz in jeweils einem spezifischen Unternehmensnetzwerk beteiligt. Insofern wird durch die Auswahl der Fälle und nachfolgend der Interviewpartner bereits vor der Durchführung der Interviews gefiltert. Es wird abgefragt, wie die Erstellung eines Recycling- oder Re-Use-Produkts in der Praxis abläuft. Die Interviewpartner werden nach beobachtbaren Handlungen und deren Begründungen befragt. Es werden überwiegend konkrete, real existierende Handlungen untersucht, Bewertungen seitens der Interviewpartner werden größtenteils vermieden. Dies verhindert eine Verzerrung der Daten bei der Erhebung.[424]

Bei Fallstudien steht das Interpretieren von gesammelten Informationen im Fokus, nicht nur deren bloße Erfassung.[425] Die Analyse dieser Informationen folgt den zugrunde gelegten Forschungsfragen.[426] Dies findet sich im Aufbau der Fallstudienberichte in den Kapiteln 5.2 und 5.3 wieder. Insbesondere bei Auswertungsmethoden qualitativer Daten zeigt

422 Der Interviewleitfaden darf im Laufe der Untersuchung angepasst werden, z. B. mit zunehmendem Kenntnisstand über den Untersuchungsgegenstand oder an den spezifischen Gesprächspartner, vgl. Gläser und Laudel (2010), S. 149–151. Es wird hier von einem ‚standardisierten' Interviewleitfaden gesprochen, da a) eine feste Reihenfolge der Fragen beibehalten wird und b) nur wenige Fragen im Laufe der Untersuchung angepasst bzw. verändert wurden.

423 Vgl. Gläser und Laudel (2010), S. 63.

424 Vgl. zur möglichen Verzerrung der Daten Yin (2009), S. 102.

425 Vgl. Yin (2009), S. 71 f.

426 Vgl. Yin (2009), S. 130 f.

sich die Schwierigkeit, dass diese unscharfes, schwer interpretierbares, irrelevantes oder widersprüchliches Datenmaterial auswerten können müssen.[427] Die Reichhaltigkeit der erhobenen Informationen bietet Chancen für die Theorieentwicklung und muss deswegen bei der Auswertung der Interviewprotokolle erhalten bleiben, zugleich aber gehandhabt werden.[428] Hier lassen sich Software-Instrumente gut einsetzen, um die Datenanalyse sowie die Logik und die Beweisführung transparent zu gestalten und zu dokumentieren.[429]

Tabelle 8: Teilaspekte des CL-GMK mit zugeordneten Fragen

Teilmodell	Fragen des Interviewleitfadens
Nachhaltigkeitsrahmen: Zielmodell	1., 2., 3., 4., 5.
Nachhaltigkeitsrahmen: Ergebnismodell	3., 4., 5.
Kernstrategie	1., 4., ZFFA.1
Wertschöpfungsmodell	4., 5., 16., 17., 18., 19., 20., 22., ZFFB.2
Markt- und Kundenmodell	14., 21., 22., 23.
Ressourcenmodell	10., 11., 12., 15., 16., 17., 18., ZFFB.1
Herstellungsmodell	8., 9., 10., 11., 14.
Produktentwicklungsmodell	9., 10., 11., 14.
Beschaffungsmodell	10., 11., 14., 19., 20., ZFFA.2
Vermarktungsmodell	21., 22., 23.

Als Auswertungsinstrument der Experteninterviewprotokolle wird die softwareunterstützte qualitative Inhaltsanalyse nach dem Ablaufschema von Gläser und Laudel verwendet, eine strukturierte, regelgeleitete Methodik. Diese Art der Inhaltsanalyse hat die Extraktion der bei den Experteninterviews gewonnenen Informationen aus den Interviewprotokollen zum Ziel. Mittels eines Suchrasters wird aus den Ursprungstexten eine von diesen verschiedene, strukturierte Informationsbasis geschaffen, die nur die für die Forschungsfragen wichti-

[427] Vgl. Gläser und Laudel (2010), S. 44.
[428] Siehe Weick (2007), S. 16–18 als Beispiel, wie Reichhaltigkeit ein Verständnis der Realität ermöglicht.
[429] Vgl. di Gregorio (2009), S. 733 f.

gen Informationen enthält.[430] Abbildung 38 stellt den Ablauf dieses Auswertungsverfahrens dar.

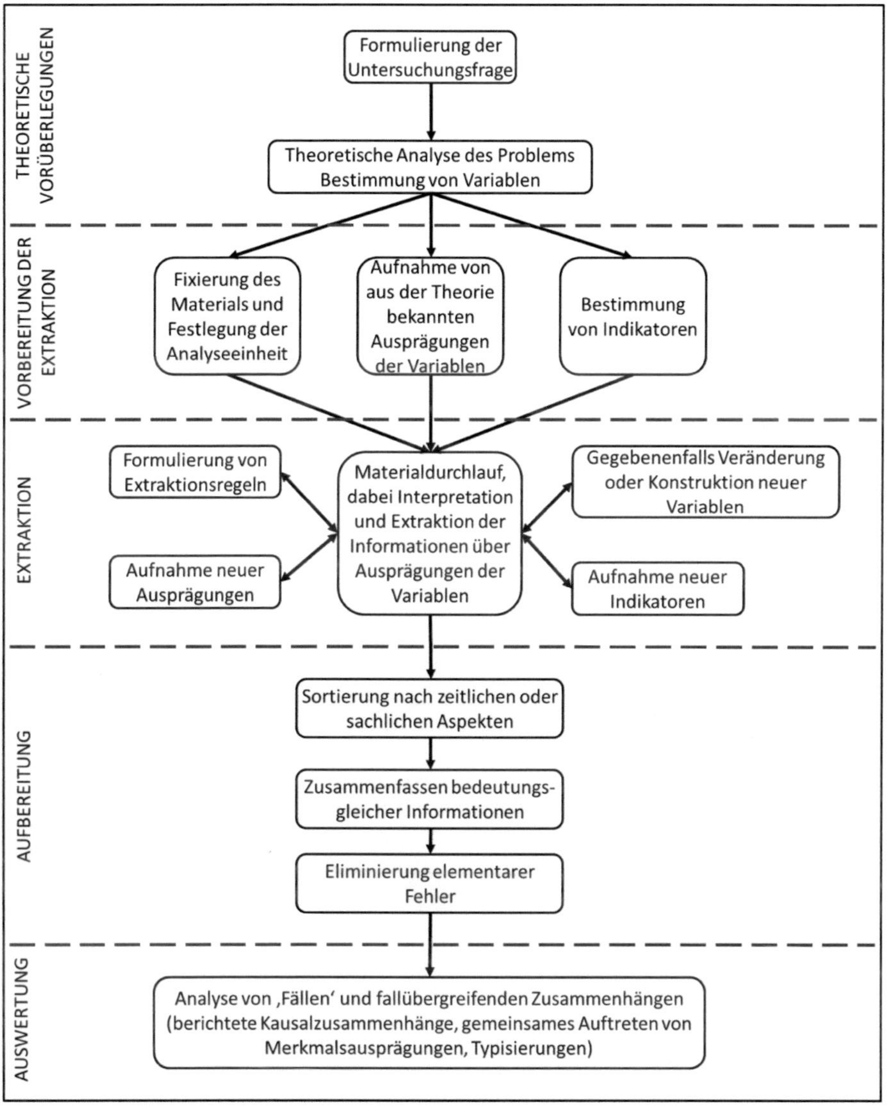

Abbildung 38: Ablauf der qualitativen Inhaltsanalyse nach Gläser und Laudel[431]

[430] Vgl. Gläser und Laudel (2010), S. 197–206., Kap. 5.1.
[431] Gläser und Laudel (2010), S. 203, Abb. 5-2.

Mit dieser Inhaltsanalysemethode kann die Analyse mit einem aus der Theorie vordefinierten Kategoriensystem (eine Kategorie entspricht einer Variablen) begonnen werden. Dieses System wird während der Analyse verändert bzw. erweitert, wenn es erforderlich sein sollte. Das Vorgehen ist somit iterativ. Die Offenheit gegenüber dem Untersuchungsgegenstand – sowohl beim Erstellen der Variablen als auch bei der Auswertung – als Merkmal qualitativer Forschung wird hierdurch sichergestellt.[432] Zudem ist die Auswertung mechanismusorientiert: Es wird nach Zusammenhängen und nicht nach Beziehungen gesucht. Gläser und Laudel trennen in Variablen und deren Indikatoren. Bei einer mechanismusorientierten Erklärungsstrategie besteht der Vorteil, dass auch Sachverhalte dargestellt werden können, die nicht mit einer eindimensionalen Variablen abbildbar sind.[433]

> *„[D]iese Konstrukte [können] komplex sein, das heißt mehrere Dimensionen haben, in denen Merkmalsausprägungen unabhängig voneinander variieren. Sie können in den verschiedenen Dimensionen unterschiedlich skaliert sein. Das schließt ein, dass sie in allen Dimensionen nominalskaliert sein können, die Merkmalsausprägungen also ausschließlich verbal beschreibbar sind.“*[434]

Eine Variable kann verschiedene Ausprägungen besitzen, die durch Indikatoren näher beschrieben werden. Die Variablen sind dann abgeleitet aus den einzelnen Teilmodellen und ihre Indikatoren sind die inhaltlichen Bestandteile der Teilmodelle, wie sie in Kapitel 4 beschrieben wurden. Tabelle 9 gibt einen Überblick über die Variablen und deren Indikatoren, wie sie in dieser Untersuchung – auch während des Auswertungsprozesses – erarbeitet wurden. Sie bilden das Suchraster für die Informationsextraktion der Inhaltsanalyse.[435]

Für die Auswertung der Experteninterviews mithilfe der Variablen wurde die Inhaltsanalysesoftware MAXQDA 2018 verwendet.[436] Die mit dieser Software erstellte Datenbank bleibt aus Vertraulichkeitsgründen nichtöffentlich.

Die Ergebnisse dieser Extraktion werden im Folgenden in den Fallstudienberichten (Kap. 5.2 und 5.3) analysiert und interpretiert, zunächst jeder Fall einzeln.[437] In Kapitel 6 schließt

---

432 Siehe hierzu Mayring (2002), S. 27 f.; ‚Offenheit auf theoretischer Ebene' als Eigenschaft qualitativen Denkens.

433 Vgl. Gläser und Laudel (2010), S. 77 f.

434 Gläser und Laudel (2010), S. 79; aufgrund der Natur der Untersuchungsgegenstände bestehen die Variablen meist ausschließlich aus verschiedenen Sachdimensionen und enthalten bis auf zwei Ausnahmen keine Zeitdimensionen.

435 Vgl. Gläser und Laudel (2010), S. 77 f.; für ein Praxisbeispiel der Durchführung der qualitativen Inhaltsanalyse nach Gläser und Laudel (2010), Kap. 5, S. 197–260.

436 Ausführlich werden die Vorteile des Einsatzes von professioneller Software zur Auswertung und Darstellung qualitativer Daten z. B. von Kuckartz beschrieben, vgl. Kuckartz (2010), S. 12–15.

437 Vgl. Eisenhardt (1989), S. 539–541.

sich die fallübergreifende Analyse über generische Konfigurationen des CL-GMK für ‚hochwertiges Recycling‘ und ‚Re-Use‘ an.

Tabelle 9: Variablen und Indikatoren der Extraktion in dieser Arbeit

Variable: Nachhaltigkeitsrahmen	
Definition	Handlungsrahmen, anhand dessen Nachhaltigkeitsziele (ökologisch und ökonomisch) festgelegt werden und die Gründe (Produkteigenschaften) hierfür
Indikatoren	• Vorgaben zur Reduktion der Umweltauswirkungen (nur Zielmodell) • Entscheidung für oder gegen Re-Use und Recycling mit Gründen in den Produkteigenschaften • Kontrollinstrumente zur Erreichung der Zielvorgaben (nur Ergenismodell)
Sachdimensionen	• adressiertes Produkt • Inhalt ökologische Ziele • Inhalt ökonomische Ziele • Produkteigenschaften
Variable: Kernstrategie	
Definition	Strategie, mit der ein Produkt gefertigt wird
Indikatoren	• Re-Use-Strategie: Produkt oder Komponenten werden wiederverwendet. • Recyclingstrategie: Produkt wird aus Recyclingmaterial gefertigt. • Effizienzstrategie: Bestehender Produktionsprozess eines Prdukts wird optimiert, sodass für das Produkt möglichst wenig Ressoucen benötigt werden.
Sachdimensionen	• Inhalt der Strategie • Produkt, für das die Strategie gilt
Variable: Wertschöpfungsmodell	
Definition	Beschreibt, wie der Kundennutzen, der ökologische und der ökonomische Nutzen erschaffen bzw. wiedererschlossen werden.
Indikatoren	• Wertschöpfungsparadigma • Werterhaltung/Entropie
Sachdimensionen	• Struktur der Wertschöpfung • verwendeter Produktionsinput • hergestelltes Produkt • Austauschbeziehungen • Netzwerkpartner

Variable: Kunden- und Marktmodell	
Definition	Abgrenzen der relevanten Kunden und des Marktes
Indikatoren	• Kundengruppensegmentierung • Marktbedingungen • Konkurrenz durch welche Wettbewerber • angebotene Produkte und unterstützende Dienstleistungen • Positionierung im Markt • Value Proposition
Sachdimensionen	• adressierte Produkte • adressierte Kundengruppen • vorhandene Wettbewerber
Variable: Ressourcenmodell	
Definition	Beschreibt, welche unternehmensinternen Ressourcen ein Unternehmen aufweisen muss, um eine der Kernstrategien umsetzen zu können.
Indikatoren	• Fähigkeiten, die ein Unternehmen zur Umsetzung einer Strategie benötigt • Was muss ein Unternehmen „können"? • Veränderungen im Vergleich zu einer Produktion ohne Recycling- oder Re-Use-Ansatz
Sachdimensionen	• Gegenstand der Ressourcen • Art der Ressourcen
Zeitdimension	• zeitliche Entwicklung der Ressourcen (bezogen auf Projekt-/Netzwerkphasen)
Variable: Herstellungsmodell	
Definition	Produktionsprozesse/-organisation bei der Erstellung materieller Produkte und Ansätze der Prozessoptimierung
Indikatoren	• Ablauf der Produktion • Veränderungen im Vergleich zu einer Produktion ohne Recycling- oder Re-Use-Ansatz • Wertgenerierung im Produktionsprozess • Anforderungen und Komplexität in der Produktion
Sachdimensionen	• betroffene Produktionsprozesse • Gegenstand/Funktion der Produktionsprozesse • prozessorientierte Ansätze • ausführendes Unternehmen

Variable: Produktentwicklungsmodell	
Definition	Produktentwicklungsprozesse zur Erstellung eines Produkts mit Recycling- oder Re-Use-Ansatz
Indikatoren	• Ablauf der Produktentwicklung • Veränderungen der Produktentwicklung im Vergleich ohne Recycling- oder Re-Use-Ansatz • Schwerpunkte in der Produktentwicklung
Sachdimensionen	• Gegenstand der Produktentwicklung • produktorientierte Ansätze • Produktdesign
Variable: Beschaffungsmodell	
Definition	Beschaffung des Produktionsinputs aus Gebrauchtprodukten und -materialien
Indikatoren	• Bezugsquellen des Produktionsinputs • vorhandene Sammel- und Rücknahmesysteme • Planbarkeit von eingehenden Stoffströmen • Anforderungen an Inputströme
Sachdimensionen	• Gegenstand des Inputs • Charakteristika des Inputs • Charakteristika der Sammelsysteme
Zeitdimension	• zeitliche Entwicklung der Verfügbarkeit des Produktionsinputs
Variable: Vermarktungsmodell	
Definition	Vermarktungswege und Kundenbeziehungen des Recycling- oder Re-Use-Produkts
Indikatoren	• Kundenbeziehungen • Vertriebskanale • Erlösmechanik • Vorbehalte gegenüber den Produkten/Vorteile ‚grüner' Produkte bei den Kunden
Sachdimensionen	• Gegenstand der Austauschbeziehungen • Erlösgenerierung • Marktnachfrage
Zeitdimension	• zeitliche Entwicklung der Marktnachfrage

5.2. Fallstudie A: Recycling bei Continental Automotive

Fallstudie A stellt die Konfiguration des CL-GMK für eine Recyclingstrategie bei einem sicherheitsrelevanten Bauteil aus glasfaserverstärktem Kunststoff in der Automobilindustrie dar. Sie dient als Beispiel für das Recycling eines hochwertigen Werkstoffes, der spezifische technische Anforderungen aus seinem Anwendungsfall heraus stellt.

5.2.1. Recyclingmaterialeinsatz bei Continental Automotive und das Geschäftsmodellökosystem

Das adressierte Produkt in dieser Fallstudie ist ein hochsicherheitsrelevantes Bauteil im Bremssystem von Automobilen, das aus Recycling-Kunststoffen entwickelt wurde. Das Bauteil wird im Spritzgussverfahren aus einem Kunststoffgranulat aus glasfaserverstärktem Polyethylenterephthalat (PET) hergestellt.[438] Im vor dieser Fallstudie von Continental bzw. von dessen Kunststoffzulieferer A[439] verwendeten Fertigungsverfahren fallen im Produktionsprozess Angüsse aus Kunststoff an. Sie werden für hochwertiges Materialrecycling in dieser Fallstudie verwendet. Zum Zeitpunkt der Fallstudie stand dieses Bauteil kurz vor dem Übergang in die Serie. Inzwischen befindet es sich in der Massenserienproduktion für einen deutschen Automobilhersteller (OEM) mit einer geplanten Jahresproduktion von 600.000 Bauteilen.[440]

Die Automobilindustrie nutzt im Jahr 2015 10,5 % aller in Deutschland eingesetzten Kunststoffe. Dies entspricht 1,26 Millionen Tonnen Kunststoff für die automobile Anwendung. Insgesamt wurden in Deutschland im selben Zeitraum 660.000 Tonnen PET verarbeitet.[441] Je Kilogramm neu hergestelltem PET werden 1,1 Kilogramm Öl, 0,55 Kilogramm Erdgas, 15,5 Kilogramm Wasser und 2,97 Kilogramm $CO_{2äq}$-Treibhausgas verbraucht bzw. ausgestoßen. In der Automobilindustrie bestehen Vorbehalte gegenüber dem Einsatz von Recyclingkunststoffen für hochwertige Anwendungsfelder. Die Bedenken richten sich auf die Frage nach ausreichenden mechanischen Eigenschaften des Rezyklats, auf mögliche Veränderungen dieser Eigenschaften auf längere Zeit (Dauerfestigkeit) und die langfristige Verfügbarkeit des Materials. Recyclingkunststoff im Automobilbereich betrifft meistens Thermoplaste. Beispielsweise hat die aktuelle Mercedes-Benz-E-Klasse 72 Komponenten mit 54,4 Kilogramm Gewicht, die teilweise oder ganz aus Recyclingkunststoff bestehen, üblicherweise aber genutzt in Komponenten ohne sicherheitsrelevante Anforderungen.[442] Deswegen wurde im Projekt ZeroWIN das bereits erwähnte sicherheitsrelevante und komplexe Bauteil im Bremssystem für eine Fallstudie ausgewählt, um mit einem ‚Flaggschiffbeispiel' zu zeigen, dass Kunststoffrezyklate für den breiten Einsatz im Automobilbereich

[438] Es handelt sich um PET-GF35, einen Werkstoff aus PET, der zu 35 Gewichtsprozenten mit Glaskurzfasern verstärkt ist.
[439] Anonymität wurde zugesichert.
[440] Vgl. Interview 1 Fallstudie A; Interview 2 Fallstudie A; für einen Überblick über diese Fallstudie im Rahmen des EU-geförderten Projekts ZeroWIN siehe Regenfelder et al. (2014).
[441] Vgl. Mantel und Schlotter (2017), S. 241, Abbildung 1 und 2.
[442] Vgl. Daimler (2016), S. 38.

geeignet sind. Damit sollen neue Anwendungsbereiche für Rezyklate eröffnet werden.[443] Hierzu wurden intensive Materialtests von Recyclingmaterialien bei Continental durchgeführt, das Design des Bauteils angepasst und geeignete Produktionsprozesse eingeführt. Aus Sicht des übergeordneten EU-Förderprojekts ZeroWIN dient die Fallstudie dazu, die für die industrielle Produktion in Europa immens wichtige Automobilbranche abzudecken. Federführend in dieser Fallstudie ist Continental, einer der weltweit größten Automobilzulieferer. Das Geschäftsmodellökosystem ist durch die in der Automobilindustrie typischen arbeitsteiligen Lieferketten geprägt, in denen Tier1-Zulieferer wie Continental Systeme, wie hier das Bremssystem, nach den Vorgaben der Automobilhersteller entwickeln und integrieren.[444]

Im Zentrum der Fallstudie stehen Continental und sein Kunststoffzulieferer A. Der Zulieferer stellt im Projekt das Bauteil aus Kunststoffrezyklat her und arbeitet Angüsse in einer Mühle zum Rezyklat für dessen Herstellung auf. Angüsse sind Plastikreste, die beim bisher verwendeten Fertigungsverfahren, dem Kaltkanalspritzgießen des Bauteils, anfallen und die vor diesem Projekt nicht mehr in diesem Anwendungsfall verwendet werden konnten. Abbildung 39 zeigt einen Anguss.

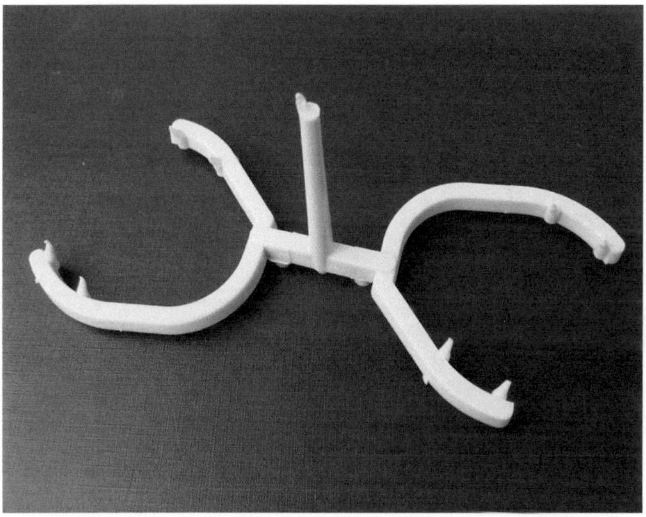

Abbildung 39: Typischer Anguss für den Recyclingprozess[445]

[443] Vgl. Interview 1 Fallstudie A; Interview 3 Fallstudie A; Regenfelder et al. (2014), S. 170.
[444] Vgl. Interview 3 Fallstudie A.
[445] Vgl. Regenfelder et al. (2014), S. 170, Figure 1.

Da der Anguss durchschnittlich rund 15 % des Bauteilgewichts von etwa 100 Gramm ausmacht, besteht seitens Continental unter dem Druck steigender Rohstoffpreise die Motivation, dieses Material wiederzuverwenden und somit einen wirtschaftlichen Vorteil zu schaffen. Weltweit werden pro Jahr 65 Millionen Stück des Bauteils hergestellt, 20 Millionen stammen von Continental. Continental lässt wiederum den deutlich größten Anteil dieser Bauteile bei Kunststoffzulieferer A fertigen.[446] Das für dieses Bauteil verwendete glasfaserverstärkte PET ist ein hochwertiges Spezial-Kunststoffmaterial, das hohen Anforderungen gerecht werden muss. Die jährliche Produktion in Europa liegt bei 3.500 Tonnen. Weil dementsprechend mengenmäßig wenig potentielles Recyclimaterial anfällt, ist dessen Bezug aus weiteren Quellen schwierig. Deswegen wurden im Projekt ZeroWIN industrielle Netzwerke für das Recycling dieses Materials untersucht. Im Folgenden wird die Konfiguration des CL-GMK für dieses Geschäftsmodell dargestellt.

5.2.2. Nachhaltigkeitsrahmen

Für das Bauteil wurde eine Recyclingstrategie gewählt. Das recycelte Material wird in seinem ursprünglichen Anwendungsfall mit den exakt gleichen Materialanforderungen verwendet. Die Wahl der Recyclingstrategie wird über die Produkteigenschaften begründet. Das Bauteil hat folgende Produkteigenschaften:

- starke Beanspruchung: Reaktionskräften von bis zu 1,4 Tonnen muss standgehalten werden
- sicherheitsrelevant als Teil des Bremssystems
- besteht aus glasfaserverstärktem, hochwertigen Kunststoff
- geometrisch komplexes Bauteil
- im Endprodukt Automobil ist es nicht leicht demontierbar[447]

Gemäß den Bedingungen im Nachhaltigkeitsrahmen (vgl. Kap. 4.3) ist die Zyklusspanne zu minimieren, soweit dies wirtschaftlich möglich ist und die Materialentropie gesenkt wird. Zunächst ist also eine Re-Use-Strategie zu prüfen: Um Re-Use-Strategien anwenden zu können, ändert sich das Design des Produkts zu schnell: Es wird spezifisch für jedes Automodell entworfen. Darüber hinaus besteht keine Möglichkeit, das vergleichsweise kleine Produkt mit geringem Materialwert (nur ca. 80–100 Gramm Kunststoff pro Bauteil) wirtschaftlich aus gebrauchten oder EoL-Automobilen auszubauen. Beim Altfahrzeugrecycling

446 Vgl. Interview 2 Fallstudie A.
447 Vgl. Interview 1 Fallstudie A; Interview 2 Fallstudie A; Interview 3 Fallstudie A; Regenfelder et al. (2014), S. 169 f.

wird das Bauteil mit dem Rest des Fahrzeugs nach dem Ausbau wertvollerer Teile geschreddert. Hieraus sortenreine Kunststoffe zu gewinnen, rentiert sich in der Praxis aus ökonomischen Gründen nicht. Somit scheidet eine Re-Use-Strategie für das Produkt aus.[448]

Für das Produkt wird aufgrund der Produkteigenschaften die Recyclingstrategie gewählt, weil sie Kostenvorteile bietet und umsetzbar ist. Das Ausgangsmaterial für den Aufbereitungsprozess (Angüsse) ist intern beim Kunststoffzulieferer kostenfrei verfügbar. Bislang werden die Angüsse entweder thermisch zur Energieerzeugung verwertet oder sind zum Teil nicht mehr weiter verkäuflich. Dann müssen sie kostenpflichtig entsorgt werden. Die intern beim Kunststoffzulieferer ablaufenden Aufbereitungsprozesse von Recyclingmaterial haben insbesondere bei einem sicherheitsrelevanten und hochqualitativen Bauteil Vorteile: Es wird eine weitere Verwendung für einen hochwertigen Kunststoff ermöglicht. Dessen Aufbereitung steht jederzeit unter der Kontrolle der Fallstudienpartner und die Quellen sind rückverfolgbar.[449]

Ökologische Zielsetzungen ergaben sich aus den Vorgaben des Projekts ZeroWIN zu $CO_{2äq.}$-Emissionseinsparungen (-30 %), Abfallvermeidung (-70 % Abfall) und Frischwasserverbrauch (-75 %).[450] Die Vorgaben wurden in einer Lebenszyklusanalyse (LCA) innerhalb festgelegter Systemgrenzen im Vergleich zu einem Baseline-Szenario, der Produktion mit neuem glasfaserverstärkten PET, untersucht.

Auf der finanziellen Seite war das Hauptziel von Continental eine Kosteneinsparung im Vergleich zur Produktion mit Neukunststoffmaterial durch den Einsatz des kostengünstigeren Rezyklats. Eine Tonne Neumaterial dieses Kunststoffes kostet ca. 3.000 €. Ein erster Serienpilot verwendet 33 % Rezyklat für das ausgewählte Bauteil. Diese Kostenersparnis wird gemindert durch die Kosten der Aufbereitung: Investitionen in Lagerflächen und eine Kunststoffmühle sowie die Kosten für deren Betrieb und Anpassungen an Produktionsprozesse.[451] Continental rechnet mit einer mittelfristigen Amortisierung der Investitionskosten.[452] Da der Zugriff auf die Angüsse für den Zulieferer kostenlos ist, fallen nur die Kosten für deren Verarbeitung an. In der Automobilzulieferbranche ist es üblich, dass die OEMs gegenüber ihren Tier1-Zulieferern vertraglich fixierte, jährliche Kostenreduktionen für Zulieferprodukte fordern. Da beim betrachteten Bauteil weitere ausreichende Kosteneinspa-

448 Vgl. Interview 1 Fallstudie A.
449 Vgl. Interview 1 Fallstudie A; Interview 2 Fallstudie A; Interview 3 Fallstudie A.
450 Vgl. Regenfelder et al. (2014), S. 170.
451 Vgl. Interview 1 Fallstudie A; Interview 2 Fallstudie A.
452 Vgl. Regenfelder et al. (2014), S. 174.

rungen durch konventionelle Ansätze (materialeffizienteres Design, Verbesserung der Produktionsprozesse etc.) kaum möglich waren, wurde ein Ansatz mit Recyclingkunststoff verfolgt. Diese Recyclingstrategie wird gewählt, da bisher verfolgte Effizienzstrategien nur geringe Nutzenzuwächse erwarten lassen.[453]

Während für die ökonomischen Kriterien die Zielerreichung der Fallstudie gegeben ist – die Bauteile mit Rezyklat sind nach den Anfangsinvestitionen kostengünstiger in der Herstellung – muss das ökologische Verbesserungspotenzial differenziert betrachtet werden. Ein Pilotbauteil mit 33 % Recyclingkunststoffanteil erreicht folgende ökologische Verbesserungspotenziale im Vergleich zu einem Bauteil aus Neukunststoff:

- $CO_{2äq}$: -34 %
- Abfallvermeidung: 100 % des ansonsten als Anguss anfallenden Kunststoffes werden wiederverwendet (5 % sind Verlust durch Staub beim Mahlen der Angüsse)
- Frischwasserverbrauch: -15 %[454]

5.2.3. Unternehmensausrichtung

- **Kernstrategie**

Aufgrund der Produkteigenschaften wurde eine Recyclingstrategie als Kernstrategie im Nachhaltigkeitsrahmen gewählt. Sie ist im Verbund vom Tier1-Zulieferer Continental und dessen Kunststoffzulieferer A wirtschaftlich umsetzbar. Hierzu werden Angüsse recycelt, die bei der Herstellung (im Kaltkanalspritzgießverfahren) des Bauteils als Produktionsabfälle anfallen. Sie werden granuliert und gesäubert und dienen dann als Input für die Herstellung derselben Art von Bauteil. Auf strategischer Ebene trägt der Einsatz von Recyclingmaterial dazu bei, einem gestiegenen Nachhaltigkeitsbedürfnis in der Automobilindustrie Rechnung zu tragen. Große Unternehmen generell – nicht nur Continental – spüren zunehmend Druck von außen, umweltfreundlicher zu werden. Trotz der primären Gewinnorientierung haben Umweltthemen somit für Continental Relevanz. Nachhaltigkeit ist zum Wettbewerbsfaktor geworden. Aus diesen Entwicklungen werden Anforderungen an die Umweltfreundlichkeit abgeleitet, die dann im Unternehmen umgesetzt werden müssen.[455] Für den Kunststoffzulieferer A ist die strategische Motivation für die Verwendung von Recyclingkunststoffen für das Bauteil einerseits eine Kundenanforderung, andererseits wird

[453] Vgl. Interview 1 Fallstudie A; Interview 2 Fallstudie A; Interview 3 Fallstudie A.
[454] Vgl. Regenfelder et al. (2014), S. 173 f.
[455] Vgl. Interview 1 Fallstudie A.

auch erwartet, teilweise (zu einem kleineren Teil als Continental) aus der Kostensenkung für das Rohmaterial bzw. aus der Steigerung der Profitabilität des Bauteils für Continental finanziell zu profitieren und somit Kostenspielraum zur Gewinnung von weiteren Kundenaufträgen zu schaffen.[456]

- **Markt- und Kundenmodell**

Im Markt- und Kundenmodell ändert sich wenig im Vergleich zur Herstellung des Bauteils: Zielkundengruppe sind die großen Automobilhersteller, zu denen innerhalb langjähriger Business-to-Business-Kundenbeziehungen seitens Continental Kontakt besteht. Die Value Proposition des Recyclingprodukts für die Automobilhersteller als Kunden wird in erster Linie geschaffen durch die niedrigeren Kosten bei gleicher Funktionalität wie bei den Bauteilen aus Neukunststoff. Darüber hinaus ermöglicht der Einsatz von Recyclingkunststoffprodukten den OEMs, ihre ressourcenfreundlichen Produkte gegenüber externen Stakeholdern zu kommunizieren.[457]

- **Wertschöpfungsmodell**

Die Wertschöpfungsstruktur in den bestehenden Lieferketten bleibt grundsätzlich unverändert: Ein Wertschöpfungssystem liegt vor. Der durch die Recyclingstrategie geschaffene Wert (Kosteneinsparung bei der Herstellung des Bauteils) wird zwischen den Automobilherstellern, Continental und zu einem kleineren Teil auch dem Kunststoffzulieferer A aufgeteilt.[458] Die Value Proposition wird somit in der bereits bestehenden Wertschöpfungsstruktur umgesetzt, jedoch werden bei Kunststoffzulieferer A zusätzliche werterhaltende Schritte zur Kreislaufführung des Materials durchgeführt. Die Entscheidungen in der Fallstudie werden von Continental als fokalem Unternehmen getroffen, unter Einbeziehung der fachlichen Unterstützung des Kunststoffzulieferers A. Entscheidungen, bei denen diese Unterstützung wichtig ist, betreffen Spritzmaschinenspezifika oder Materialfragen.[459] Zwischen den Projektpartnern bestehen vertragliche Beziehungen. Im Allgemeinen – wie auch in dieser Fallstudie – werden die Beziehungen zwischen Lieferanten in der Automobilindustrie durch Richtlinien geregelt. In diesen Richtlinien ist auch beschrieben, wie ein Lieferant Qualität sicherstellen muss. Über diese Regelungen hinaus gibt es für jedes Bauteil spezi-

---

456 Vgl. Interview 2 Fallstudie A.
457 Vgl. Interview 1 Fallstudie A; Interview 3 Fallstudie A.
458 Vgl. Interview 1 Fallstudie A; Interview 2 Fallstudie A.
459 Vgl. Interview 1 Fallstudie A.

fische vertragliche Regelungen zur Qualitätssicherung. Dies ist über die gesamte Lieferkette üblich.[460] Abbildung 40 bildet das Wertschöpfungssystem dieser Fallstudie ab.

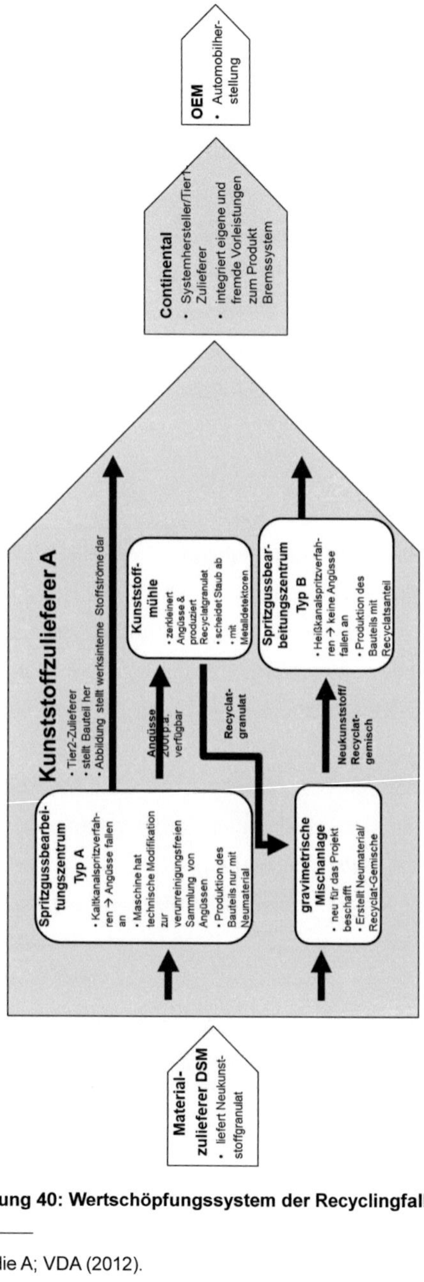

Abbildung 40: Wertschöpfungssystem der Recyclingfallstudie

[460] Vgl. Interview 1 Fallstudie A; VDA (2012).

- **Ressourcenmodell**

Die wichtigsten Ressourcen für den Produktionsprozess sind die bei Kunststoffzulieferer A vorhandene Produktionstechnologie, deren recyclingspezifische Modifikationen, die Kunststoffmühle und eine Mischanlage für Kunststoffgranulat. Diese Ressourcen werden vervollständigt durch Kompetenzen und Know-how in der Materialverarbeitung und der Handhabung des Werkstoffes, die der Kunststoffzulieferer beiträgt. Der Kunststoffzulieferer sichert auch den Zugriff auf die Angüsse als Input für den Produktionsprozess ab.[461] Continental trägt Entwicklungskapazität und Know-how über das Bauteil, die Materialqualifizierung und dessen Integration ins Bremssystem bei. In der Fallstudie gibt es geteilte Ressourcen, die nicht unter der Kontrolle eines einzelnen Partners stehen. Es handelt sich dabei um die für die Fertigung des Recycling-Bauteils benötigten spezifischen Maschinen bzw. Adaptionen am bestehenden Produktionsprozess und die Mühle zum Granulieren der zu recycelnden Angüsse. Die Investitionskosten für die Mühle werden zwischen Kunststoffzulieferer A und Continental aufgeteilt. Die Mühle ist räumlich beim Zulieferer in der Produktionsstätte verortet, ebenso bauteilspezifische Werkzeuge der Spritzgussmaschine, die von Continental finanziert werden. Das Design des Bauteils wird mit OEMs nur punktuell abgesprochen. Das Wissen des Kunststoffzulieferers bezieht sich nur auf das Kunststoffteil selbst und nicht auf dessen Verhalten im System. Der Lieferant erhält keinen Einblick in Konstruktionszeichnungen des Gesamtsystems. Das Wissen um das Gesamtsystem als Ressource verbleibt bei Continental und wird nicht an den Kunststoffzulieferer weitergegeben.[462]

5.2.4. Leistungserstellung

- **Produktentwicklungsmodell**

Durch die Aufbereitungsprozesse beim Recycling des hochwertigen, faserverstärkten Kunststoffs ändern sich dessen Materialeigenschaften. Dies führt zu veränderten Fließeigenschafften im Spritzgießverfahren, zu veränderten Eigenschaften der Bindenähte, zu anderen Bruchstellen und letztlich zu einem Mehraufwand im Produktentwicklungsprozess. Die Abweichungen von den Eigenschaften des bisher verwendeten Neumaterials müssen sowohl im Produktentwicklungsprozess als auch später im Produktionsprozess beherrscht werden. Der Produktentwicklungsprozess betrifft hauptsächlich den Aufbau des Bauteils und die entsprechende Materialqualifizierung. Zu beachten ist die starke wechselseitige Abhängigkeit der Materialeigenschaften zum Bauteildesign und zum Produktions-

---

461 Vgl. Interview 2 Fallstudie A.
462 Vgl. Interview 1 Fallstudie A; Interview 2 Fallstudie A; Interview 3 Fallstudie A.

verfahren. Da intern bei Continental eine gewisse Skepsis gegenüber dem Einsatz von Recylaten besteht, werden zur Materialqualifizierung intensivere Tests als sonst üblich durchgeführt. Der Hauptentwicklungsaufwand bei Continental liegt in den Materialtests für die automotive Qualifizierung des Recyclingwerkstoffs. Da das Bauteil selbst nicht neu ist, sind die zu erfüllenden Anforderungen bekannt. Der Werkstoff muss also bestimmte, bereits vorliegende Materialeigenschaften erfüllen. Sie müssen bei verschiedensten Umweltbedingungen gewährleistet sein. Alle Faktoren, die diese Eigenschaften beeinflussen können, sind sowohl im Produktionsprozess als auch beim fertigen Bauteil zu untersuchen. Seitens der Entwicklungsabteilungen von Continental und Kunststoffzulieferer A gab es diverse Versuchsrunden, um den Einfluss der Materialzusammensetzung (Anteil Neukunststoff zu Recyclingkunststoff) auf die Festigkeit des Bauteils zu untersuchen. Wenn die Angüsse aus Neukunststoff recycelt werden, verringern sich die Kettenlängen und die Matrixstruktur der Moleküle ändert sich. Die Vernetzung ist größer und das Molekulargewicht steigt. Insgesamt wurde eine ausreichende Materialfestigkeit erreicht. Die ersten Versuche wurden zunächst mit dem Kaltkanalspritzverfahren durchgeführt, unter anderem mit Mischungen aus verschiedenen Neukunststoffanteilen. An Stellen im Bauteil, an denen viel Material verwendet werden muss, bildeten sich Lunker (Lufteinschlüsse). Zu deren Vermeidung wurde schließlich zum Heißkanalspritzverfahren gewechselt.[463]

- **Herstellungsmodell**

Die Produktion des Bauteils erfolgt beim Kunststoffzulieferer A mit modernster Produktionstechnologie. Die Produktion ist hochgradig automatisiert. Die Produktionsmaschinen (Spritzgießmaschinen, Bearbeitungszentren mit automatisierter Materialzuführung des Kunststoffgranulats über Rohre mit Vakuum) sind flexible Standardmaschinen. Der Unterschied zur Verarbeitung von Neumaterial, Recyclingmaterial oder der Produktion anderer Bauteile zeigt sich ausschließlich in den Werkzeugen, die an der Spritzgießmaschine montiert werden. Die Grenzen der Flexibilität werden gesetzt von der erforderlichen Bauteilgeometrie zur Werkzeuggröße.[464]

Für die Herstellung des Bauteils aus Recyclingmaterial wurden zusätzliche Produktionsprozesse notwendig und bestehende Produktionsprozesse adaptiert.[465] Das Rezyklat wird aus beim Kaltkanalspritzverfahren anfallenden Angüssen gewonnen, das bisher bei Kunst-

463 Vgl. Interview 1 Fallstudie A; Interview 2 Fallstudie A.
464 Vgl. Interview 2 Fallstudie A.
465 Zu Abfolge und Inhalt der Produktionsprozesse gibt Abbildung 39 im Wertschöpfungsmodell einen Überblick.

stoffzulieferer A übliche Verfahren zur Herstellung des Bauteils. Grundsätzlich gibt es zwei Fertigungsmethoden zur Produktion des Bauteils: Teile aus Neukunststoff werden bei Kunststoffzulieferer A mit Kaltkanalspritztechnik hergestellt. Aufgrund der Änderungen der Materialfestigkeit durch die Beimischung von Rezyklaten wird ein Heißkanalwerkzeug verwendet, da die benötigte Festigkeit auf diese Weise besser erreicht werden kann. Das ist auf andere bzw. mehr mögliche Injektionspunkte beim Spritzgießen zurückzuführen. Beim Heißkanalverfahren fallen keine Angüsse an, was weiteren Produktionsabfall einspart. Bei Kaltkanalspritzung werden mit diesen Angüssen ca. 15 % des insgesamt benötigen Kunststoffs zu Abfall (das Material wird in dieser Fallstudie dem Materialrecycling zugeführt). Das Heißkanalverfahren ist deutlich teurer als das Kaltkanalverfahren, deswegen wird bislang in der Serienproduktion mit Neukunststoffen das Kaltkanalverfahren verwendet.[466]

Die Angüsse aus dem Kaltkanalspritzgießverfahren müssen prozesssicher und ohne Verunreinigungen gesammelt werden. Dafür waren direkt an der Spritzgussmaschine/den Bearbeitungszentren technische Modifikationen vorzunehmen, um ein ‚Verfahren zur Vermeidung von Verunreinigungen' durchführen zu können. Es schließt Verunreinigungen bei der Sammlung der Angüsse aus bzw. reduziert diese auf ein Mindestmaß. Die Modifikation ist bei jedem Bearbeitungszentrum vorzunehmen und mit größerem finanziellen Aufwand verbunden. Das Verfahren wurde vom Kunststoffzulieferer A selbst entwickelt. Die gesammelten Angüsse werden in einer Kunststoffmühle gemahlen und entstehender Staub wird ausgefiltert. Neu angeschafft wurde die gravimetrische Mischanlage zur exakten Mischung des Recyclingmaterials mit Neumaterial. Das Heißkanalspritzgießverfahren bei der Produktion der Bauteile kann Recyclingmaterialien für das entwickelte Produktdesign gut handhaben, vermeidet Angüsse und reduziert zusätzlich den Materialverbrauch pro Bauteil.[467] Tabelle 10 gibt einen Überblick über zusätzliche und adaptierte Produktionsprozesse bei der Verwendung von Recyclingmaterial.

Ein mehrmaliges Recycling des Materials ist auszuschließen. Durch jeden Mahlvorgang steigt das Molekulargewicht des Materials, wodurch sich seine Materialfestigkeit verringert. Auch dies sprach für das Heißkanalspritzgießverfahren beim Einsatz von Recyclingmaterial, da hier im Gegensatz zum Kaltkanalspritzgießverfahren keine Angüsse entstehen.[468] Abbildung 41 gibt einen Überblick über das Zusammenspiel der Produktentwicklung mit der Produktion in Fallstudie A.

---

[466] Vgl. Interview 2 Fallstudie A.
[467] Vgl. Interview 1 Fallstudie A; Interview 2 Fallstudie A.
[468] Vgl. Interview 2 Fallstudie A.

Tabelle 10: Zusätzliche und adaptierte Produktionsprozesse für das Bauteil aus Recyclingmaterial

Prozess	Zusätzlich oder adaptiert?	Beschreibung
verunreinigungsfreies Sammeln der Angüsse	adaptiert	Erweitert den Prozess beim Kaltkanal-spritzgießverfahren
Granulieren der Angüsse	zusätzlich	Kunststoffmühle erforderlich, mit Metall-detektoren und Entstaubung
Mischen des Neu- mit Re-cyclingmaterial	zusätzlich	neue gravimetrische Mischanlage
Spritzgießen des Recy-clingmaterials	adaptiert	Wechsel vom Kalt- auf das Heißkanal-spritzgießverfahren

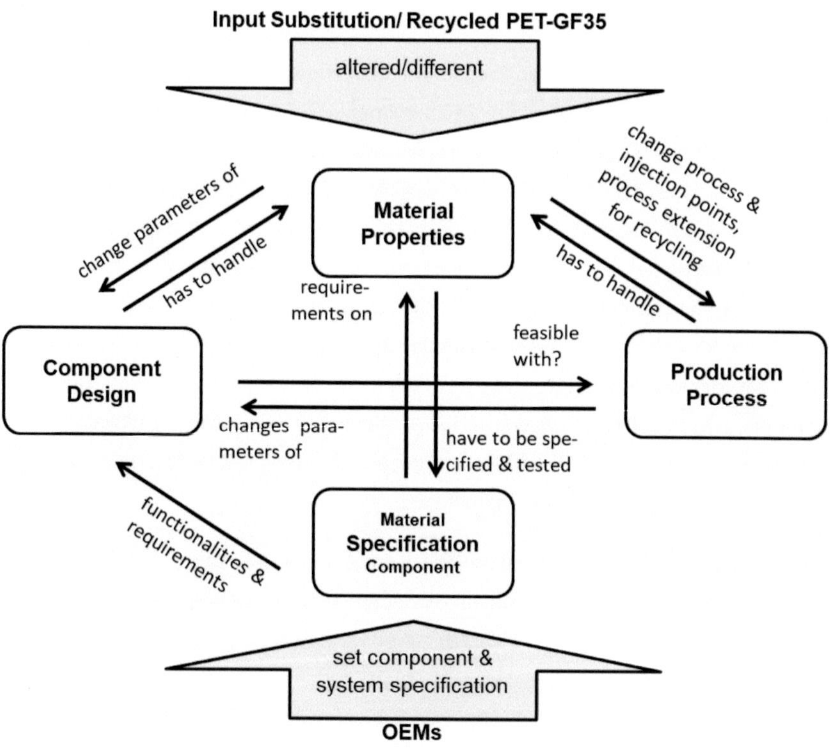

Abbildung 41: Interdependenzen der Produktentwicklung mit der Produktion[469]

[469] Regenfelder et al. (2014), S. 172, Figure 2.

- **Beschaffungsmodell**

In der Fallstudie gibt es kurzfristig keine Schwierigkeiten bei der Beschaffung des Rezyklats, da die eigenen Abfälle verwendet werden und somit herstellerspezifisch sowie sortenspezifisch recycelt werden kann. Das Gewicht der jährlich allein bei der Produktion für Continental bei Kunststoffzulieferer A anfallenden Angüsse beträgt ca. 200 Tonnen. Die interne Gewinnung des Recyclingmaterials hat insbesondere bei einem sicherheitsrelevanten und hochqualitativen Bauteil Vorteile: Es besteht Sicherheit über die Materialzusammensetzung und der gesamte Prozess der Aufarbeitung kann selbst beherrscht werden. Eine bessere Überwachung des Materials als beim Bezug von Rezyklaten aus externen Quellen ist gegeben. Da der Bezug aus externen Quellen aufgrund von möglichen Verunreinigungen zu risikoreich erscheint, wurde für dieses Bauteil der externe Bezug von Rezyklaten ausgeschlossen. Bei Kunststoffzulieferer A wird in der Folge ein interner geschlossener Kreislauf etabliert und kein Material zugekauft. Risiken einer Verunreinigung des Materials sind beispielsweise gegeben durch Öle oder sonstige Verschmutzungen der Angüsse. Da es sich um einen sehr spezifischen Werkstoff handelt, ergab eine Untersuchung unter weiteren europäischen Kunststoffzulieferern, dass sie als Quellen für Angüsse mengenmäßig vernachlässigbar sind.[470]

Bei der Versorgungssicherheit mit Recyclingmaterial ist kurz- und mittelfristig nicht mit Engpässen zu rechnen. Gleichwohl wird die Menge der Angüsse langfristig abnehmen, eine Folge der erwarteten Verdrängung des Kalt- durch das Heißkanalspritzgießverfahren. Nur beim Kaltkanalspritzgießverfahren fallen Angüsse an. Im Vergleich zum Kaltkanalspritzgießverfahren hat das Heißkanalspritzgießverfahren höhere Werkzeugkosten, ist aber materialeffizienter. Die Wirtschaftlichkeit hängt vom erforderlichen Werkzeug und den hergestellten Produkten ab. Seitens des Kunststoffzulieferers und auch bei Continental werden zukünftig mit zunehmender Verdrängung des Kaltkanalverfahrens durch das Heißkanalverfahren abnehmende Mengen an zur Verfügung stehenden Angüssen erwartet. Da jedoch laufende Produktionsserien weiterhin für viele Jahre mit dem Kaltkanalverfahren gefertigt werden, werden innerhalb eines Zehnjahreszeitraums weiterhin genügend Angüsse anfallen, um Recyclingbauteile in großen Mengen herzustellen. Wie die Abnahmekurve für Continental aussehen wird, ist nicht exakt abschätzbar. Da langfristig eine Knappheit des Rezyklats möglich und wahrscheinlich erscheint, wird die Einlagerung der derzeit nicht

---

470 Vgl. Interview 1 Fallstudie A; Interview 2 Fallstudie A; Interview 3 Fallstudie A.

benötigten Rezyklat- bzw. Angussmengen von Kunststoffzulieferer A und Continental geprüft.[471]

- **Vermarktungsmodell**

Bei der Vermarktung des Produkts mit Recyclingkunststoff an die Automobilhersteller wird die Zuverlässigkeit des Bauteils in den Mittelpunkt gestellt und durch Materialtests belegt. Auch seitens der OEMs gibt es Vorbehalte gegenüber dem Einsatz von Recyclingkunststoffen. Deshalb wird das in dieser Fallstudie verwendete Recyclingmaterial unternehmensintern auch als ‚Originalmaterial' bezeichnet, da es jederzeit rückverfolgbar und kontrolliert aus dem ursprünglichen Material aufbereitet wird. Auf diese Zuverlässigkeit folgen in absteigender Reihenfolge die deutlich niedrigeren Kosten im Vergleich zu einem Bauteil aus Neukunststoff. Umweltgründe spielen nur eine untergeordnete Rolle bei der Vermarktung. Gleichwohl findet sich in vielen Ausschreibungen der OEMs standardmäßig eine Klausel, dass – wenn möglich – Rezyklate verwendet werden sollen. In der Praxis ist dies nicht sonderlich relevant, obwohl der Einsatz von Recyclingmaterial auf europäischer Ebene mit der EU-Altfahrzeugrichtlinie gesetzlich gefördert werden soll.[472]

5.3. Auswertung Fallstudie B: das ReUse-Computer-Netzwerk

Fallstudie B untersucht die Geschäftsmodellkonzeptkonfiguration für die Wiederverwendung von Desktop- und Laptopcomputern als Beispiel für ein modular aufgebautes Elektronikprodukt.

5.3.1. Wiederverwendung gebrauchter IT-Produkte und Geschäftsmodellökosystem

Das ReUse-Computer-Netzwerk[473] betreibt die Aufarbeitung von gebrauchten IT-Produkten. Diese Fallstudie fokussiert sich auf Desktop- und Laptopcomputer. Das ReUse-Computer-Netzwerk ging aus einem im Jahr 2003 gestarteten und vom Bundesministerium für Bildung und Forschung geförderten Verbundprojekt an der Technischen Universität Berlin hervor. Ziel war es, die Wiederverwendung von gebrauchten Computern zu fördern, Wert zu erhalten und Elektr(on)ikschrott zu vermeiden.[474] Das ursprünglich lokale Netzwerk hat inzwischen deutschlandweit Mitgliedsunternehmen und stellt das mengenmäßig größte

---

471 Vgl. Interview 1 Fallstudie A; Interview 2 Fallstudie A.
472 Vgl. EU (2000), S. 39; Interview 1 Fallstudie A; Interview 2 Fallstudie A; Interview 3 Fallstudie A.
473 Inzwischen in ReUse e. V. (gemeinnützig) umbenannt, da der Fokus auf Elektrogeräte erweitert wurde.
474 Vgl. Becker (2005), S. 195 f.; Dietrich et al. (2012) für einen Überblick über den Praxisdemonstrator des ReUse-Computer-Netzwerkes im ZeroWIN-Projekt; Interview 10 Fallstudie B; Interview 11 Fallstudie B.

Netzwerk für IT-Wiederverwendung in Deutschland dar. Mitglieder sind Unternehmen wie Aufarbeiter/Wiedervermarkter (AfB gGmbH, GSD GmbH), Recyclingfirmen, IT-Berater, Forschungsinstitutionen wie die Technische Universität Berlin oder das Fraunhofer IZM und Verbände, beispielsweise die Deutsche Gesellschaft für Abfallwirtschaft, sowie interessierte Einzelpersonen. Die rund 30 Mitglieder bilden die Breite der Akteure im Ökosystem dieses Geschäftsmodells ab. Insgesamt setzen die Mitgliedsunternehmen pro Jahr rund 300.000 Gebrauchtprodukte ab. Größtes Mitglied ist die AfB gGmbH, die mit rund 200 Mitarbeitern ca. 250.000 IT-Produkte pro Jahr verkauft. Die Geräte durchlaufen einen standardisierten Aufarbeitungsprozess, der die Qualität der Gebrauchtprodukte sicherstellt und Datensicherheit gewährleistet. Aufgrund der immer kürzeren Austauschzyklen in Unternehmen von zwei bis drei Jahren für IT-Geräte haben diese einen Wiederverkaufswert und ermöglichen aufarbeitenden Firmen, in dieser Marktnische zu existieren.[475] Die Gebrauchtgeräte für dieses Geschäftsmodell stammen üblicherweise von Unternehmen, da diese in der Regel hochwertigere Geräte als Konsumenten verwenden. Die Geräte gelangen in den Aufarbeitungsprozess, wenn größere Unternehmen IT-Rollouts durchführen und die Festplatten dieser Geräte aus Datensicherheitsgründen gelöscht werden. Wenn gebrauchte IT-Produkte nicht aufgearbeitet werden, werden sie üblicherweise zerlegt, die Elektronik wird geschreddert und dem Materialrecycling zugeführt. Den rechtlichen Rahmen für dieses Geschäftsmodell bilden die WEEE-Richtlinie der EU und das deutsche Elektrogerätegesetz.[476]

5.3.2. Nachhaltigkeitsrahmen

Für das Produkt Desktop- und Laptopcomputer wurde eine Re-Use-Strategie gewählt. Der Anwendungsfall ändert sich auch nicht bei der Wiederverwendung. Die Re-Use-Strategie wird durch folgende Produkteigenschaften begründet:

- modularer Produktaufbau (Komponenten)
- aufrüstbar auf Komponentenebene
- leicht demontierbar
- technische Lebensdauer übersteigt die wirtschaftliche Lebensdauer

---

475 Vgl. Interview 2 Fallstudie B.

476 Vgl. Bundesministerium der Justiz und für Verbraucherschutz (2015); EU (2012); Interview 1 Fallstudie B.

- der Wert der funktionierenden Produkte ist weitaus höher als der Wert der darin enthaltenen Rohstoffe.[477]

Den Anforderungen im Nachhaltigkeitsrahmen (vgl. Kap. 4.3) folgend, ist die Zyklusspanne zu minimieren, soweit dies wirtschaftlich möglich ist und die Materialentropie gesenkt wird. Aufgrund der Produkteigenschaften ist die Umsetzbarkeit einer Re-Use-Strategie zu prüfen. Die Strategie erscheint wirtschaftlich umsetzbar, einschließlich Aufrüstung der Gebrauchtprodukte, um mit der technischen Entwicklung Schritt zu halten. Der Wert des Produktes übersteigt deutlich den Wert, der über Materialrecycling rückgewinnbar ist. Zudem enthalten die elektronischen Bauteile knappe Rohstoffe (beispielsweise seltene Erden wie Neodym in den Festplatten), die durch die derzeitigen Recyclingpraktiken nicht rückgewonnen werden und für die industrielle Nutzung verloren gehen würden.[478] Ein Materialrecycling steht zudem als Option nach einer zusätzlichen Nutzungsphase immer noch zur Verfügung. Eine Re-Use-Strategie für IT-Produkte schont natürliche Ressourcen, da durch Wiederverwendung die Neuproduktion der Geräte reduziert bzw. verzögert wird.[479] Desktop- und Laptopcomputer aus Unternehmen (zwei bis vier Jahre alt) haben kurze Austauschzyklen und müssen aus Datenschutzgründen bearbeitet werden. Die Hardware ist funktionsfähig und es besteht eine große Nachfrage bei Privatkunden nach günstigen, von der Qualität her ausreichenden Gebrauchtgeräten.[480] Für große Unternehmen als wichtigste Quelle für Gebrauchtgeräte ist nach einem IT-Rollout (Austausch gebrauchter IT-Geräte durch neue) die Kontrolle des weiteren Verwertungsweges wichtig. Sie müssen aus Corporate-Social-Responsibility-(CSR-) und Imagegründen sicherstellen, dass ihre Altgeräte den Gesetzen entsprechend entsorgt werden.[481]

Wie in Fallstudie A ergaben sich die ökologischen Zielsetzungen der Fallstudie B aus den Vorgaben des Projekts ZeroWIN zu $CO_{2äq.}$-Emissionseinsparungen (-30 %), Abfallvermeidung (-70 % Abfall) und Frischwasserverbrauch (-75 %). Für das ReUse-Computer-Netzwerk wurde eine Ökobilanz mit einem Vergleich der Wiederverwendung (ohne Reparatur, mit Reparatur und mit Aufrüsten) zu einem Baseline-Szenario erstellt. Das Baseline-Szenario geht von einer einmaligen Nutzungsphase eines Desktop- bzw. eines Laptopcomputers aus. Die Wiederverwendung wird nach einer ersten Nutzungsphase von vier Jahren betrachtet. Die Allokation der Umweltauswirkungen erfolgt über den Marktwert, der als In-

---

477 Vgl. Interview 2 Fallstudie B; Interview 7 Fallstudie B.
478 Siehe hierzu die Ausführungen in Kapitel 2.1.1; Interview 10 Fallstudie B.
479 Vgl. Interview 1 Fallstudie B.
480 Vgl. Interview 5 Fallstudie B; Interview 7 Fallstudie B.
481 Vgl. Interview 3 Fallstudie B.

dikator für die verbleibende Dauer einer (zusätzlichen) Nutzungsphase gesehen wird. Tabelle 11 zeigt die Reduzierung des Ressourcenverbrauchs für dieses Produkt.[482]

Tabelle 11: Ressourceneinsparungen durch Re-Use von Desktop- und Laptop-Computern nach 4 Jahren erster Nutzungsphase[483]

	Desktop-Computer (4 Jahre)			Laptop-Computer (4 Jahre)	
	Re-Use (funktionsfähig)	Re-Use mit Reparatur	Re-Use mit Aufrüsten	Re-Use (funktionsfähig)	Re-Use mit Teileaustausch
$CO_{2äq}$-Emissionen	-66 %	-46 %	-46 %	-65 %	-69 %
Frischwassernutzung	-64 %	-43 %	-41 %	-66 %	-66 %
Abfallvermeidung	-100 %	-87 %	-87 %	-100 %	-91 %

Die wirtschaftliche Tragfähigkeit ergibt sich aus der Betrachtung der Restmarktwerte der aufgearbeiteten Gebrauchtgeräte. Diese wurden untersucht im prozentualen Verhältnis zum Neupreis abhängig vom Alter und vom Zustand der Geräte. Eine Aufrüstung steigert den Marktwert gebrauchter Geräte deutlich. Abbildung 42 verdeutlicht diese Abhängigkeit für Desktop- und Laptopcomputer.

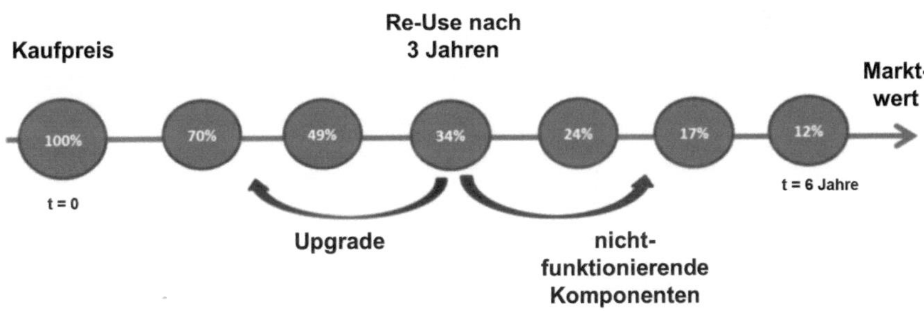

Abbildung 42: Entwicklung des prozentualen Marktwertes von Gebrauchtdesktops und -laptops[484]

482 Die Ökobilanz wurde nach den Richtlinien ISO 14040 (2009) und ISO 14044 (2006) erstellt.
483 Die Tabelle stellt die Endergebnisse für die Ökobilanz des ReUse-Computer-Netzwerkes aus dem ZeroWIN-Projekt dar. Sie ist dem nichtöffentlichen ‚Deliverable D7.3: Report on assessment of pilot cases: Final assessment' entnommen.
484 Die Grafik und deren Werte sind dem nichtöffentlichen ‚Deliverable D7.3: Report on assessment of pilot

Der Verkaufspreis entspricht diesem Marktwert. Schätzungen im Rahmen des ZeroWIN Projekts für die Verkaufspreise dieser Geräte liegen bei durchschnittlich 105 € (Desktops) und 305 € (Laptops). Dem stehen die Kosten für den Aufarbeitungsprozess, den Austausch und das Upgrade von Komponenten gegenüber. Die profitable Wiedervermarktbarkeit der Produkte dient als Grundlage für die Frage, warum sich aufarbeitende Unternehmen mit der Wiederverwendung und -vermarktung beschäftigen.[485]

5.3.3. Unternehmensausrichtung

- **Kernstrategie**

Aufgrund der Produkteigenschaften und des vorhandenen Marktes für aufgearbeitete Produkte wurde eine Re-Use-Strategie als Kernstrategie im Nachhaltigkeitsrahmen gewählt. Gebrauchte Desktop- und Laptopcomputer aus hochwertigen Geschäftsproduktlinien werden nach einer Nutzungsdauer von ca. zwei bis vier Jahren aufgearbeitet. Dabei werden sie in einen funktionsfähigen Zustand gebracht. Dies schließt Aufrüstung, Reparatur und Aufarbeitungsschritte mit ein. Die Geräte werden im ursprünglichen Anwendungsfall auch in ihrer zweiten Nutzungsphase verwendet. Wenn Großunternehmen die Quelle dieser Geräte sind, spielen oftmals CSR-Partnerschaften eine Rolle.[486]

- **Marktmodell und Kundenmodell**

Die Value Proposition ist, dass Kunden hochwertige Gebrauchtgeräte zu einem günstigen Preis erhalten. Hierzu werden hochwertige Geräte aus den Geschäftskundenproduktlinien aufgearbeitet, deren Qualität geprüft und üblicherweise mit einer einjährigen Garantie abgesichert. Zielmarkt sind in erster Linie Privatkunden, wenngleich auch kleinere und mittelständische Unternehmen als Kunden adressiert werden. Die Marktstrategie kombiniert oftmals die Aspekte ‚sozial und ökologisch‘ mit einem günstigeren Preis als Neugeräte. Der Preis ist der weitaus relevantere Aspekt aus Kundensicht als ein ‚grünes‘ Produktangebot. Aufbereitete Computer werden nicht nur von einkommensschwachen Personen gekauft. Unter den Kunden sind viele ältere Personen. Die Kunden kommen aus allen Einkommensschichten. Manche Kundengruppen mit hohen Anforderungen an die Leistung der Hardware, wie Informatiker oder Techniker, scheiden als Zielkundengruppe für Gebraucht-

---

cases: Final assessment' des ZeroWIN-Projekts entnommen.

485 Vgl. Interview 2 Fallstudie B; Interview 12 Fallstudie B; Interview 13 Fallstudie B.

486 Vgl. Interview 1 Fallstudie B.

produkte aus, für den überwiegenden Teil der Kundengruppen werden allerdings die Leistungsanforderungen diesbezüglich erfüllt.[487]

Der Markt ist geprägt von der Konkurrenz mit Neuprodukten und deren rascher technischer Weiterentwicklung. Die Geschwindigkeit der technischen Entwicklung der Neugeräte beeinflusst den Markt für die Gebrauchtgeräte und deren Marktwert.[488] Hochwertige Gebrauchtgeräte (Geschäftskundenproduktlinien) stehen dabei in Konkurrenz zu niedrigpreisigen Neugeräten minderer Qualität aus den Konsumentenproduktlinien. Keine Konkurrenz besteht zum privaten Verkauf gebrauchter Geräte, da diese keinen Aufarbeitungsprozess durchlaufen haben, ihre Qualität nicht gesichert ist und dort auch weder Garantieleistungen noch Kundenberatung mit eingeschlossen sind.

- **Wertschöpfungsmodell**

Die Wertschöpfungsstruktur des Geschäftsmodells dieser Fallstudie ist eine Wertschöpfungskonstellation. Die Wertschöpfung findet parallel und in mehreren Richtungen statt. An der Wertschöpfung sind folgende Akteure beteiligt:

- Großunternehmen dienen als Lieferanten für hochwertige Gebrauchtgeräte. Die Geräte werden bei IT-Rollouts verfügbar. Hierbei verlangen die Unternehmen Datensicherheit von ihren Dienstleistern. Die zur Wertschöpfung beigetragenen Ressourcen sind die hochwertigen Gebrauchtgeräte.
- Aufarbeiter: Sie führen die IT-Rollouts durch und garantieren den Großunternehmen die sichere Datenlöschung. Nach dem Aufarbeiten werden die Geräte in lokalen Verkaufsläden oder Onlineshops der Aufarbeiter an zumeist Privatkunden verkauft. Die Aufarbeiter übernehmen größtenteils die Wiedervermarktung. Die Aufarbeiter sind die fokalen Unternehmen in diesem Geschäftsmodellökosystem. Aufgrund ihrer technologischen Fähigkeiten und Netzwerkposition transferieren sie die Gebrauchtgeräte von den Unternehmen hin zu den Privatkunden.
- IT-Berater haben kleine und mittelständische Unternehmen als Kunden. Als Teil der Beratungsleistung werden preisgünstige Gebrauchtcomputer an die Kunden verkauft. Die beigetragenen Ressourcen sind bestehende Kundenbeziehungen.

---

487 Vgl. Interview 2 Fallstudie B; Interview 3 Fallstudie B; Interview 4 Fallstudie B; Interview 5 Fallstudie B; Interview 8 Fallstudie B; Interview 10 Fallstudie B; Interview 12 Fallstudie B.

488 Vgl. Interview 5 Fallstudie B.

- Materialrecycler wie Metallscheideanstalten führen die Rückgewinnung von Sekundärrohstoffen durch für Geräte, die nicht mehr wiederverwendbar sind. Sie tragen zur Recyclinginfrastruktur bei.
- Verbände können die relevante Gesetzgebung und Standardsetzungsprozesse zum Vorteil der Re-Use-Geschäftsmodelle beeinflussen und den Informationsfluss im ReUse-Computer-Netzwerk sicherstellen.
- Privatkunden stellen die Hauptzielkundengruppe für die aufgearbeiteten Computer dar. Die Wertschöpfung aus ihrer Sicht besteht in preisgünstigen, aber dennoch qualitativ hochwertigen IT-Produkten.[489]

Abbildung 43 verdeutlicht die Wertschöpfungsstruktur der Fallstudie.

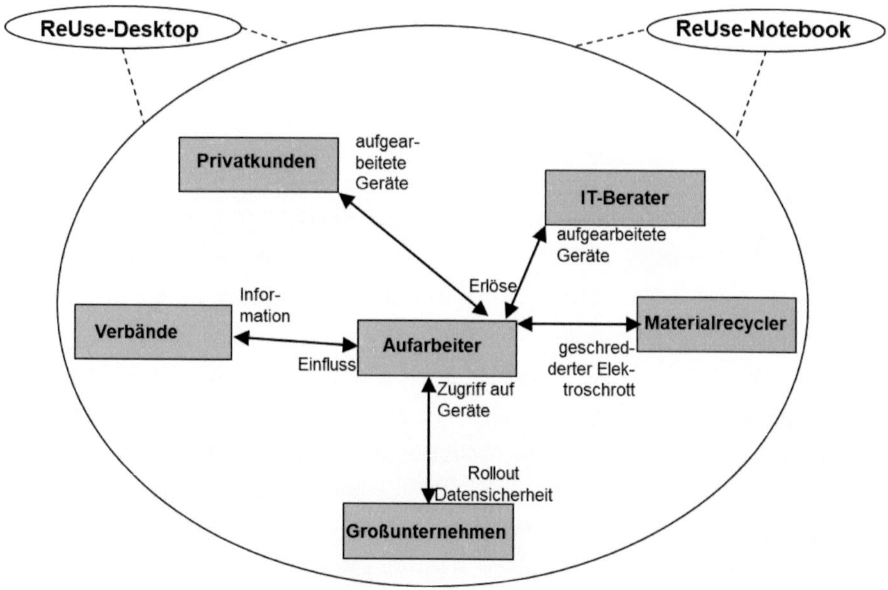

Abbildung 43: Wertschöpfungskonstellation der Re-Use-Fallstudie

Die Beziehungen der Aufarbeiter zu den Großunternehmen sind vertraglich geregelt. Der größte Aufarbeiter AfB gGmbH setzt dabei auf Kooperationsvereinbarungen und CSR-Partnerschaften. In diesen ist festgehalten, wie die eingehenden Geräte bearbeitet werden (Normen und Standards), aber auch die Kosten, der weitere Gang der Gebrauchtgeräte

[489] Vgl. Interview 1 Fallstudie B; Interview 2 Fallstudie B; Interview 4 Fallstudie B; Interview 5 Fallstudie B; Interview 7 Fallstudie B.

(zurückgeben an Quellunternehmen oder Verkauf mit Gegenrechnung der Kosten für die Datenlöschung) und die Datenschutzregeln.[490]

- **Ressourcenmodell**

Die Schlüsselressourcen in dieser Fallstudie betreffen die Beschaffung, den Aufarbeitungsprozess, das Warenwirtschaftssystem und das technische Know-how, um den Aufarbeitungsprozess durchführen zu können. Das technische Know-how beinhaltet, sich an ändernde Produkte und Anforderungen adaptieren zu können. Die Ressourcen umfassen Infrastruktur wie Lagerhallen, Schredder, IT-Systeme und die Software (Löschsoftware und Warenwirtschaftssystem). Da Unternehmen, die Gebrauchtgeräte abgeben, sehr auf die Datensicherheit bedacht sind, ist ein ‚gläsernes' Warenwirtschaftssystem ein Wettbewerbsvorteil. Dies bedeutet, dass Partner jederzeit nachvollziehen können, wann, an welchem Standort, wie und von welchem Mitarbeiter ihre Altgeräte bearbeitet wurden. Insbesondere die Reparatur defekter Geräte benötigt technisches Fachwissen der ausführenden Mitarbeiter. Bei der Beschaffung sind die Reputation und die Marktstellung (Kooperationen mit Großunternehmen) der Aufarbeiter oder des Netzwerkes von strategischer Bedeutung.[491] Für die Vermarktung der zerlegten Geräte (Vertriebsweg für nicht mehr nutzbare Geräte) ist ein Netzwerk zu Großhändlern und Metallscheideanstalten wichtig.[492]

5.3.4. Leistungserstellung

- **Produktentwicklungsmodell**

Die Unternehmen des ReUse-Computer-Netzwerkes betreiben selbst keine Produktentwicklung. Sie arbeiten Produkte unterschiedlicher Hersteller auf und verfolgen eine herstellerunabhängige Re-Use-Strategie. Die Produktentwicklung ist somit nicht von ihnen beeinflussbar. Produkte werden von den Neugeräteherstellern entwickelt. Die Aufarbeitungsprozesse im Herstellungsmodell müssen jedoch mit der aktuellen Produktentwicklung mitgehen und diese verarbeiten können, beispielsweise bei der Datenlöschung.[493] Die adressierten Produkte begünstigen aufgrund ihrer Produkteigenschaften vor allem durch den modularen Aufbau die Wiederverwendung.

---

490 Vgl. Interview 1 Fallstudie B; Interview 2 Fallstudie B; Interview 5 Fallstudie B.
491 Vgl. Interview 2 Fallstudie B.
492 Ein Aufarbeiter der Größe der AfB gGmbH gewinnt pro Jahr 110–120 Tonnen reine Rohstoffe aus der Zerlegung, siehe Interview 2 Fallstudie B.
493 Vgl. Interview 1 Fallstudie B; Interview 2 Fallstudie B; Interview 5 Fallstudie B.

- **Herstellungsmodell**

Produktion bedeutet in dieser Fallstudie die Aufarbeitung gebrauchter Produkte. Der Aufarbeitungsprozess stellt die Qualität und Funktionsfähigkeit der Gebrauchtprodukte wieder her. Er folgt standardisierten Prozessschritten, die Reinigung, Reparatur und Aufrüstung mit einschließen. Üblicherweise werden gebrauchte Desktop- und Laptopcomputer nicht vollständig zerlegt. Abbildung 44 zeigt den Prozess, der im ReUse-Computer-Netzwerk befolgt werden soll. Der Prozess wird bei den großen Aufarbeitern durch ein Warenwirtschaftssystem unterstützt. Die Aufarbeitung erfolgt zentral oder in lokalen Niederlassungen.[494]

Einzelne Aufarbeiter passen den Prozess an ihre Anforderungen an, beispielsweise die AfB gGmbH, die Mitarbeiter mit Handicap beschäftigt. Dort ist der Prozess in kleinteiligere und modulare Prozesse untergliedert, damit dieser Personenkreis ihn ausführen kann.[495]

Der Aufarbeitungsprozess wird nur bei Schritten automatisiert, bei denen dies aufgrund hoher Fehlerhäufigkeiten notwendig ist. Beispielsweise ist aus Datensicherheitsgründen die Festplattenlöschung automatisiert (Erstellen des Löschberichts; Identifizierung defekter Sektoren), ebenso die Erkennung von Systemdaten (zum Aufrüsten). Manche Prozessschritte sind zudem nur manuell durchführbar, z. B. die Kontrolle, ob eine Festplatte angeschlossen ist. Der Gesamtprozess umfasst einen hohen Anteil manueller Arbeit, weil selten große Mengen an gleichartigen Geräten als Produktionsinput zur Verfügung stehen. Diese Vielfalt im Aufarbeitungsprozess wird verstärkt durch den unterschiedlichen Zustand der Geräte. Bei Gebrauchtprodukten gibt es wegen der fortgeschrittenen Lebensdauer Probleme und Defekte. Defekte Komponenten sind typische Merkmale der langjährigen Verwendung. Diese Variabilität der Gerätetypen und deren unterschiedliche Zustände würden eine zuverlässige Automatisierung zu kostspielig machen.[496] Eine weitere Barriere für den Aufarbeitungsprozess ist die eingeschränkte Verfügbarkeit benötigter technischer Informationen von den Neuproduktherstellern.[497]

---

494 Vgl. Interview 2 Fallstudie B; Interview 7 Fallstudie B; Interview 12 Fallstudie B.
495 Vgl. Interview 2 Fallstudie B.
496 Vgl. Interview 2 Fallstudie B; Interview 6 Fallstudie B; Interview 10 Fallstudie B.
497 Vgl. Interview 7 Fallstudie B.

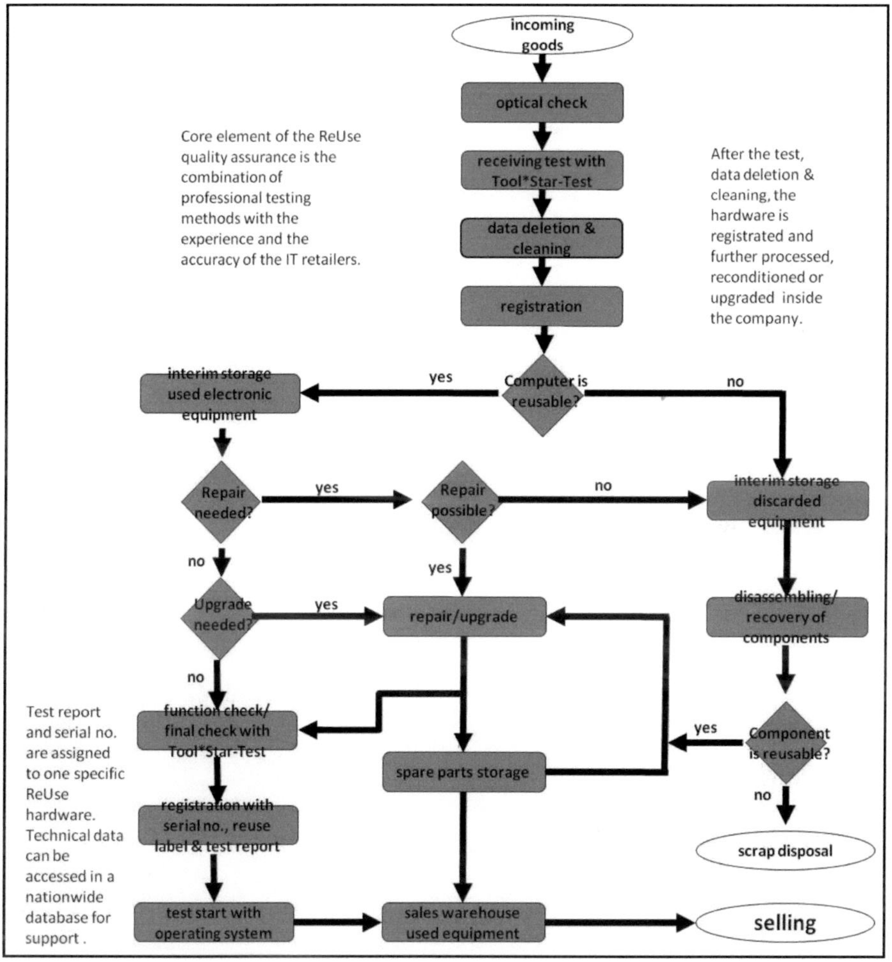

Abbildung 44: Qualitätssicherungsprozess des ReUse-Computer-Netzwerkes[498]

- **Beschaffungsmodell**

Es findet eine Umverteilung der Geräte von großen Unternehmen als Quelle hin zu privaten Verbrauchern statt, da letztere die Geräte für ihre Anforderungen noch nutzen können. Gebrauchtgeräte zur Aufarbeitung stammen meist in großen Stückzahlen von Großunternehmen, mit denen Kooperationsvereinbarungen zum IT-Rollout bestehen. Leasingfirmen oder Brokerage bei der Beschaffung sind die Ausnahme. Bei der Beschaffung besteht die

[498] Vgl. Interview 7 Fallstudie B; dieser Prozess wurde auch im ZeroWIN-Projekt verwendet.

Anforderung, qualitativ hochwertige Geräte als Input zu bekommen. Ansonsten sind die Produkte nicht attraktiv für die Kunden und die Geräte würden in die Zerlegung gehen.[499] Die Beschaffung benötigt ein Netzwerk, damit Vertreter aus Unternehmen und Wirtschaft die Wiederverwendung in Unternehmen hineintragen. Die Partnerunternehmen werden bei der Akquise auch durch Mittler wie Schlüsselpersonen, Verbände oder Organisationen gewonnen. Um die Gebrauchtgeräte zur Verfügung zu stellen, ist die grundlegende Anforderung der abgebenden Unternehmen der Sicherheitsaspekt, die Datenlöschung. Dies kann beispielsweise durch CSR-Aspekte unterstützt werden. Hier ist die ökologische Vorteilhaftigkeit von Re-Use-Computern relevant. Die Quellunternehmen werden dabei direkt angesprochen oder die Aufarbeiter müssen sich an Ausschreibungen beteiligen. Alle IT-Aufarbeiter müssen belegen, dass sie den technischen Ablauf zur Datenlöschung einwandfrei beherrschen.[500]

- **Vermarktungsmodell**

Beim Marktauftritt werden der günstige Preis im Vergleich zu Neuprodukten, die Qualität der Produkte, der ökologische Nutzen und gegebenenfalls die soziale Ausrichtung hervorgehoben. Der Preis beeinflusst hierbei die Kaufentscheidung der Privatkunden deutlicher als ökologische Aspekte. Bei der Preissetzung gibt es die Schwierigkeit, die Kunden zu überzeugen, ein Gebrauchtgerät mit wenig Preisdifferenz im Vergleich zu Neugeräten minderer Qualität zu kaufen. Niedrige Preise müssen mit Beratungsdienstleistungen zu einem Gesamtangebot abgerundet werden. Beim Verkauf an Privatkunden ist zumeist eine einjährige Garantie mit eingeschlossen.[501]

Der Vertrieb an Privatkunden erfolgt über eigene lokale Läden (der Aufarbeiter oder von Verkaufspartnern), Onlineshops und Vorort-Verkäufe in Partnerunternehmen. An kleine und mittelständische Unternehmen wird auch über die IT-Berater im ReUse-Computer-Netzwerk verkauft. Der ReUse-Computer e. V. unterhält auch eine telefonische Hotline und seine Mitglieder dürfen das Logo des Vereins bei der Vermarktung benutzen, sofern sie dem Qualitätsstandard des Aufarbeitungsprozesses folgen.[502]

---

499 Vgl. Interview 4 Fallstudie B.

500 Vgl. Interview 1 Fallstudie B; Interview 2 Fallstudie B; Interview 5 Fallstudie B.

501 Vgl. Interview 1 Fallstudie B; Interview 2 Fallstudie B; Interview 3 Fallstudie B; Interview 6 Fallstudie B; Interview 8 Fallstudie B; Interview 13 Fallstudie B. Zum Einfluss ökologischer und sozialer Aspekte auf die Kaufentscheidung siehe Interview 5 Fallstudie B: „Ökologisch oder sozial: Wenn wir da von 10% [der Kunden] sprechen, haben wir eine verdammt hohe Zahl."

502 Vgl. Interview 2 Fallstudie B; Interview 6 Fallstudie B; Interview 7 Fallstudie B; Interview 9 Fallstudie B; Interview 13 Fallstudie B.

Kundenbeziehungen werden über Werbung, Anzeigen, Flyer und Onlinebanner aufgebaut, aber auch über Mundpropaganda und Kundenzufriedenheit.[503]

[503] Vgl. Interview 2 Fallstudie B.

6. Fallübergreifende Analyse und Methodik zur Closed-Loop-Geschäftsmodellinnovation

In diesem Kapitel werden ausgehend von den Fallstudien mit unterstützender Literatur generische Konfigurationen des CL-GMK Recycling- und Re-Use-Strategien analytisch generalisiert (Kap. 6.1). Hierbei werden die Gemeinsamkeiten und Unterschiede der Fallstudien herausgearbeitet sowie deren Aussagekraft und Geltungsbereich kritisch gewürdigt.

Auf der Basis des CL-GMK wird in Kapitel 6.2 eine Methodik entwickelt, um innovative CL-GM zu designen. Während das CL-GMK der Repräsentation und dem effizienten Management von CL-GM dient, benötigt das Design neuer Geschäftsmodelle in der Unternehmenspraxis geeignete Vereinfachungen und eine strukturierte Vorgehensweise, um Prototypen von CL-GM zu entwerfen.

Kapitel 6.1 trägt zur Theorieentwicklung in Form von empirisch fundierten Geschäftsmodellidealtypen bei, Kapitel 6.2 zeigt den praktischen Mehrwert des Geschäftsmodellkonzeptansatzes dieser Arbeit auf.[504]

6.1. Generische Geschäftsmodellkonzeptkonfigurationen für Recycling- und Re-Use-Strategien

Das CL-GMK wurde als Untersuchungsrahmen der vorgestellten Fallstudien für Recycling- und Re-Use-Strategien verwendet. Die Abbildung der in der Praxis vorliegenden Geschäftsmodelle und die Illustration des entwickelten theoretischen Konzepts waren erfolgreich. Die Konstruktvalidität ist somit gegeben.[505] Die Verknüpfung des theoretisch fundierten CL-GMK mit der Unternehmenspraxis in den Fallstudien unterstreicht dessen Aussagekraft.[506]

Fallstudie A belegt, wie beim Recycling eines Werkstoffes durch Änderungen der Materialeigenschaften vom ursprünglichen Neumaterial zum Recyclingmaterial das Zusammenspiel zwischen Produktentwicklung und Produktion an Komplexität gewinnt. Vergleichbare Änderungen der Materialeigenschaften durch Recyclingprozesse wurden für glasfaserverstärkte Kunststoffe bereits mehrfach beschrieben. Ursächlich hierfür ist unter anderem die Verkürzung der Glasfasern durch Mahlprozesse bei der Aufbereitung. Dies stellt dann –

504 Vgl. Baden-Fuller und Morgan (2010), S. 161.
505 Vgl. Gibbert et al. (2008), S. 1466–1468; Yin (2009), S. 41.
506 Vgl. Siggelkow (2007), S. 22 f.

wie in Fallstudie A beobachtet – Anforderungen an die Werkzeuge der Spritzgießmaschinen.[507] Der hohe Automatisierungsgrad der Produktionsprozesse bleibt unverändert. Auch die Vermeidung von Verunreinigungen und Variationen von Materialeigenschaften wurden für das Recycling weiterer Kunststoffe und anderer Materialien beschrieben.[508]

Bei einer Recyclingstrategie für einen sicherheitsrelevanten Anwendungsfall mit entsprechenden Materialanforderungen wird in der Fallstudie A vom Tier1-Zulieferer Continental und dessen Kunststoffzulieferer ein Recyclingmaterialkreislauf aufgebaut, den beide direkt kontrollieren. Bei den dafür erforderlichen Ressourcen wie der Kunststoffmühle werden die Kosten auf die beiden Partner verteilt. Getrieben von den hohen Anforderungen an das Recyclingmaterial, führt dies zu einer engeren Kooperation als gewöhnlich in der automobilen Lieferkette.[509]

Vorbehalte gegenüber dem Einsatz von Recyclingmaterial gibt es in vielen Industrien, insofern sind die intensivierten Tests zur Materialqualifizierung, um diese Zweifel auszuräumen, nicht auf die Automobilindustrie beschränkt. Dies wirkt zunächst als Barriere bei der Vermarktung von Produkten aus Recyclingmaterial, sobald ein Produkt hohe Anforderungen an seinen Werkstoff stellt. Bei der Beschaffung weist Fallstudie A die Besonderheit auf, dass der Produktionsprozess, der das Ausgangsmaterial für das Rezyklat herstellt, innerhalb eines Jahrzehnts wahrscheinlich schrittweise technisch obsolet wird. Dies führt zu Unsicherheit über die Mengen an Recyclingmaterial, das künftig zur Verfügung stehen wird.[510]

Continental verfolgt die Recyclingstrategie zur Erzielung von Kostenvorteilen für das sicherheitsrelevante Bauteil, da effizienzverbessernde Maßnahmen im Produktdesign und in der Produktion nur noch wenige Optimierungspotenziale versprachen. Der erhöhte Einsatz von Recyclingkunststoffen wird in der Automobilindustrie als Mittel gesehen, um sich von Preissteigerungen bei Neumaterialien unabhängiger zu machen.[511]

Für generische Konfigurationen von Recycling-Geschäftsmodellen lässt sich aus dieser Analyse Folgendes ableiten: Sobald hohe technische Anforderungen des Produktes an die Materialeigenschaften bestehen, sind deren Änderungen durch mechanische Recycling-

---

507 Vgl. Giraldi et al. 2005), S. 508; Poh (2004), S. 52–54; Yang et al. (2012), S. 56 f.

508 Vgl. Allwood et al. (2011), S. 366; Bajracharya et al. (2014), S. 101, Table 2; Pehlken und Thoben (2011), S. 466.

509 Siehe Dillon (1999), S. 200; zum Insourcing von Recyclingaktivitäten bis hin zu symbiotischen Geschäftsmodellen siehe Jonsson et al. (2011), S. 201; Gleich et al. (2006), S. 276.

510 Vgl. Dillon (1999), S. 201.

511 Vgl. BMW (2011), S. 30.

prozesse zu prüfen, insbesondere bei Kunststoffen. Liegen relevante Änderungen vor, hat dies eine Schwerpunktsetzung auf die Materialqualifizierung bei integrierter Betrachtung der Produktionsprozesse und gegebenenfalls deren Adaptierung oder Erweiterung zur Folge. Die engere Zusammenarbeit im strukturell unveränderten Wertschöpfungssystem führt dazu, dass die Verfügungsmacht über Schlüsselressourcen im Unternehmensnetzwerk geteilt wird. Trotz der Erhöhung der Komplexität im Produktionsprozess bestehen für Unternehmen Anreize für Recyclingstrategien, sobald diese in ausreichendem Maße die Herstellungskosten eines Produktes senken.

Fallstudie B legt dar, wie bei einem modular aufgebauten Elektronikprodukt durch eine Re-Use-Strategie Wert erhalten und knappe natürliche Ressourcen im Wirtschaftskreislauf gehalten werden können. Die aufgezeigten verminderten Umweltauswirkungen durch Re-Use von Computern wurden im Wesentlichen von anderen Studien repliziert.[512] Die erzielbaren Marktpreise und die Werterhaltung sind beim Re-Use elektronischer Geräte deutlicher höher als die Erlöse durch Materialrecycling.[513]

Die verfolgte Re-Use-Strategie ist vom ursprünglichen Hersteller unabhängig. Das bedeutet: Die beteiligten Unternehmen haben keinen Einfluss auf die Produktentwicklung und das Produktdesign. Ein von vorneherein modulares und demontagefähiges Produktdesign von Computern erfüllt dennoch die Voraussetzungen, um für das Produkt eine Re-Use-Strategie verfolgen zu können. Ein modularer Produktaufbau wird als Treiber für Re-Use von Produkten gesehen, nicht nur bei Computern, sondern beispielsweise auch im Maschinenbau.[514] Durch die Möglichkeit der Reparatur defekter Geräte und des Aufrüstens einzelner Komponenten lassen sich der Marktwert der Gebrauchtgeräte steigern und das Geschäftsmodell profitabel umsetzen.[515] Der Aufarbeitungsprozess ist geprägt von hohen manuellen Arbeitsanteilen, da die Gebrauchtcomputer in Typ und Zustand variieren. Deswegen können Geräte verschiedene Prozessschrittfolgen bei der Aufarbeitung durchlaufen. Der Aufarbeitungsprozess ist standardisiert, um die Qualität sicherzustellen, und steht mit dem Beschaffungsmodell in Verbindung. Da hier zumeist Unternehmen Quelle der Gebrauchtgeräte sind, legen sie auf eine sichere Datenlöschung großen Wert. Ankaufspreise für die Geräte werden mit dieser Dienstleistung verrechnet. Jedoch sind Datensicherheitsbedenken bei anderen elektronischen Geräten, die persönliche Daten speichern, auch bei

---

512 Unter anderem für das ReUse-Computer-Mitglied AfB gGmbH in einer Ökobilanz der Technischen Universität Berlin, Scheumann und Finkbeiner (2013).

513 Vgl. Mars et al. (2016), S. 32, Table 4.

514 Vgl. Kimura et al. (2001), S. 89 f.; Niemann et al. (2009), S. 6.

515 Siehe hierzu Abbildung 40 in Kapitel 5.3.2.

Konsumenten weit verbreitet.[516] Die Vermarktung der Geräte erfolgt hauptsächlich an Privatkunden, für die das Kaufargument der niedrigere Preis im Vergleich zu Neuprodukten ist. Da der Markt für Desktop- und vor allem Laptopcomputer in Produktlinien für die Konsumenten (niedrigere Qualität) und Geschäftskunden (hochwertiger und langlebiger) unterteilt ist, findet ein Transfer eines Produktes zwischen Kundensegmenten mit verschiedenen Ansprüchen an das Produkt statt. Während die Gebrauchtgeräte von den Firmenkunden nicht mehr weiter genutzt werden, besteht eine hohe Nachfrage bei Privatkunden.

Unterschiede zu diesem herstellerunabhängigen Geschäftsmodell finden sich beispielsweise bei herstellerkontrolliertem Re-Use, wie z. B. bei Kopierern. Hier beeinflussen die Hersteller die Produktentwicklung, indem sie einzelne Komponenten über Produktgenerationen hinweg standardisieren und so eine Re-Use-Strategie erleichtern. Die Geräte werden an die Kunden verleast. Somit steht dieser Ansatz in der Produktentwicklung in direkter Verbindung zur Vermarktung und Beschaffung der Gebrauchtgeräte, da der Zugriff für den Hersteller nach Leasingende abgesichert und der Nutzen aus dem Produktdesign angeeignet wird.[517]

Für generische Konfigurationen von Re-Use-Geschäftsmodellen ist festzuhalten, dass ein modularer Produktaufbau Re-Use-Geschäftsmodelle erleichtert. Wenn Produkte aufgerüstet oder repariert werden können, ermöglicht dies, profitable Verkaufspreise zu erzielen, da diese Aufarbeitung den Marktwert deutlich steigern kann. In Aufarbeitungsprozessen ist der Produktionsinput tendenziell kleinteiliger, eine hohe Modellvielfalt und verschiedene Zustände der Produkte sind zu berücksichtigen. Die hohe Vielfalt hat hohe manuelle Arbeitsanteile in der Produktion zur Folge. Grundbedingung von Re-Use ist, dass nach einer ersten Nutzungsphase noch Marktnachfrage vorhanden ist. Insbesonders bei elektronischen Produkten, bei denen der technologische Fortschritt rapide sein kann, ist dies zu prüfen.[518]

Kritisch zu würdigen ist die externe Validität der generischen Konfigurationen des CL-GMK im Sinne der analytischen Generalisierung, da diese bei der Entwicklung aus lediglich zwei Fallstudien heraus nur eingeschränkt gegeben ist, wenngleich andere Studien und Veröffentlichungen Einzelsachverhalte in den Teilmodellen des CL-GMK bestätigen.[519] Empirische Untersuchungen zu CL-GM mit einem theoretisch klar definierten Geschäftsmodell-

516 Vgl. Regenfelder (2015), S. 19.
517 Vgl. Kerr und Ryan (2001), S. 75–77; Krikke (2011), S. 1998–1200.
518 Vgl. VDI (2014a), S. 43, Bild 6.
519 Vgl. Gibbert et al. (2008), S. 1468; Yin (2009), S. 41.

konzept als Untersuchungsrahmen sind rar. Die Vielzahl der Literaturquellen und Studien zu Recycling und Re-Use untersuchen nicht aus einer integrierten Perspektive Geschäftsmodelle für Recycling- und Re-Use-Strategien. Nur eine integrierte Betrachtung ist in der Lage, Interdependenzen zwischen den Teilmodellen aufzudecken und Komplexität in CL-GM handhabbar zu machen. Ziel der Fallstudien war es, ein neu entwickeltes theoretisches Konzept zu illustrieren. Auf Geschäftsmodellebene ist hierbei der detaillierte Einblick in die Logik und Funktionsweise der untersuchten Geschäftsmodelle einer oberflächlicheren Untersuchung einer größeren Anzahl von Geschäftsmodellen vorzuziehen.

6.2. Methodik zur praktischen Umsetzung von Closed-Loop-Geschäftsmodellinnovationen

Das in Kapitel 4 entwickelte CL-GMK dient als Managementinstrument von Geschäftsmodellen. Sein Zweck ist die detaillierte Herausarbeitung und Abbildung der Konfiguration in den Teilmodellen von produktbezogenen Geschäftsmodellen und deren operatives Management, auch vor dem Hintergrund der Interdependenzen zwischen Ebenen und Teilmodellen.[520] Das CL-GMK zielt somit auf sowohl effiziente als auch effektive Adaptierungsprozesse in hochdynamischen Geschäftsmodellumwelten ab.[521] Das Konzept geht davon aus, dass ein Produkt mit seinen Eigenschaften gegeben ist. Für das Design neuer Geschäftsmodelle in der Praxis, die Geschäftsmodellinnovation, wird ein Erkundungsprozess von der Ideengenerierung bis zur Umsetzungsentscheidung benötigt.[522]

Das CL-GMK ist ein detailreiches und theoretisch umfassend aufgebautes Geschäftsmodellkonzept, geeignet dafür, ausgehend von einem Produkt die einzelnen Konfigurationen eines Geschäftsmodells in den Teilmodellen abzubilden. Bei der Ideengenerierung für neue CL-GM sind diese Details zunächst nur schwer abschätzbar oder herleitbar. Um innovative CL-GM zu entwerfen, werden daher geeignete Vereinfachungen vorgenommen.[523] Ausgangspunkt ist ein betrachtetes Produkt und die hierfür gewählte Recycling- oder Re-Use-Strategie.[524] Der in diesem Kapitel vorgestellte Ansatz ist heuristisch zu ver-

---

[520] Vgl. Wirtz (2011), S. 3.

[521] Vgl. Wirtz (2011), S. 187.

[522] Siehe hierzu Osterwalder und Pigneur (2010), S. 244 f. mit den Phasen Mobilize, Understand, Design, Implement und Manage. Wirtz (2011), S. 193–195 nennt Ideengenerierung, Machbarkeitsuntersuchung, Prototyping und Entscheidungsfindung.

[523] Vgl. Osterwalder und Pigneur (2010), S. 15.

[524] Die im Nachhaltigkeitsrahmen getroffenen Annahmen und Anforderungen sind weiterhin zu berücksichtigen.

stehen, um Geschäftsmodelle zu entwerfen, die in einem späteren Schritt im CL-GMK abgebildet und operativ gemanagt werden.[525]

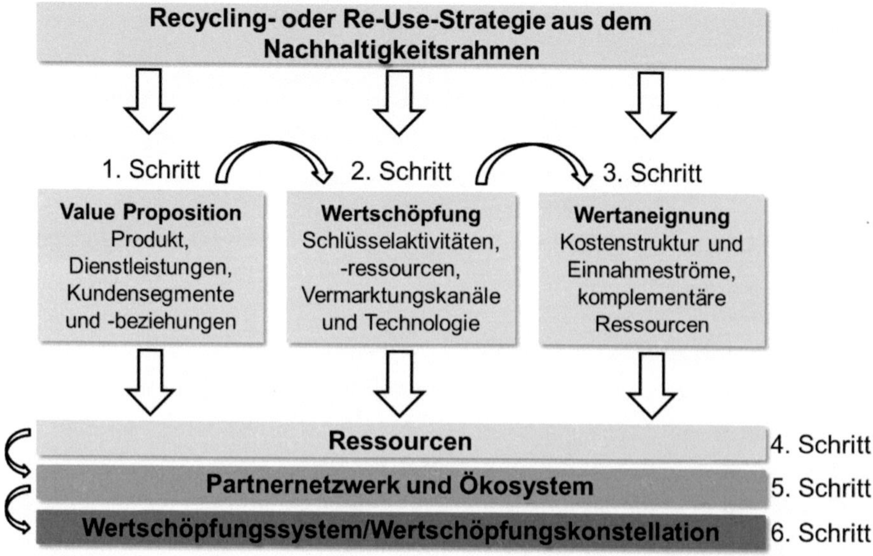

Abbildung 45: Methodik zur Closed-Loop-Geschäftsmodellinnovation[526]

Der Startpunkt lautet: Welche Value Propositions erscheinen für ein gegebenes Produkt aus Kundensicht möglich? Wenn Geschäftsmodelle vollständig neu aufgebaut werden und eine Differenzierungsbasis geschaffen werden soll, ist zu prüfen, ob die Produkteigenschaften und die Markteigenschaften sich durch den Innovator grundlegend verändern lassen oder eine radikal neue Value Proposition möglich ist. Dies kann beispielsweise durch die Modularisierung bisher nicht modularer Produkte oder die fundamentale Veränderung der Wertschöpfungsstruktur erfolgen.[527] Ansatzpunkte für das Wachstum des Geschäftsmodells sind ebenfalls zu untersuchen.[528] Soweit bereits bekannt oder abschätzbar,

---

[525] Diese Methodik wurde im Rahmen des Horizon2020-Projekts sustainablySMART entwickelt und mit den Industriepartnern sowie externen Beratern auf einem Workshop auf dem 5. General Assembly, 20.–22. September 2017 in Pyla, Zypern, validiert. Als Industriepartner waren unter anderem die Firmen AT&S, Fairphone, MicroPro, PrimeTel, ProAutomation, PuzzlePhone, Refind und Speech beteiligt. Eine ähnliche Vorgehensweise verfolgen Osterwalder und Pigneur (2010), S. 4–7.

[526] Angelehnt an Bocken et al. (2014), S. 43, Fig. 1; Regenfelder et al. (2016b), S. 3, Figure 2 und Short et al. (2014), S. 604, Fig. 1; mit Erweiterungen.

[527] Vgl. Bieger et al. (2002a), S. 10; Hamel (2001), S. 83 f.; Regenfelder et al. (2016b), S. 4 für ein Beispiel eines radikal innovativen Geschäftsmodells für modulare Smartphones mit standardisierten Schnittstellen zwischen den Modulen.

[528] Vgl. Bieger et al. (2002b), S. 55.

sind die Interdependenzen zwischen den Teilmodellen des CL-GMK (vgl. Kap. 4) zu berücksichtigen. Die Entwicklung neuer Geschäftsmodelle ist zu verstehen als Erkundungsprozess, der ausgehend von Unsicherheit und unvollständigen Informationen eine Geschäftsidee schrittweise weiterentwickelt und zu einem Geschäftsmodell konkretisiert.

Wenn die Value Proposition definiert wurde, werden (in dieser Reihenfolge) die wertschöpfenden Schlüsselaktivitäten für das Geschäftsmodell bestimmt, die benötigten Ressourcen abgeleitet und die Schlüsselpartner im Geschäftsmodellökosystem identifiziert. Darauf aufbauend, wird untersucht, wie Innovatoren und die weiteren an der Wertschöpfung beteiligten Unternehmen die Aneignung des geschaffenen Wertes absichern können. Dies verdeutlicht die Wertschöpfung sowohl aus konzeptioneller als auch aus praktischer Sicht. Abbildung 45 stellt diesen Ansatz dar.

Die Schritte 1 bis 3 in der Abbildung prüfen, welchen Nutzen das neue Geschäftsmodell für die Kunden liefert, wie dieser geschaffen wird und wie Unternehmen hiervon profitieren. Zunächst sind zu bestimmen:

- Value Proposition: Warum schätzen die Kunden das Produkt? Welche konkreten Produkte und Dienstleistungen werden angeboten? Welche Kundensegmente werden auf welche Art und Weise angesprochen?
- Wertschöpfung: Welche Aktivitäten sind erforderlich, um den Wert zu schaffen? Welche Ressourcen, Fähigkeiten und gegebenenfalls Partner und Technologien werden hierfür benötigt?
- Wertaneignung: Wie wird der geschaffene Wert in Erlöse und Finanzmittelzuflüsse umgesetzt? Wie rechnet sich das Geschäftsmodell? Gibt es komplementäre Ressourcen oder Schutzrechte, die diese Aneignung absichern?[529]

Diese Vereinfachung auf zunächst drei Bausteine für neue Geschäftsmodelle bietet Praktikern einen gewissen Freiheitsgrad, ohne die Ideenfindung theoretisch zu überladen. Gleichzeitig können, da vom CL-GMK abgeleitet, alle relevanten Aspekte erfasst und parallel unter Berücksichtigung ihrer Interdependenzen entwickelt werden. Diese Methodik wird eingesetzt, um systematisch Geschäftsmodelle zu konstruieren.

Aus der Value Proposition, der Wertschöpfung und der Wertaneignung werden anschließend die Konfiguration sowie die Verteilung der notwendigen Ressourcen abgeleitet sowie

[529] Vgl. Regenfelder et al. (2016b), S. 3.

das Partnernetzwerk und das Geschäftsmodellökosystem mit seinen dynamischen Kräften näher analysiert und die Struktur der Wertschöpfung festgelegt.[530]

Um diese Schritte durchzuführen und die Bausteine mit Inhalt zu füllen, wurde ein mehrstufiges Verfahren zur Umsetzung entwickelt.[531] Der Ansatz beginnt mit dem Herstellen eines gemeinsamen Verständnisses des Begriffs ‚Geschäftsmodell' aller Beteiligten, aufbauend auf den Bausteinen (dargestellt in Abbildung 45).[532] Dem folgt ein kurzer Entwurf des möglichen Geschäftsmodells durch die beteiligten Unternehmen. Dieser Entwurf wird mit teilstrukturierten Interviews der beteiligten Führungskräfte/Fachexperten und mithilfe von Marktanalysen weiter konkretisiert.[533] Außerdem werden einzelne Treiber oder Barrieren für das Geschäftsmodell näher betrachtet. Zu diesem Zeitpunkt werden mögliche CL-GM konkreter und es können Entscheidungen zwischen optionalen Ausgestaltungen (in den Teilmodellen) getroffen werden. Ein Geschäftsplan für eine erste finanzielle Analyse verschiedener Optionen und Szenarien ist zu erstellen.[534]

Ergebnis dieser Methodik sind Prototypen von Geschäftsmodellen, die zur Umsetzung bereit sind und für deren Profitabilität fundierte Abschätzungen vorliegen.[535] Somit stehen Geschäftsmodelloptionen zur Umsetzung der Unternehmensstrategie zur Verfügung. Nach deren erfolgreicher Umsetzung kann das CL-GMK verwendet werden, um CL-GM zunächst abzubilden und anschließend zu managen. Es dient dann als Instrument, um externen Anforderungen in turbulenten Märkten mit der erforderlichen Wandlungsfähigkeit effizient zu begegnen, zu ko-evolvieren und das Geschäftsmodell entsprechend weiterzuentwickeln.[536]

In der Beratungspraxis sind bei CL-GM folgende Fallstricke kritisch zu prüfen und falls zutreffend Lösungswege zu erarbeiten:

- Planungshorizont: Wenn eigene Produkte eines Unternehmens wiederverwendet werden sollen, dann kann der zeitliche Planungshorizont eine Barriere darstellen. Wenn beispielsweise spezielle für die Wiederverwendung designte Produkte erst nach zwei, drei oder mehreren Jahren zur Wiederverwendung zur Verfügung ste-

530 Vgl. Osterwalder und Pigneur (2010), S. 200–209.
531 Siehe Annex I.III zur Umsetzung und Vorgehensweise innerhalb des sustainablySMART-Projekts.
532 Vgl. Osterwalder und Pigneur (2010), S. 15.
533 Vgl. Wirtz (2011), S. 204 f., Table 3-2 für einen ähnlichen Fragenkatalog.
534 Vgl. Osterwalder und Pigneur (2010), S. 182; Wirtz (2011), S. 205.
535 Vgl. Osterwalder und Pigneur (2010), S. 161–163; Wirtz (2011), S. 202 f.
536 Vgl. Reinhold et al. (2011), S. 71; Wirtz (2011), S. 248, Figure 6-4; Knyphausen-Aufseß und Zollenkop (2011), S. 113 f.; Zahn (2017), S. 196.

hen, kann bei kürzeren unternehmerischen Planungshorizonten oder vorgegebenen Amortisationsdauern eine Investition zu Beginn des Lebenszyklus oftmals nicht getätigt werden. Ebenso steigt mit längerem Planungshorizont die Unsicherheit über den zukünftiten Markt von Re-Use-Produkten.

- Bestehende Ressourcen und Wertschöpfungsnetzwerke als Barriere: Falls bislang ein lineares Geschäftsmodell verfolgt wird, ist die Eignung der bestehenden Ressourcen und Wertschöpfungsnetzwerke kritisch zu hinterfragen. Zumindest eine Erweiterung des Wertschöpfungsnetzwerkes oder neue Ressourcen und Partner können erforderlich sein.
- Aufskalierbarkeit: Wenn CL-GM implementiert werden, ist deren Aufskalierbarkeit[537] teilweise durch die Gesetzgebung und die daraus folgenden Marktstrukturen beschränkt. Bei der Sammlung von EoL-Produkten stellen die nationalen Abfallgesetzgebungen[538] oftmals spezifische Anforderungen. Was beispielsweise in einem EU Land rechtlich möglich oder gesetzlich erwünscht ist, kann in einem anderen gegen geltendes Recht verstoßen.

In der Beratungspraxis führt dies zu fallspezifischen Analysen des Umfelds von Geschäftsmodellen und Unternehmen, um dann strategische Vorteile in den drei Bausteinen Value Proposition, Wertschaffung und Wertaneignung zu ermöglichen.

537 Somit werden auch Wachstumspotentiale beeinflusst, vgl. Bieger et al. (2002b), S. 54.

538 Beziehungsweise die nationalen Umsetzungen der entsprechenden EU-Rahmenrichtlinien.

7. Schlussbetrachtung – Beitrag zu nachhaltigem Wirtschaften und zur Geschäftsmodellforschung

Eine Umsetzung der Industriellen Ökologie in die Unternehmenspraxis zielt unter anderem auf die Kreislaufführung von Produkten, Komponenten und Materialien ab. Sie transformiert zugleich die Wertschöpfungsstruktur und die Geschäftsmodelle von Unternehmen. Außerdem steigert eine solche Umsetzung die zu beherrschende Komplexität. Ziel dieser Arbeit war es, mit einem integrierten Managementinstrument die Umsetzung von CL-GM zu unterstützen, sodass auf diese Weise Komplexität besser beherrscht werden kann und Wettbewerbsvorteile im turbulenten Marktumfeld durch eine effektive Rekonfiguration von Geschäftsmodellen an wandelnde Umwelten geschaffen werden können.

- Kapitel 2 arbeitet das Nachhaltigkeitsverständnis der Arbeit heraus und definiert einen der Industriellen Ökologie entsprechenden Indikator für die Wahl von Re-Use- und Recyclingstrategien auf Produktebene. Darüber hinaus werden die Komplexitätstreiber dieser Strategien integriert über das Produktleben hinweg betrachtet. Des Weiteren wird begründet, weshalb CLI-Innovationen als Geschäftsmodellinnovationen verstanden werden sollten.
- Kapitel 3 befasst sich mit der Geschäftsmodellforschung, der Struktur der Wertschöpfung als essentiellem Bestandteil von Geschäftsmodellen, stellt die wichtigsten Geschäftsmodellkonzepte vor und begründet die Forschungslücke: Derzeitige Geschäftsmodellkonzepte können CL-GM nur unzureichend für deren Management abbilden.
- Kapitel 4 ist das Kernstück der Arbeit: Hier wird das CL-GMK aufgebaut und seine Bestandteile werden definiert.
- In Kapitel 5 werden zwei qualitative Fallstudien genutzt, jeweils eine für Recycling und Re-Use, um das CL-GMK erfolgreich zu illustrieren. Damit wird die Theorie mit der Unternehmenspraxis verknüpft und die Aussagekraft des CL-GMK nachgewiesen.
- Die Fallstudien werden in Kapitel 6 fallübergreifend analytisch generalisiert, diskutiert und ihr Beitrag zu Idealtypen von Recycling- und Re-Use-Geschäftsmodellen wird kritisch gewürdigt. Als für die Unternehmenspraxis relevantes Ergebnis der Arbeit wird auf dem CL-GMK basierend eine Beratungsmethodik entwickelt, um neue Geschäftsmodelle zu entwerfen. Die Methodik wurde im Rahmen des sustainably-SMART-Projekts an zahlreichen Industriepartnern erfolgreich getestet.

Vor diesem Hintergrund wird nun der Beitrag der Arbeit zu nachhaltigem Wirtschaften und zur Geschäftsmodellforschung herausgestellt.

Auf dem Feld der Industriellen Ökologie ist das Konzept der Materialentropie (Zyklusspanne) mit der Werterhaltung als ökonomischer Zielgröße zu kombinieren (vgl. Kap 2.1.2). Auf diese Weise wird im CL-GMK ein Kriterium geschaffen, um Strategien zu wählen, die Produkte und deren Materialien möglichst hochwertig im industriellen Kreislauf halten und ökonomisch tragbar sind. Für Re-Use und Recycling bietet diese Arbeit eine umfassende Gesamtschau der Komplexitätstreiber. Diese werden üblicherweise nur aus der Perspektive ihrer jeweiligen (technischen) Fachrichtungen betrachtet, beispielsweise bezogen auf Bereiche wie die Produktentwicklung, die Produktion, die Beschaffung oder die Vermarktung. Eine isolierte Perspektive deckt jedoch nicht die Interdependenzen zwischen den einzelnen Komplexitätstreibern auf. In Kapitel 2.2 wird diese Forschungslücke geschlossen und zugleich wird eine gesteigerte Komplexität in CL-GM begründet, und zwar durch zusätzliche Elemente, Verbindungen zwischen den Elementen und die Varianz bzw. Unvorhersagbarkeit im zeitlichen Verlauf des Produktlebenszyklus. Eine Erkenntnis aus dieser integrierten Betrachtung lautet, dass diese Ausprägungen und Interdependenzen klug gehandhabt werden müssen, um erfolgreich Geschäftsmodelle umzusetzen. Dabei ist für jedes Produkt mit seiner spezifischen Kombination aus Produkt- und Markteigenschaften zu prüfen, ob und wie aus diesen Handlungsfeldern ein funktionierendes Geschäftsmodell geformt werden kann. Sich lediglich auf einzelne Themenfelder, beispielsweise in der Produktentwicklung oder der Produktion, zu beschränken, ist keine geeignete Grundlage für CL-GM.

Zur Geschäftsmodellforschung trägt diese Arbeit in zwei Bereichen – konzeptionell und empirisch – bei. Auf konzeptioneller Ebene wird die Forschungslücke, das Fehlen geeigneter Geschäftsmodellkonzepte für CL-GM, geschlossen (vgl. Kap. 4):[539] Bestehende Geschäftsmodellkonzepte berücksichtigen die Verbindungen zwischen einzelnen Teilmodellen nur unzureichend (vgl. Kap. 3.3). Dies ist aber vor allem bei CL-GM relevant, da die Interdependenzen zwischen ihnen – wie in Kap. 2.2 herausgearbeitet – die Komplexität erhöhen. Die Berücksichtigung dieser Abhängigkeiten zwischen den Teilmodellen sowie deren inhaltliche Definition für CL-GM ist zentral, um die einzelnen Bausteine eines Geschäftsmodells aufeinander abstimmen zu können. Bei bestehenden Geschäftsmodellkon-

[539] Die Kriterien zur Bewertung bestehender Geschäftsmodellkonzepte werden offengelegt und erläutert; im Gegensatz zur Bewertung bei Wirtz (2011), S. 45, Figure 3-13, S. 47, Figure 3-16, S. 51, Figure 3-19, S. 58, Figure 3-20.

zepten mit Nachhaltigkeitsbezug wird die ‚Nachhaltigkeit' als Auswirkung eines Geschäftsmodells betrachtet, Verbesserungen eher inkrementell untersucht oder ein bestehendes Geschäftsmodellkonzept wird in seinen Komponenten um Kreislaufwirtschaftsaspekte ergänzt.[540] Deshalb sind die vorliegenden Geschäftsmodellkonzepte nur sehr eingeschränkt tauglich, um CL-GM abbilden und managen zu können. Dies ist vor dem Hintergrund zu sehen, dass CLI das Geschäftsmodell zum Gegenstand haben, da sie technische, organisationale und geschäftsbezogene Innovationen vereinen und Geschäftsmodelle transformieren, um Produkte ressourceneffizienter herzustellen. Ein klar definiertes, theoretisch begründetes Konzept, wie ein Geschäftsmodell zu strukturieren und abzubilden ist, wird benötigt. Diese Anforderungen erfüllt das CL-GMK. Um innovative, neue Geschäftsmodelle in der Unternehmenspraxis zu designen, braucht es außerdem eine Methodik, um Prototypen möglicher Geschäftsmodelle zu entwickeln (vgl. Kap. 6.2).

Empirisch trägt diese Arbeit mit den zwei Fallstudien in Kapitel 5 zur wissenschaftlichen Diskussion um ‚Business Models for Sustainability' bei.[541] Fallstudie A betrachtet und analysiert ein Flaggschiffprojekt zum Kunststoffrecycling des Automobilzulieferers Continental. Es zeigt exemplarisch, wie der Einsatz von Recyclingmaterial für ein Produkt mit hohen technischen Anforderungen in einem sicherheitsrelevanten Anwendungsfall Schwerpunkte in der Produktentwicklung setzt, der Produktionsprozess adaptiert werden muss und die Sicherstellung der Versorgung mit Recyclingmaterial zu einer vertieften Kooperation zwischen Continental als Automobilzulieferer und dem Zulieferer des Kunststoffbauteils führt. Fallstudie B betrachtet die Wiederverwendung von gebrauchten IT-Produkten am Beispiel von Desktop- und Laptopcomputern. Die Fallstudie untersucht ein elektr(on)isches, modular aufgebautes Produkt. Deutlich wird, wie trotz des raschen technischen Fortschritts eines Produktes dessen Marktwert durch Reparatur und Aufrüstung bei Gebrauchtgeräten ausreichend erhalten werden kann. Kennzeichnend ist, dass in diesem Geschäftsmodell meist hochwertige Geräte aus Geschäftsproduktlinien zu Privatkunden transferiert werden. Hier wird Re-Use ermöglicht durch den Transfer zwischen zwei Kundengruppen mit unterschiedlichen Anforderungen an ein Produkt. Die beiden Fallstudien tragen zur Herausarbeitung von Geschäftsmodellidealtypen für Re-Use und Recycling bei, weil sie die Entwicklung eines theoretischen Konzepts mit empirischen Beobachtungen verbinden (vgl. Kap. 6.1).[542]

---

540 Vgl. Lewandowski (2016), S. 43 f.; Lüdeke-Freund (2009), S. 42–44.
541 Vgl. Bocken et al. (2014), S. 48; Schaltegger et al. (2016), S. 6 f.
542 Vgl. Baden-Fuller und Morgan (2010), S. 161.

Die Ergebnisse dieser Arbeit finden im Projekt sustainablySMART Anwendung. Es werden bis September 2018 in neun Fallstudien Geschäftsmodelle für mobile elektronische Geräte (Smartphones, Tablets, Diktiergeräte) entwickelt. Hierbei werden das gesamte Produktleben und das Geschäftsmodellökosystem abgedeckt: von der Produktentwicklung und der Produktion inklusive automatisierter Demontageprozesse bis zur Nutzung und Sammlung.

Seitens der europäischen Gesetzgebung gibt es Anstrengungen, die Kreislaufwirtschaft für elektronische Produkte auch auf Produktebene zu stärken. Das Mandat M/543 zur Umsetzung der Materialeffizienz der Ökodesignrichtlinie wird bis zum Jahr 2019 Standards hierfür erarbeiten, die für die Produkthersteller relevant sein werden.[543] Wichtig in diesem Kontext ist auch die Novelle der WEEE-Richtlinie der EU, die im Laufe des Jahres 2018 erfolgen und neue Sammelziele und -kategorien beinhalten wird.[544] Unterstützt von den künftigen gesetzlichen Rahmenbedingungen werden CL-GM zunehmend strategische Bedeutung für Unternehmen erlangen. In der Praxis werden sich vielfältige Anwendungsfelder für Geschäftsmodellkonzepte anbieten, die sich auf Kreislaufwirtschaftsstrategien fokussieren.

543 Vgl. EU (2009); EC (2015).

544 Vgl. EC (2017).

Anhang

Anhang I.I. Interviewfragebogen für die Fallstudien

Projekt-/Netzwerkbeschreibung

1. Was sind die Ziele des Netzwerkes? Was wird hergestellt oder entwickelt? Welche Unternehmen sind daran beteiligt?
2. Was ist der Beitrag Ihres Unternehmens im Netzwerk? Welche Rechte und Pflichten gehen daraus hervor?
3. Was sind die Gründe für die Beteiligung Ihres Unternehmens am Netzwerk?
4. Aus welchen Gründen verfolgen Sie für das Produkt einen Re-Use-Ansatz?

ZFFA.1 – Steht dies in einem Zusammenhang mit der Unternehmensstrategie? Gibt es Nachhaltigkeitsziele und wie verläuft der interne Abstimmungsprozess?

5. Wie sieht im Vergleich dazu das Baseline-Szenario des hergestellten Produkts aus?
6. Wie laufen die Entscheidungsprozesse im Netzwerk ab? Wie wird Fairness in der Zusammenarbeit zwischen den Partnern überwacht? Gibt es dokumentierte Regelungen?
7. Was ist Ihre Rolle im Netzwerk? Wo nehmen Sie besonders gern oder ungern Einfluss?

Produktentwicklung, Produktion und Ressourcen

8. Welche Produktionsstrategie wird verfolgt? Welche Netzwerkpartner können den „ReUse-Produktionsprozess“ durchführen?
9. Werden vorhandene Technologien, Produkte oder Prozesse weiterentwickelt? Wenn ja, welche?
10. Welche speziellen Anforderungen bringt die Verwendung von Re-Use-Produkten im Produktentwicklungs- und/oder Produktionsprozess mit sich? Wie unterscheiden sich die Schwerpunkte im Vergleich zur Entwicklung/Produktion des Produkts ohne Re-Use-Komponenten?
11. Welche Ressourcen sind wichtig für die Produktentwicklung, Produktion oder Beschaffung?
12. Welche Kompetenzen bringen Sie hier ins Netzwerk ein und welche Assets bedingen diese?

13. Wie offen sind die Ressourcen, die Sie zum Netzwerk beitragen? Gibt es Beschränkungen in der Nutzung oder im Zugriff für bestimme Mitglieder?
14. Gibt es sonstige Schwierigkeiten bei der Umsetzung mit Bezug zu Re-Use (intern/extern). Wenn ja, welche?

ZFFB. 1: Wie haben sich Ihre Ressourcen (= Kompetenzen + technische Ausrüstung) im Laufe des Bestehens des Netzwerkes entwickelt?

Netzwerk und Kreislaufmodell

15. Welche Beziehungen bestehen zwischen den Netzwerkpartnern? Was wird ausgetauscht und gibt es hierzu vertragliche Regelungen? Welches Wissen oder Know-How wird weitergegeben und welches nicht?
16. Gibt es bei Netzwerkpartnern komplementäre Ressourcen für Ihr Unternehmen? Wenn ja, welche?
17. Welches Know-How, welche Technologien und Assets (Ressourcen) tauschen Sie offen aus? Welche Ressourcen halten Sie für eigene Produkte und Dienstleistungen zurück? Gibt es im Netzwerk geteilte Ressourcen, die nicht unter der Kontrolle eines einzelnen Partners stehen?
18. Wie wird weitergegebenes Wissen geschützt?

ZFFB.2: Welche verschiedenen Entwicklungsphasen des Netzwerkes gibt es? Beschreiben Sie die damit einhergehenden Veränderungen.

19. Wie werden die Rohstoffe beschafft? Wie sind die Anforderungen, welche die Beschaffung stellt?

ZFFA.2 Was sind die Schwierigkeiten in der Beschaffung des Rezyklats? Gibt es genügend davon, um das Bremsteil in industriellem Maßstab einzusetzen? Wird nur herstellerspezifisch recycelt (nur Conti-Plastikreste) oder ist dies nicht relevant?

20. Wie verlaufen die Stoffströme im Netzwerk?

Kundenangebot und Marktauftritt

21. Welche zusätzlichen Dienstleistungen werden zum Produkt angeboten?
22. Worin liegt der zusätzliche Kundennutzen und wie wird der Kundennutzen geschaffen?
23. Wie wird der Marktauftritt gestaltet? Wie wird das Produkt vertrieben? Wie werden Kundenbeziehungen aufgebaut?

Anhang I.II. Liste der Interviewpartner

Interview	**Name**	**Position/Abteilung**	**Unternehmen**
Interview 1 **Fallstudie A** – 16.05.2011, Frankfurt am Main	Niels Warburg	Leiter Dept. Environmental Management in Product Development Automotive (QEP), Corporate Quality & Environment - Environmental Protection Products	Continental Teves AG & Co. oHG
	Jürgen Faller	Entwicklung Betätigungssysteme (CHTBKB) Umweltkoordinator Betätigungssysteme	
Interview 2 **Fallstudie A** – 30.08.2011, Hauptsitz des Kunststoffzulieferers A	Interviewparnter A	Sales Manager	Kunststoffzulieferer A
	Interviewpartner B	Sales Manager	
	Interviewpartner C	Produktionsleiter	
	Harald Perthes	Dept. Environmental Management in Product Development Automotive (QEP), Corporate Quality & Environment - Environmental Protection Products	Continental Teves AG & Co. oHG
	Jürgen Faller	Entwicklung Betätigungssysteme (CHTBKB) Umweltkoordinator	

Interview	Name	Position/Abteilung	Unternehmen
Interview 3 Fallstudie A – 31.01.2013, Frankfurt am Main	Stefan Dully	Leiter Dept. Environmental Management in Product Development Automotive (QEP), Corporate Quality & Environment - Environmental Protection Products	Continental Teves AG & Co. oHG
Interview 1 Fallstudie B – 20.12.2012, Ettlingen	Nathalie Ball	CSR-Beauftragte	AfB gemeinnützige Gesellschaft mbH
Interview 2 Fallstudie B – 18.12.2012, Ettlingen	Daniel Büchle	Geschäftsführer	
Interview 3 Fallstudie B – 20.12.2012, Ettlingen	Paul Cvilak	Geschäftsleitung und Gründer	
Interview 4 Fallstudie B – 18.12.2012, Ettlingen	Alexander Rau	Geschäftsführung	
Interview 5 Fallstudie B – 20.12.2012, Ettlingen	Milan Ringwald	Betriebssozialarbeiter und Abteilungsleiter des IT-Hardwaretests	
Interview 6 Fallstudie B – 28.10.2011, Berlin	Bernd Gründel	Geschäftsführer	Dr. Gründel EDV
Interview 7 Fallstudie B – 27.05.2011, Berlin	Stefan Ebelt	Geschäftsführer	Ebelt EDV und Unternehmensberatung

Interview	Name	Position/Abteilung	Unternehmen
Interview 8 Fallstudie B – 27.07.2011, Berlin	Christlinde Thielcke	selbständig	Lin Konzept
Interview 9 Fallstudie B – 25.07.2011, Berlin	Christoph Stöhr	Projektleiter	ReUse Projekt Köpenick e.V.
Interview 10 Fallstudie B – 26.05.2011, Berlin	Frank Becker	Zentraleinrichtung Wissenschaftliche Weiterbildung und Kooperation (ZEWK), Kooperations- und Beratungsstelle für Umweltfragen (kubus)	Technische Universität Berlin
Interview 11 Fallstudie B – 27.07.2011, Berlin	Johannes Dietrich		
Interview 12 Fallstudie B – 11.04.2011, Berlin	Thomas Nittka	Geschäftsführer	tricom GmbH
Interview 13 Fallstudie B – 24.10.2011, Berlin	Gerhard Kast	Geschäftsführer	UP Umweltanalytische Produkte GmbH

Freigaben der Fallstudienberichte für die Veröffentlichung im Rahmen dieser Dissertation liegen vor von Dr. Stefan Dully (Continental-Teves, Environmental Protection Product, Corporate Function - QEP) und Stefan Ebelt (ReUse-Computer e. V., Vorsitzender des Vorstandes).[545]

Anhang I.III. Questionnaire regarding your business model/sustainably-SMART

M. Regenfelder, ReUse e. V. (gemeinnützig)

1. Next steps

In this work package, the project partners develop their business case in analytic manner. The 'business model' concept is the tool we apply to make meaningful advancement in theory and for your future practices. If simplified:

[545] Erklärung von Maximilian Regenfelder: Ich habe die vorliegende Arbeit selbständig verfaßt und keine anderen als die angegebenen Hilfsmittel benutzt.

- What is your business case study's value proposition to customers (your products, services, customer segments and channels)?
- How is this value created (key activities which determine firm internal resources, network partners; needed technology, own role in the business model ecosystem)
- How is this value captured (complementary resources and assets; revenue stream vs. costs)

First Step: Each task leader please coordinates with involved partners. Then write a three pages note about your initial business model (please see below). This will establish a basis for further discussion and advancement of the case studies.

Second Step: We will follow up with a more detailed interview on business models. This also includes data collection, aka first iterations of technology observation. (Questionnaire attached below).

Third Step: Your input for compilation of first deliverable (M12), processing information and data from step 1 and 2.

Fourth Step: Further iteration of business models. To be conducted in collaboration, as appropriate. To be included in the following deliverables (M24 and M36); this iteration respectively deliverable shall also include the 'traditional' business plan as the EU wants to be included in such projects.

This questionnaire is to find out the fundamentals of your business model and guide your first three pages outline of it (that means you do not need to answer each question of it now). Results from this questionnaire will help to clarify your business model in detail in the next steps and thereby will provide a basis for managing the business logic more explicitly in future.

2. Business Model in a Nutshell

The business model explains how you generate a sound value proposition for the customer, and which partners need to be involved (business network, value chain). It also clarifies how you appropriate revenues. Taking the customers' or partners' perspective, the role of the business model is also to lay out what does uniquely define your business, your excellence. This can be more than a single technology; it may mean systems of products and services.

The system aspect is especially relevant for circular economy business models: First, the prolongation of use phases of products and components implies competition with future products. This raises complexity, e. g. from technology forecasting and time lags. Second, circular economy business models prolong the traditional value chain, this is, they reconfigure the value system. The transformation to circular business means that the original value chain is extended; this is the case even if a linear value chain was still applied. The "extension" regards end-of-life goods collection, remanufacturing, refurbishing and, additional steps for recycling. In other cases, after a first use phase, the product is transferred into a new value chain (that is, of another product or a separate industry). Finally, the value chain may be deconstructed or redefined. Value creation takes place in multi-directional business networks.

Let us conclude the mission of this questionnaire:

We aim to clarify, describe and analyse your specific business model.

We follow a structured approach of how, where and why value added does unfold. The following three pillars illustrate this.

- First, your 'value proposition': What does your customer appreciate you for?
- Second, your 'value creation': Which activities create the value? Which resources or capabilities are particularly needed? Which actors and partners are actively involved?
- And thirdly, 'value capture': How do you turn the value into revenues and cash flows? So, how do you make the business model pay out? Which assets and protection rights are available and required beyond the technology itself?

This task follows after the technology development activities in the other work packages 1-5. Those innovation and engineering outputs are incorporated by applying above analytic framework. Business models and technology are informing and shaping each other, It is thus important to analyse both separately and then, to bring them back into context. It might look ambiguous and we thus thank you for having patience with the process. Finally, we assess how the project sustainablySMART's partners may best capture value created from generating business models. The results of this questionnaire will reveal the structure of circular value creation for your business case. This is providing a conceptual and at the same time advanced, analytic practice angle. Figure 1 illustrates our intentionally holistic approach.

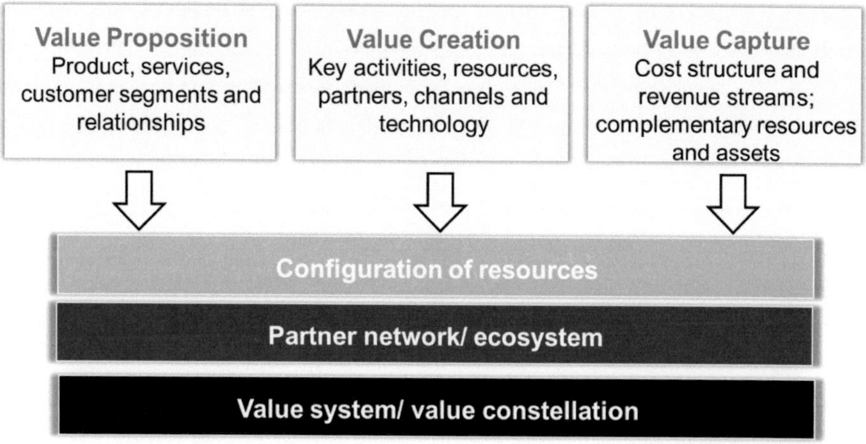

Figure 1: Approach for business model generation in sustainablySMART

Thank you for your time and valuable commitment. We hope you can find this approach useful.

3. Questionnaire Business Models

I. Value Proposition

1. Which product and service does your case study address? Please describe the product and/ or services?
2. Please describe your target markets or target customer segments.
3. What is your role in the case study, what is your contribution?
4. Which value steps and firms are situated before and after you in the closed-loop value chain? And how do you create value added for partners and others in your value chain networks? What do you receive back in return?
5. Does the value proposition change from the way the product was produced and marketed before respectively the common business model for this product (comparison to baseline)?
6. Does the case study have impact on the products use phase or to customer relations (leasing, product service systems etc.)? If yes, please describe.
7. Please describe the competitive environment. Which are the main competitors or competing products?

II. Value Creation

8. Please name the key activities for the creation of the product and assign them to product design; marketing/ use phase; collection/reverse logistics; recycling/re-use/remanufacturing processes; and remarketing.
9. Which resources, competences and technologies are needed for the single key activities?
10. Which actors are relevant to the case study and why? Please describe the network and roles, contributions and resources of actors involved into value chain/system/constellation.
11. Does the case study have effects on your product development? If yes, please describe applied (eco-design) approaches.
12. Does the case study have impact on how to take-back the product? If yes, please describe.
13. Does the case study have impact on processes for remanufacturing, re-use or recycling? If yes, please describe.
14. Does the case study change your marketing/remarketing activities? If yes, please describe.
15. Does the way the value is created change? New actors or structure?

III. Value Capture

16. How does the case study create revenues? Please describe.
17. Please describe the cost structure of your case study. Which (key) activities are cost sensitive/ possible cost drivers?
18. How do your secure returns e. g. from measures early in the product lifecycle? Are there any complementary assets – assuring this appropriation – available?
19. Please describe the environment of your business model. Are there scenarios which likely affect revenues/costs-situation? Which threats/chances do you see for economic viability of your case study at the moment/in 5-10 years?

IV. Technology

20. Can you define technology of interest in keywords?
21. Which companies' technologies are you following up, in order to learn for your own technological approaches?
22. What functionalities of technology are essential for your products to perform well? Name keywords, key parts etc., process or product technology?

23. Can those fields be classified by IPC classes where general developments are of interest for you? (For list of IPC classes for green innovation of OECD see annexed PDFs; also WIPO green inventory.)
24. Are there patents from competitors which may impede developments in the project?

V. Other Aspects

25. Please give a rough scratch on the baseline business model for your product/industry.
26. Please describe ecological or social benefits of your case study compared to a baseline.
27. Why did you choose a remanufacturing, re-use or recycling approach for the addressed products (product properties, market aspects etc.)?
28. Do you like to complete important aspects which have not been mentioned in this interview?

Literaturverzeichnis

Afuah, A. (2004): Business Models – A Strategic Management Approach. New York 2004.

Afuah, A. (2009): Strategic Innovation: New Game Strategies for Competitive Advantage. New York, London 2009.

Allwood, J; Ashby, M.; Gutowski, T.; Worrell, E. (2011): Material efficiency: A white paper. In: Resources, Conservation and Recycling 55 (2011), 3, S. 362–381.

Alonso-Almeida M.; Llach J.; Marimon F. (2014): A Closer Look at the 'Global Reporting Initiative' Sustainability Reporting as a Tool to Implement Environmental and Social Policies: A Worldwide Sector Analysis, In: Corporate Social Responsibility and Environmental Management 21 (2014), 6. S. 318–335.

Amit, R.; Zott, C. (2002): Value Creation in E-Businesses. In: Strategic Management Journal 22 (2002), 6-7, S. 493–520.

Amit, R.; Zott, C. (2015): Crafting Business Architecture: the Antecedents of Business Model Design. In: Strategic Entrepreneurship Journal 9 (2015), 4, S. 331–350.

Apple (2015): 11-inch MacBook Air Environmental Report. Cupertino 2015.

Arnold, K.; von Geibler, J.; Bienge, K.; Stachura, C.; Borbonus, S.; Kristof, K. (2009): Kaskadennutzung von nachwachsenden Rohstoffen: ein Konzept zur Verbesserung der Rohstoffeffizienz und Optimierung der Landnutzung. In: Wuppertal Papers No. 180, Wuppertal 2009.

Baden-Fuller, C.; Morgan, M. (2010): Business Models as Models. In: Long Range Planning 43 (2010), 2–3, S. 156–171.

Bajracharya, R.; Manalo, A.; Karunasena, W.; Lau, K. (2014): An Overview of Mechanical Properties and Durability of Glass-Fibre Reinforced Recycled Mixed Plastic Waste Composites. In: Materials & Design 62 (2014), S. 98–112.

Ballon, P. (2007): Business modelling revisited: the configuration of control and value. In: Journal of Policy, Regulation and Strategy for Telecommunications, Information and Media 9 (2007), 5, S. 6–19.

Baregheh, A., Rowley, J., Sambrook, S. (2009): Towards a Multidisciplinary Definition of Innovation. In: Management Decision, 47 (2009), 8, S. 1323–1339

Barney, J. B.; Hesterly, W. S. (2010): Strategic Management and Competitive Advantage -Concepts and Cases. 3. Aufl., Upper Saddle River 2010.

Barr, S.; Gilg, A. W.; Ford, N. J. (2001): A Conceptual Framework for Understanding and Analysing Attitudes towards Household-Waste Management. In: Environment and Planning, 33 (2001), 11, S. 2025–2048.

BASF (2015): BASF Bericht 2014 - Ökonomische, ökologische und gesellschaftliche Leistung. Ludwigshafen 2015.

Bauer, J. (2008): Industrielle Ökologie: theoretische Annäherung an ein Konzept nachhaltiger Produktionsweisen. Stuttgart 2008.

Baxter, P; Jack, S. (2008): Qualitative Case Study Methodology: Study Design and Implementation for Novice Researchers. In: The Qualitative Report 13 (2008), 4, S. 544–559.

Becker, F. (2005): ReUse-Computer – Netzwerk für Nachhaltigkeit. In: Becker, F.; Endler, W.; Lorenz-Meyer, V. (Hg.): ReUse-Computer – Ein Beitrag zur Entschleunigung der Ökonomie. München 2005, S. 194–216.

Best, H.; Kneip, T. (2011): The Impact of Attitudes and Behavioral Costs on Environmental Behavior: A Natural Experiment on Household Waste Recycling. In: Social Science Research, 40 (2011), 3, S. 917–930.

Bieger, T; Krys, C. (2011): Einleitung – Die Dynamik von Geschäftsmodellen. In: Bieger, T.; Knyphausen-Aufseß, D.; Krys, C. (Hg.): Innovative Geschäftsmodelle – Konzeptionelle Grundlagen, Gestaltungsfelder und unternehmerische Praxis. Heidelberg 2011, S. 1–10.

Bieger, T; Reinhold, S. (2011): Das wertbasierte Geschäftsmodell – Ein aktualisierter Strukturierungsansatz. In: Bieger, T.; Knyphausen-Aufseß, D.; Krys, C. (Hg.): Innovative Geschäftsmodelle - Konzeptionelle Grundlagen, Gestaltungsfelder und unternehmerische Praxis. Heidelberg 2011, S. 13–70.

Bieger, T.; Bickhoff, N.; Knyphausen-Aufseß, D. (2002a): Einleitung. In: Bieger, T.; Caspers, R.; Knyphausen-Aufseß, D.; Redding, K. (Hg.): Zukünftige Geschäftsmodelle. Heidelberg 2002, S. 1–14.

Bieger, T.; Rüegg-Sturm, J.; von Rohr, T. (2002b): Strukturen und Ansätze einer Gestaltung von Beziehungskonfigurationen – Das Konzept Geschäftsmodel. In: Bieger, T.; Caspers, R.; Knyphausen-Aufseß, D.; Redding, K. (Hg.): Zukünftige Geschäftsmodelle. Heidelberg 2002, S. 35-62

BMW AG (2011): Sustainable Value Report 2010. München 2011.

Bocken, N.; Short, S. W.; Rana, P.; Evans, S. (2014): A Literature and Practice Review to Develop Sustainable Business Models Archetypes. In: Journal of Cleaner Production, 65 (2014), S. 42–56.

Bocken, N.; de Pauw, I.; Bakker, C.; van der Grinten, B. (2016): Product Design and Business Model strategy for a Circular Economy. In: Journal of Industrial Production and Engineering 33 (2016), 5, S. 308–320.

Bogner, A; Menz, W. (2005): Das theoriegenerierende Experteninterview – Erkenntnisinteresse, Wissensformen, Interaktion. In: Bogner, A.; Littig, B.; Menz (Hg.): Das Experteninterview –Theorie, Methode, Anwendung. 2. Aufl., Wiesbaden 2005, S. 33–70.

Boulding, K. (1966): The Economics of the Coming Spaceship Earth. In: Jarrett, H. (Hg.): Environmental Quality Issues in a Growing Economy. Baltimore, London 1966, S. 3–14.

Boulding, K. (1971): Environment and Economics. In: Murdoch, W. W. (Hg.): Environment: Resources, Pollution and Society. Stamford 1971, S. 359–367.

Boons, F.; Lüdeke-Freund, F. (2013): Business Models for Sustainable Innovation – State.of-the-Art and towards a Research Agenda. In: Journal of Cleaner Production, 45 (2013), S. 9–19.

Brand, K.; Kropp, C. (2001): Naturverständnisse in der Soziologie – Bericht zum Unterauftrag des UFZ zum BMBF-Sondierungsprojekt ‚Naturbilder in der Nachhaltigkeitsforschung'. München 2001.

Braungart, M.; McDonough, W. (2009): Die nächste industrielle Revolution – Die Cradle to Cradle Community. Hamburg 2009.

Brennan, L.; Isaac, D.; Arnold, J. (2002): Recycling of Acrylonitrile-Butadiene-Styrene and High-Impact Polystyrene from Waste Computer Equipment. In: Journal of Applied Polymer Science 86 (2002), 3, S. 572–578.

Brockhoff, K. (1999): Forschung und Entwicklung – Planung und Kontrolle. München 1999.

Brüning, R.; Ebelt, S.; Regenfelder, M. (2014): Solide Grundlage – Das Blatt ReUse der VDI-Richtlinie 2343 zeigt Potentiale und Erfolgsfaktoren der Wiederverwendung von elektr(on)ischen Geräten auf. In: ReSource (2014), 1, S. 25–31.

BSI (2011): BS 8887 – 'Design for manufacture, assembly, disassembly and end-of-life processing (MADE)' Part 240 – Reconditioning. London 2011.

Bundesministerium der Justiz und für Verbraucherschutz (2002): Verordnung über die Überlassung, Rücknahme und umweltverträgliche Entsorgung von Altfahrzeugen (Altfahrzeug-Verordnung – AltfahrzeugV). Berlin 2002.

Bundesministerium der Justiz und für Verbraucherschutz (2012): Gesetz zur Förderung der Kreislaufwirtschaft und Sicherung der umweltvertraglichen Beseitigung von Abfallen (Kreislaufwirtschaftsgesetz – KrWG – Neufassung). Berlin 2012.

Bundesministerium der Justiz und für Verbraucherschutz (2015): Gesetz über das Inverkehrbringen, die Rücknahme und die umweltverträgliche Entsorgung von Elektro- und Elektronikgeräten (Elektro- und Elektronikgerätegesetz – ElektroG). Berlin 2015.

Bundesministerium der Justiz und für Verbraucherschutz (2017): Gesetz zur Stärkung der nichtfinanziellen Berichterstattung der Unternehmen in ihren Lage- und Konzerlageberichten (CSR-Richtlinie-Umsetzungsgesetz). Berlin 2017.

Canning, L. (2006): Rethinking Market Connections: Mobile Phone Recovery, Reuse and Recycling in the UK. In: Journal of Business & Industrial Marketing 21 (2006), 5, S. 320–329

Casadesus-Masanell, R.; Ricart, J. (2010): From Strategy to Business Models and onto Tactics. In: Long Range Planning 43 (2010), 2-3; S. 195–215.

Chertow, M. R. (2000): The IPAT Equation and its Variants. In: Journal of Industrial Ecology 4(2000), 4, S. 13–29.

Chapman, A.; Bartlett, C.; McGill, I.; Parker, D.; Walsh, B. (2009): Remanufacturing in the UK – a snapshot of the remanufacturing industry in the UK in 2009. Aylesbury 2009.

Chesbrough, H.; Rosenbloom, R. (2002): The Role of the Business Model in Capturing Value from Innovation. Evidence from Xerox Corporation's Technology Spinoff Companies. In: Industrial & Corporate Change 11 (2002), 3, S. 529–555.

Chesbrough, H. (2003): The Era of Open Innovation. In: MIT Sloan Management Review, 44 (2003), 3, S.35–41.

Chesbrough, H. (2010): Business Model Innovation: Opportunities and Barriers. In: Long Range Planning, 43 (2010), 2-3, S. 354–363.

Chesbrough, H.; Vanhaverbeke, W.; West, J. (2006): Open Innovation: Researching a New Paradigm. Oxford, New York 2006.

Chi, X; Wang, M.; Reuter, M.A. (2014): E-Waste Collection Channels and Household Recycling Behaviors in Taizhou of China. In: Journal of Cleaner Production, 80 (2014), S. 87–95.

Cooper, R.G. (1990): Stage-Gate Systems: a New Tool for Managing New Products. In: Business horizons, 33 (1990), 3, S. 44–54.

Cooper, R. G. (2001): Winning with New Products – Accelerating the Process from Idea to Launch. 3. Aufl., Cambridge 2001.

Dahmus, J.; Gutowski, T. (2007): What Gets Recycled: An Information Theory Based Model for Product Recycling. In: Environmental Science and Technology 41 (2007), 21, S. 7543–7550.

Daimler AG (2011): Environmental Certificate for the New B-Class. Stuttgart 2011.

Daimler AG (2015): Nachhaltigkeitsbericht 2014. Stuttgart 2015.

Daimler AG (2016): Environmental Certificate Mercedes-Benz E-Class. Stuttgart 2016.

Daly, H. E. (1977): Steady-State Ecomnomics. San Francisco 1977.

Daly, H. E. (1990): Toward Some Operational Principles of Sustainable Development. In: Ecological Economics 2 (1990), 1, S. 1–6.

Daly, H. E. (1995): Ökologische Ökonomie – Konzepte, Fragen, Folgerungen. In: Altner, G.; Mettler-Meibom. B.; Simonis, U.; Weizsäcker, E. (Hg.): Jahrbuch Ökologie. München 1995, S. 147–161.

Daly, H. E. (2005): Economics in a Full World. In: Scientific American 293(2005), 3, S. 100–107.

Damanpour, F. (1996): Organizational Complexity and Innovation: Developing and Testing Multiple Contingency Models. In: Management Science 42 (1996), 5, S. 693–716.

Damanpour, F., Schneider, M. (2006): Phases of the Adoption of Innovation in Organizations: Effects of Environment, Organization and Top Managers. In: British Journal of Management 17 (2006), 3, S.215–236.

Dasgupta, P; Heal, G. (1974): The Optimal Depletion of Exhaustible Resources. In: Revision of Economic Studies 41 (1974), S.3–28.

Destatis (2017): Kennzahlen der Unternehmen des Verarbeitenden Gewerbes 2017. https://www.destatis.de/DE/ZahlenFakten/Wirtschaftsbereiche/IndustrieVerarbeitendesGewerbe/Tabellen/KennzahlenVerarbeitendesGewerbe.html. Zugriff am 01.10.12.2017.

Di Gregorio, S. (2009): Software-Instrumente zur Unterstützung qualitativer Analyse. In: Buber, R., Holzmüller, H. (Hg.): Konzepte – Methoden – Analysen. 2. Aufl. Wiesbaden 2009, S. 733–760.

Dietrich, J.; Becker, F.; Kast, G.; Nittka, T.; Kopacek, B.; Schadlbauer, S.; Modoran, D.; Obersteiner, G.; Scherhaufer, S. Regenfelder, M. (2012): Practical Demonstrator "ReUse ICT Network". In: Lang, K.; Nissen, N.; Middendorf, A.; Chancerel, P. (Hg.): Proceedings of Joint International Congress and Exhibition Electronic Goes Green (EGG) 2012+. Berlin 2012.

Dillon, P. (1999): Recycling Infrastructure for Engineering Thermoplastics: A Supply Chain Analysis. In: Proceedings of the 1999 IEEE International Symposium on Electronics and the Environment, S. 198–203.

De Brito, M.; Dekker, R.; Flapper, S. (2003): Reverse Logistics – A Review of Case Studies. In: ERIM Report Series in Management. Rotterdam 2003.

Dyllick, T.; Hockerts, K. (2002): Beyond the Business Case for Corporate Sustainability. In: Business Strategy and the Environment 11 (2002), 2, S.130–141.

Dosi, G. (1982): Technological Paradigms and Technological Trajectories: A Suggested Interpretation of the Determinants and Directions of Technical Change. In: Research Policy 11(1982), 3, S.147–162.

Ebelt, S.; Regenfelder, M. (2015): Abfallvermeidungsstrategien – Eine vom Produkt ausgehende Vermeidungshierarchie und Gestaltungsprinzipien. In: ReSource, (2015), 1, S. 3–13.

Ebelt, S.; Regenfelder, M.; Slowak, A.P.; Dworak, C. (2017): Implementing Material Efficiency Requirements of the European Ecodesign Directive – CEN/CENELEC TC 10 and the Joint Working Group DIN NAGUS 172-00-14 GA. In: Proceedings of Management of Technologies - Step to Sustainable Production (MOTSP) 2017. Dubrovnik 2017.

Ehrlich, P.; Holdren, J. (1971): Impact of Population Growth. In: Science 171 (1971), S. 1212–1217.

Ehrenfeld, J. (2004): Industrial Ecology: a new Field or only a Metaphor? In: Journal of Cleaner Production 12 (2004), 8-10, S. 825–831.

Eisenhardt, K. (1989): Building Theories from Case Study Research. In: Academy of Management Review 14 (1989), 4, S. 532–550.

Eisenhardt, K..; Graebner, M. (2007): Theory Building from Cases: Opportunities and Challenges. In: Academy of Management Journal 50 (2007), 1, S. 25–32.

Elkington, J. (1997): Cannibals with Forks - The Triple Bottom Line of 21st Century. Oxford 1997.

The Ellen Macarthur Foundation (2016): Circular Economy System Diagram. http://www.ellenmacarthurfoundation.org/circular-economy/interactive-diagram. Zugriff am 12.04.2016.

Europäische Kommission (2005): Taking Sustainable Use of Resources Forward: A Thematic Strategy on the Prevention and Recycling of Waste – Commission Communication 21/12/2005 COM(2005) 666. Brüssel 2005.

Europäische Kommission (2010): Critical Raw Materials for the EU - Report of the Ad-Hoc Working Group on Defining Critical Materials. Brüssel 2010.

Europäische Kommission (2011): A Resource-efficient Europe: Flagship Initiative under the Europe 2020 Strategy - Commission Communication 26/01/2011 COM(2011) 21, Brüssel 2011.

Europäische Kommission (2013): US-Japan-EU Trilateral Workshop on Critical Raw Materials - Workshop Report / Minutes. Brüssel 2013.

Europäische Kommission (2014a): Report on Critical Raw Materials for the EU. European Commission – Report of the Ad-Hoc Working Group on Defining Critical Materials, May 2014 (Review). Brüssel 2014.

Europäische Kommission (2014b): Report on Critical Raw Materials for the EU: Critical Raw Materials Profiles. Brüssel 2014.

Europäische Kommission (2014c): Allgemeines Umweltaktionsprogramm der Union für die Zeit bis 2020 – Gut leben innerhalb der Belastbarkeitsgrenzen unseres Planeten. Brüssel 2014.

Europäische Kommission (2015): M/543 – Commission Implementing Decision of 17.12.2015 on a Standardisation Request to the European Standardisation Organisations as Regards Ecodesign Requirements on Material Efficiency Aspects for Energy-Related Products in Support of the Implementation of Directive 2009/125/EC of the European Parliament and of the Council. Brüssel 2015.

Europäische Kommission (2017): Bericht der Kommission an das Europäische Parlament über die Überprüfung des Geltungsbereichs der Richtlinie 2012/19/EU über Elektro- und Elektronik-Altgeräte (neue EEAG-Richtlinie) und über die Überprüfung der Fristen für die Erreichung der in Artikel 7 Absatz 1 der neuen EEAG-Richtlinie genannten Sammelziele sowie über die mögliche Festlegung gesonderter Sammelziele für eine oder mehrere der in Anhang III der Richtlinie aufgeführten Kategorien von Elektro- und Elektronik-Altgeräten. COM (2017) 171 final. Brüssel 2017.

Europäisches Parlament (2016): Circular Economy Package – Four legislative proposals on Waste, Briefing - EU Legislation in Progress. Brüssel, 2016.

Europäische Union (1994): Directive 94/62/EC of 20 December 1994 on Packaging and Packaging waste. In: Official Journal of the European Union L365 (1994), S. 10–28.

Europäische Union (2000): Richtlinie 2000/53/EG des Europäischen Parlaments und des Rates vom 18. September 2000 über Altfahrzeuge - Erklärung der Kommission. In: Amtsblatt L 269 (2000), S.34–43.

Europäische Union (2006a): Regulation (EC) No 1907/2006 of the European Parliament and of the Council of 18 December 2006 concerning the Registration, Evaluation, Authorisation and Restriction of Chemicals (REACH), establishing a European Chemicals Agency, amending Directive 1999/45/EC and repealing Council Regulation (EEC) No 793/93 and Commission Regulation (EC) No.1488/94 as well as Council Directive 76/769/EEC and Commission Directives 91/155/EEC, 93/67/EEC, 93/105/ EC and 2000/21/EC. In: Official Journal of the European Union L396 (2006), S. 1–849.

Europäische Union (2006b): Directive 2006/66/EC of the European Parliament and of the Council of 6 September 2006 on Batteries and Accumulators and Waste Batteries and Accumulators and Repealing Directive 91/157/EEC. In: Official Journal of the European Union, L 266 (2006), S. 1–14.

Europäische Union (2008): Richtlinie 2008/98/EG des Europäischen Parlaments und des Rates vom 19. November 2008 über Abfalle und zur Aufhebung bestimmter Richtlinien, In: Amtsblatt der Europäischen Union L312 (2008), S. 3–30.

Europäische Union (2009): Directive 2009/125/EC of the European Parliament and of the Council of 21 October 2009 Establishing a Framework for the Setting of Ecodesign Requirements for Energy-Related Products (Recast). In: Official Journal of the European Union, L285 (2009), S. 10–35.

Europäische Union (2011): Directive 2011/65/EU of the European Parliament and of the Council of 8 June 2011 on the Restriction of the Use of Certain Hazardous Substances in Electrical and Electronic Equipment (Recast). In: Official Journal of the European Union L174 (2011), S. 88–110.

Europäische Union (2012): Directive 2012/19/EU of the European Parliament and of the Council of 4 July 2012 on Waste Electrical and Electronic Equipment (WEEE) – Recast, In: Official Journal of the European Union, L197 (2012), S. 38–71.

Faulstich M.; Mocker M.; Pfeifer S.; Köglmeier M.; Egner S. (2010): Informationspapier zur BMBF-Fördermaßnahme r3 – Innovative Technologien für Ressourceneffizienz – Strategische Metalle und Mineralien. München 2010.

Ferrer, G.; Guide, V. D. R. (2002): Remanufacturing Cases and State of the Art. In: Ayres, R.; Ayres, L. (Hg.): A Handbook of Industrial Ecology. Cheltenham Northampton 2002; S. 510–520

Figge, F.; Hahn, T.; Schaltegger, S.; Wagner, M. (2002): The Sustainability Balanced Scorecard – Linking Sustainability Management to Business Strategy. In: Business strategy and the Environment 11 (2002), 5, S. 269–284.

Fleischmann, M.; Krikke, H; Rommert Dekker, S.; Flapper, D (2000): A Characterisation of Logistics Networks for Product Recovery. In: Omega 28 (2000), 6, S. 653–666.

Folke, C.; Biggs, R; Norström, A.V.; Reyers, B.; Rockström, J. (2016): Social-Ecological Resilience and Biosphere-Based Sustainability Science. In: Ecology and Society 21 (2016), 3, 41, S.1–16.

Freiling, J. (2001): Resource-based View und ökonomische Theorie - Grundlagen und Positionierung des Ressourcenansatzes. Wiesbaden 2001.

Gallo, M.; Romano, E.; Carmela Santillo, L. (2012): A Perspective on Remanufacturing Business – Issues and Opportunities. In: Bobek, V. (Hg.): International Trade from Economic and Policy Perspective. Rijeka 2012, S. 209–234.

Gassmann, O. (2006): Opening up the Innovation Process: Towards an Agenda. In: R&D Management 36 (2006), 3, S. 223–226.

Gehrlein, U. (2000): Wege zur Zukunftsbeständigkeit. Strategien und Instrumente zur Umsetzung des Leitbildes nachhaltiger Entwicklung. Münster 2000.

Georgescu-Roegen, N. (1971): The Entropy Law and the Economic Process. Cambridge, London 1971.

Georgescu-Roegen, N. (1986): The Entropy Law and the Economic Process in Retrospect. In: Eastern Economic Journal 12 (1986), 1, S. 3–25.

Gephart, R. (2004): Qualitative Research and the Academy of Management Journal. In: Academy of Management Journal 47 (2004), 4, S. 454–462.

Geroski, P. (1998): Thinking Creatively about your Market: Crisps, Perfume and Business Strategy, In: Business Strategy Review 9 (1998), 2, S. 1–10.

Geroski, P. (2003): Evolution of New Markets. Oxford, New York 2003.

Gerybadze, A. (2004): Technologie- und Innovationsmanagement. München 2004.

Gibbert, M.; Ruigrok, W.; Wicki, B. (2008): What Passes as a Rigorous Case Study? In: Strategic Management Journal 29 (2008), 13, S. 1465–1474.

Gießmann, M. (2010): Komplexitätsmanagement in der Logistik – Kausalanalytische Untersuchung zum Einfluss der Beschaffungskomplexität auf den Logistikerfolg. Lohmar 2010.

Giraldi, A.; Bartoli, J.; Velasco, J.; Mei, L. (2005): Glass Fibre Recycled Polyethylene terephthalate Composites: Mechanical and Thermal Properties. In: Polymer Testing 24 (2005), 4, S. 507–512.

Gläser, J.; Laudel, G. (2010): Experteninterviews und qualitative Interviews. als Instrumente rekonstruierender Untersuchungen. 4. Aufl., Wiesbaden 2010.

Gleich, A.; Gottschick, M.; Jepsen D.; Sanders, K. (2006): Sustainability Strategies in Field Trial. In: Gleich, A. Ayres, R.; Gößling-Reisemann, S. (Hg.): Sustainable Metals Management. Dordrecht 2006, S. 249–291.

Global Footprint Network (2014): Working Guidebook to the National Footprint Accounts 2014. Oakland 2014.

Global Reporting Initiative (2015): G4 Sustainability Reporting Guidelines. https://www.globalreporting.org/standards/g4/Pages/default.aspx. Zugriff am 15.12.2015.

Gminder, C.; Bieker, T.; Dyllick, T.; Hockerts, K. (2002): Nachhaltigkeitsstrategien umsetzen mit einer Sustainability Balanced Scorecard. In: Schaltegger, S.; T. Dyllick (Hg.): Nachhaltig managen mit der Sustainability Balanced Scorecard. Wiesbaden 2002, S. 95–147.

Gordon, R. B.; Bertram, M.; Graedel, T. (2006): Metal Stocks and Sustainability. In: Proceedings of the National Academy of Sciences of the United States of America 103 (2006), 5, S. 1209–1214.

Gößling-Reisemann, S. (2006): Entropy as a Measure for Resource Consumption - Application to Primary and Secondary Copper Production. In: Gleich, A.; Ayres, R.; Gößling-Reisemann, S. (Hg.): Sustainable Metals Management Securing Our Future - Steps Towards a Closed Loop Economy. Dordrecht 2006, S. 195–235.

Gößling-Reisemann, S.; Gleich, A. (2012): Verbindungen zwischen Industrial Ecology und Systems of Provision. In: von Hauff, M.; Isenmann, R.; Müller-Christ, G. (Hg.) Industrial Ecology Management Nachhaltige Entwicklung durch Unternehmensverbünde. Wiesbaden 2012, S. 75–92.

Graedel, T.; Allenby, B. (1995): Industrial Ecology. Englewood Cliffs, 1995.

Graedel T.; Allwood J.; Birat J. P.; Bucjert, M.; Hagelüken, C.; Reck, B. K.; Sibley, S.; Sonnemann, G. (2011): Recycling Rates of Metals – A Status Report. United Nations Environment - Report of the Working Group on the Global Metal Flows to the International Resource Panel. Paris 2011.

Grant, R. M. (1991): The Resource-Based Theory of Competitive Advantage. Implications for Strategy Formulation. In: California Management Review 33 (1991), 3, S. 114–135.

Grant, R. M. (2008): Contemporary Strategy Analysis. 6. Aufl., Malden 2008.

Guide, V. D. R. (2000): Production planning and control for remanufacturing: industry practice and research needs. In: Journal of Operations Management 18 (2000), 4, S. 467–483.

Hagelüken, C. (2012): Recycling seltener Metalle. In: Kranert, M.; Sihler, A. (Hg.): Kreislaufwirtschaftstag 2012: Sicherung der Rohstoffe – eine Herausforderung für Wirtschaft und Kommune. München 2012, S. 48–59.

Hamel, G. (1998): Strategy Innovation and the Quest for Value. In: Sloan Management Review 39 (1998), 2, S. 7–17.

Hamel, G. (2001): Das Revolutionäre Unternehmen – Wer Regeln bricht, gewinnt. 2 Aufl., München 2001.

Heimerl, P. (2009): Falsstudien als forschungsstrategische Entscheidung. In: Buber, R. und Holzmüller, H. (Hg.): Qualitative Marktforschung - Konzepte - Methoden – Analysen. 2. Aufl., Wiesbaden 2009, S. 381–400.

Hellström, T. (2007): Dimensions of Environmental Sustainable Innovation: the Structure of Eco-Innovation Concepts. In: Sustainable Development 15 (2007), 3, S.148–159.

Henderson, R. M.; Clark, K.B. (1990): Architectural Innovation: The Reconfiguration of Existing Product Technologies and the Failure of Established Firms. In: Administrative Science Quarterly 35 (1990), 1, S. 9–30.

Heinrichs, H. (2013): Sharing economy —A potential new pathway to sustainability. In: Gaia 22 (2013), 4, S 228–231.

Henseling, C.; Behrendt, S. (2011): Chancen für nachhaltigen Konsum - Wiederverkaufskultur im Internet. In: Ökologisches Wirtschaften, (2011), 4, S. 47–50.

Hertwich, E. (2005): Consumption and the Rebound Effect - An Industrial Ecology Perspective. In: Journal of Industrial Ecology, 9 (2005), 1-2, S. 85–98.

Holm, S.-O.; Englund, G. (2009): Increased Ecoefficiency and Gross Rebound Effect: Evidence from USA and six European countries 1960–2002. In: Ecological Economics 68 (2009), 3, S.879–887.

Huber, J. (2000): Industrielle Ökologie. Konsistenz, Effizienz und Suffizienz in zyklusanalytischer Betrachtung. In: Simonis, U. E. (Hg.): Global Change. Baden-Baden, 2000, S. 109-126.

Infineon (2015): Integration mit System – Geschäftsbericht 2015. Neubiberg 2015.

Isenmann, R. (2003): Natur als Vorbild. Plädoyer für ein differenziertes und erweitertes Verständnis der Natur in der Ökonomie. Marburg 2003.

Isenmann, R. (2012): Von der Industrial Ecology Science zum Industrial Ecology Management. In: von Hauff, M.; Isenmann, R.; Müller-Christ, G. (Hg.): Industrial Ecology Management - Nachhaltige Entwicklung durch Unternehmensverbünde. Wiesbaden 2012, S. 43–56.

Isenmann, R.; Müller-Christ, G.; von Hauff, M. (2012): Einführung zum Industrial Ecology Management. In: von Hauff; M.; Isenmann, R.; Müller-Christ, G. (Hg.): Industrial Ecology Management - Nachhaltige Entwicklung durch Unternehmensverbünde. Wiesbaden 2012, S. 17–30.

ISO (2006): DIN EN ISO 14044:2006-10 Umweltmanagement – Ökobilanz – Anforderungen und Anleitungen. Berlin 2006.

ISO (2009): DIN EN ISO 14040:2009-11 Umweltmanagement – Ökobilanz – Grundsätze und Rahmenbedingungen. Berlin 2009.

Jackson, T. (2005): Live Better by Consuming Less? Is there a 'Double Dividend' Sustainable Consumption? In: Journal of Industrial Ecology 9 (2005), 1-2, S. 19–36.

Jansen W.; van den Heuvel, W. (2014): Abundance in Positive Design Part A: The Image of 'Unlimited Good' – Images of Scarcity and Abundance in Designing Organizations. http://www.academia.edu/184001/Abundance_and_scarcity_thinking_and_Design_of _Organizations_and_Networks. Zugriff am17.01.2015.

Jacquemin, A. P.; Berry, C. H. (1979): Entropy Measure of Diversification and Corporate Growth. In: The Journal of Industrial Economics 27 (1979), 4, S. 359–369.

Jevons, W. S. (1865): The Coal Question – An Inquiry concerning the Progress of the Nation, and the probable Exhaustion of our Coal Mines, Cambridge 1865.

Johannessen, J. A.; Olsen, B.; Lumpkin, G. T. (2001): Innovation as Newness: what is new, how new, and new to whom?" In: European Journal of Innovation Management 4 (2001), 1, S. 20–-31.

Johnson, M. W.; Christensen, C. M., Kagermann, H. (2008): Reinventing Your Business Model. In: Harvard Business Review 89 (2008), 12, S. 59–68.

Johnston, R.; Bate, J. D. (2013): The Power of Strategy Innovation – A New Way of Linking Creativity and Strategic Planning to Discover Great Business Opportunities. New York, Atlanta, Brussels, Chicago, Mexio City, San Francisco, Shanghai, Tokyo, Toronto, Washington D.C. 2013.

Jonsson, C.; Felix, J.; Sundelin, A.; Johansson, B. (2011): Sustainable Production by Integrating Business Models of Manufacturing and Recycling Industries. In: Hesselbach, J.; Hermann, C. (Hg.): Glocalized Solutions for Sustainability in Manufacturing - Proceedings of the 18th CIRP International Conference on Life Cycle Engineering. Berlin Heidelberg 2011, S. 201–206.

Kagermann, H.; Österle, H. (2007): Geschäftsmodelle 2010 – Wie CEOs Unternehmen transformieren. 2. Aufl., Frankfurt 2007.

Kallis, G.; Martinez-Alier, J.; Norgaard, R. B. (2009): Paper Assets, Real Debts, In: Critical perspectives on international business 5 (2009), 1-2, S. 14–25.

Kaplan, R. S.; Norton, D. P. (1992): The Balanced Scorecard - Measures that Drive Performance. In: Harvard Business Review 70 (1992), 1, S. 71–79.

Keramitsoglou, K.; Tsagarakis, K. (2013): Public Participation in Designing a Recycling Scheme towards Maximum Public Acceptance. In: Resources, Conservation and Recycling 70 (2013), 1, S. 55–67.

Kerr, W.; Ryan, C. (2001): Eco-Efficiency Gains from Remanufacturing: A case Study of Photocopier Remanufacturing at Fuji Xerox in Australia. In: Journal of Cleaner Production, 9 (2001) 1; S. 75–81

Kim, W. C.; Mauborgne, R. (2015): Blue Ocean Strategy, Expanded Edition: How to Create Uncontested Market Space and Make the Competition Irrelevant. Erw. Aufl., Boston 2015.

Kimura, F.; Kato, S.; Hata, T.; Masuda, T. (2001): Product Modularization for Parts Reuse in Inverse Manufacturing. In: CIRP Annals - Manufacturing Technology 50(2001), 1, S. 89–92.

Kline, J. K.; Rosenberg, N. (1986): An Overview of Innovation. In: Landau, R. Rosenburg, N. (Hg.): The Positive Sum Strategy - Harnessing Technology for Economic Growth. Washington D.C 1986, S. 275-306.

Knyphausen-Aufseß, D.; Meinhardt, Y. (2002): Revisiting Strategy – Ein Ansatz zur Systematisierung von Geschäftsmodellen. In: Bieger, T.; Caspers, R.; Knyphausen-Aufseß, D.; Redding, K. (Hg.): Zukünftige Geschäftsmodelle. Heidelberg 2002, S. 63–92.

Knyphausen-Aufseß, D.; Zollenkop, M. (2011): Transformation von Geschäftsmodellen – Treiber, Entwicklungsmuster, Innovationsmanagement. In: Bieger, T.; Knyphausen-Aufseß, D.; Krys, C. (Hg.): Innovative Geschäftsmodelle - Konzeptionelle Grundlagen, Gestaltungsfelder und unternehmerische Praxis. Heidelberg 2011, S. 111–128.

Korhonen, J. (2004): Industrial Ecology in the Strategic Sustainable Development Model: Strategic Applications of Industrial Ecology. In: Journal of Cleaner Production 12 (2004), 8, S. 809-823.

Krikke, H. (2011): Impact of Closed-loop Network Configurations on Carbon Footprints: A Case Study. In Resources, Conservation and Recycling 55 (2011), 12, S. 1196–1205.

Kuckartz, U. (2010): Einführung in die computergestützte Analyse qualitativer Daten. Aufl. 3, Wiesbaden 2010.

Landesamt für Natur, Umwelt und Verbraucherschutz Nordrhein-Westfalen (2012): Recycling kritischer Rohstoffe aus Elektronik-Altgeräten. In: LANUV-Fachbericht 38(2012).

Lambert, S. (2006): A Business Model Research Schema. In: School of Commerce. University of South Australia. Adelaide - School of Commerce Research Paper Series 02 (2006).

Lambert, S.; Davidson, R. (2013): Application of the Business Model in Studies of Enterprise Success, Innovation and Classification - An Analysis of Empirical Research from 1996 to 2010. In: European Management Journal 31 (2013), S. 668–681.

Lamnek, S. (2005): Qualitative Sozialforschung – Lehrbuch. 4. Aufl, Weinheim, Basel 2005.

Lewandowski, M. (2016): Designing the Business Models for Circular Economy - Towards the Conceptual Framework. In: Sustainability 8 (2016), 1, S. 43–70.

Li, Y.; Vanhaverbeke, W.; Schoenmakers, W. (2008): Exploration and Exploitation in Innovation: Reframing the Interpretation. In: Creativity and Innovation Management 17 (2008), 2, S. 107–126.

Lindahl, M.; Sundin, E.; Östlin, J.; Björkman, M. (2006): Concepts and Definitions for Product Recovery Analysis and Clarification of the Terminology Used in Academia and Industry. In: Brissaud, D.; Tichkiewitch, S.; Zwolinski, P. (Hg.): Innovation in Life Cycle Engineering and Sustainable Development. Dordrecht 2006. S. 123–138.

Littig, B.; Griessler, E. (2005): Social Sustainability: a Catchword between Political Pragmatism and Social Theory. In: International Journal of Sustainable Development 8 (2005), 1-2, S. 65–79.

Lüdeke-Freund, F. (2009): Business Model Concepts in Corporate Sustainability Contexts - From Rhetoric to a Generic Template for “Business Models for Sustainability". Lüneburg 2009.

Lund, R. (1985): Remanufacturing: The Experience of the United States and Implications for Developing Countries. In: World Bank Technical Paper Number 31 – UNDP Project Management Report Number 2. Washington D.C. 1985.

Lund, R. (1996): The Remanufacturing Industry: Hidden Giant. Boston 1996.

Lund, R.; Hauser, W. (2010): Remanufacturing an American Perspective. In: Proceedings of 5th International Conference on Responsive Manufacturing – Green Manufacturing (ICRM 2010). Ningbo 2010.

Lund, R.; Hauser, W. (2012): The Database of Remanufacturers - Remanufacturing Studies at Boston University. Boston 2012. www.bu.edu/reman/The%20Remanufacturing%20Database.pdf. Zugriff am 28.02.2016.

Lundmark, P.; Sundin, E.; Björkman, M. (2009): Industrial Challenges within the Remanufacturing System. In: Proceedings of Swedish Production Symposium. Stockholm 2009, S. 132–138.

Majer, H. (2003): Nachhaltige Entwicklung – Leitbild für Zukunftsfähigkeit In: WISU 32 (2003), 7, S. 935–943.

Manson, S. (2001): Simplifying Complexity A Review of Complexity Theory. In: Geoforum, 32 (2001), 3, S. 405-414.

Mantel, R.; Schlotter, U. (2017): Trend zu mehr Recycling. In: Müll und Abfall, 49 (2017), 5, S. 240–246.

Markides, C. (2006): Disruptive Innovation: In Need of Better Theory. In: Journal of Product Innovation Management 23 (2006), 1, S.19-25.

Mars, C.; Nafe, C.; Linnel, J. (2016): The Electronics Recycling Landscape Report. New York 2016.

Mayring, P. (2002): Qualitative Sozialforschung. 5. Aufl., Weinheim, Basel 2002.

Matsumoto, M. (2009): Business Frameworks for Sustainable Society – A Case Study on Reuse Industries in Japan. In: Journal of Cleaner Production 17 (2009), S. 1547–1555.

McIvor, R. (2009): How the Transaction Cost and Resource-Based Theories of the Firm Inform Outsourcing Evaluation. In: Journal of Operations Management, 27 (2009) 1, S. 45–63.

Meadows, D.; Meadows, D.; Zahn, E.; Milling, P. (1972): Die Grenzen des Wachstums - Bericht des Club of Rome zur Lage der Menschheit. Stuttgart 1972.

Meadows, D.; Randers, J.; Meadows, D. (2004): Limits to Growth – The 30-Year Update. White River Junction 2004.

Meuser, M., Nagel, U., (1991): ExpertInneninterviews - vielfach erprobt, wenig bedacht. Ein Beitrag zur qualitativen Methodendiskussion. In: Garz, D., Kraimer, K. (Hg.): Qualitativ-empirische Sozialforschung – Konzepte, Methoden, Analysen. Opladen 2001, S. 441–471.

Miles; M. B. (1979): Qualitative Data as an Atractive Nuissance – The Problem of Analysys. In: Administrative Science Quarterly 24 (1979), 4, S. 590–601.

Miles, M. B.; Huberman, A. Michael (1994): Qualitative data analysis An expanded sourcebook. 2. Aufl., Thousand Oaks 1994.

Milne, M.; Gray, R. (2013): W(h)ither Ecology? The Triple Bottom Line, the Global Reporting Initiative, and Corporate Sustainability Reporting. In: Journal of Business Ethics 118 (2013), 1, S. 13–29.

Milivantseva, N.; Saphores, J. (2013): E-Waste Bans and U.S. Households' Preferences for Disposing of their E-Waste. In: Journal of Environmental Management 124 (2013), S. 8–16.

Mintzberg, H. (1979): An Emerging Strategy of "Direct" Research. In: Administrative Science Quarterly 24 (1979), 4, S. 582–589.

Morioka, T.; Yoshida, N.; Yamamoto, Y. (2003): Cycle-closing Product Chain with Appropriate Production. In: Clean Technologies and Environmental Policy, 6 (2003), 1, S. 7–17.

Myers, S., Marquis, D. G. (1969): Successful Industrial Innovations – A Study of Factors Underlying Innovation in Selected Firms. Washington 1969.

Nemeth, A. (2011): Geschäftsmodellinnovation – Theorie und Praxis der erfolgreichen Realisierung von strategischen Innovationen in Großunternehmen. St. Gallen 2011.

Neubauer, J.; Pesaran, A. (2010): NREL's PHEV/EV Li-ion Battery Secondary-Use Project. In: NREL/CP-540-48042.

Neubauer, J.; Pesaran, A.; Williams, B.; Ferry, M.; Eyer, J. (2012): A Techno-Economic Analysis of PEV Battery Second Use: Repurposed Battery Selling Price and Commercial and Industrial End User Value. In: Proceedings of 2012 SAE World Congress and Exhibition, Detroit 2012.

Neumayer, E. (2000): Scarce or Abundant? The Economics of Natural Resource Availability. In: Journal of Economic Surveys 14 (2000), 3, S. 307–335.

Niemann, J.; Tichkiewich, S.; Westkämper, E. (2009): Design of Sustainable Product Life Cycles. Berlin 2009.

Norgaard, R. B. (1990): Economic Indicators of Resource Scarcity: a Critical Essay. In: Journal of Environmental Economics and Management 19 (1990), 1, S. 19–25.

Norman, R.; Ramirez, R. (1993): From Value Chain to Value Constellation. In: Harvard Business Review 71 (1993), 3, S. 65-77.

OECD (1993): Frascati Manual – Proposed Standard Practicefor Surveys of Research and Experimental Development. Paris 1993.

Ongondo F. O.; Williams I. D. (2011): Greening Academia: Use and Disposal of Mobile Phones Among University Students. In: Waste Management 31 (2011), 7, S. 1617–1634.

Osterwalder, A. (2004): The Business Model Ontology – A Proposition in a Design Science Approach. Dissertation, Lausanne.

Osterwalder, A.; Pigneur, Y. (2002): An eBusiness Model Ontology for Modeling eBusiness. In: Proceedings of 15th Bled Electronic Commerce Conference e-Reality - Constructing the e-Economy. Beld 2002, S. 1–12.

Osterwalder, A.; Pigneur, Y. (2004): An Ontology for e-Business Models. In: Currie, W. (Hg.): Value Creation from E-Business Models. Oxford 2004, S. 65–97.

Osterwalder, A.; Pigneur, Y. (2010): Business Model Generation, Hoboken 2010.

Osterwalder, A.; Pigneur, Y.; Bernarda, G.; Smith, A. (2014): Value Proposition Design: How to Create Products and Services Customers Want. Hoboken 2014.

Osterwalder, A.; Pigneur, Y.; Tucci, C. L. (2005): Clarifying Business Models: Origins, Present and Future of the concept. In: Communications of the Association for Information Systems 16 (2005), 1, S. 1–38.

Pfadenhauer, M. (2009): Das Experteninterview. Ein Gespräch auf gleicher Augenhöhe. In: Buber, R.; Hartmut H. Holzmüller (Hg.): Qualitative Marktforschung. Konzepte – Methoden – Analysen. 2. Aufl., Wiesbaden 2009, S. 449–461.

Pehlken, A.; Thoben, K.-D. (2011): Contribution of Recycling Processes to Sustainable Resource Management. In: Hesselbach, J.; Herrmann, C. (Hg.): Glocalized Solutions for Sustainability in Manufacturing - Proceedings of the 18th CIRP International Conference on Life Cycle Engineering. Berlin Heidelberg 2011. S. 465–469.

Penrose, E. (1959): The Theory of the Growth of the Firm. Oxford 1959.

Pierce, L. J.; Boerner, C. S.; Teece, D. (2008): Dynamic Capabilities, Competence and the Behavioral Theory of the Firm. In: Teece, D. (Hg.): Technological Know-How, Organizational Capabilities, and Strategic Management. Business Strategy and Enterprise Development in Competitive Environments. Hackensack 2008, S. 53–68.

Poh, M. (2004): Thermal and Mechanical Analysis of Recycled Glass Filled PET for Printer Parts. In: Proceedings of the International IEEE Conference Asian Green Electronics. Hongkong 2004, S. 50–55.

Porter, M. E.: Wettbewerbsvorteile: Spitzenleistungen erreichen und behaupten. Frankfurt 1989.

Porter, M. E.; van der Linde C. (1995): Green and Competitive: Ending the Stalemate. In: Harvard Business Review 73(1995), 5, S.120–134.

Posch, A. (2012): Zwischenbetriebliche Recyclingnetzwerke aus entscheidungstheoretischer Perspektive. In: von Hauff, M.; Isenmann, R.; Müller-Christ, G. (Hg.) Industrial Ecology Management – Nachhaltige Entwicklung durch Unternehmensverbünde. Wiesbaden 2012, S. 205–218.

Prahalad, C. K.; Hamel, G. (1990): The Core Competence of the Corporation. In: Harvard Business Review 68 (1990), 3, S. 79–91.

Prahalad, C. K.; Hamel, G. (1997): The Core Competence of the Corporation. In: Foss, N. J. (Hg.): Resources, firms, and strategies - A reader in the resource-based perspective. New York 1997, S. 235–256.

President of the People's Republic of China (2008): Economy Promotion Law of the People's Republic of China. Order of the President of the People's Republic of China No. 4. Peking 2008.

Probst, G. (1991): Managementrolle: Vernetzer. In: Staehle, W. (Hg.): Handbuch Management – Die 24 Rollen exzellenter Führungskräfte. Wiesbaden 1991, S. 187–207.

Qu, X.; Stuart Williams, A.; Grant, E. (2006): Viable Plastics Reycling from End-of-Life Electronics. In: IEEE Transactions on Electronics Packaging Manufacturing 29 (2006), 1, S. 25–31.

Rat für Umweltqualität im Weißen Haus; US Umweltschutzbehörde; US General Services. Administration (2011): National Strategy for Electronics Stewardship. Washington D.C 2011.

Reichel, A.; Seeberg, B. (2011): The Ecological Allowance of Enterprise: An Absolute Measure of Corporate Environmental Performance, its Implications for Strategy, and a Small Case. In: Journal of Environmental Sustainability 1 (2011), 1, S. 1–14.

Reinhold, S.; Reuter, E., Bieger, T. (2011): Innovative Geschäftsmodelle – Die Sicht des Managements. In: Bieger, T.; Knyphausen-Aufseß, D.; Krys, C. (Hg.): Innovative Geschäftsmodelle – Konzeptionelle Grundlagen, Gestaltungsfelder und unternehmerische Praxis. Heidelberg 2011, S. 71–92.

Regenfelder, M. (2012): Geschäftsmodelle für die Grenzen des Wachstums – Ein Geschäftsmodellkonzept für hochwertiges Recycling und Re-Use. In: Tagungsband 2. DGAW Wissenschaftskongress. Putbus 2012, S. 29–34.

Regenfelder, M. (2015): Literature Study Part I: Public Attitudes Towards the Take-Back and Recycling of Notebooks. In: Deliverable 2.7 of the RUN Project. Brake 2015.

Regenfelder, M.; Faller, J.; Dully, S., Perthes, H.; Williams, I.; den Boer, E.; Obersteiner, G.; Scherhaufer, S. (2014): Recycling Glass-Fibre-Reinforced Plastics in the Automotive Sector. In: Waste and Resource Management 167 (2014), 4, S. 169–177.

Regenfelder, M. Schischke, K.; Ebelt, S.; Slowak, A.P. (2016a): Achieving 'Sustainable Smart Mobile Devices Lifecycles Through Advanced Re-design, Reliability, and Re-use and Remanufacturing Technology'. In: Proceedings of Management of Technologies - Step to Sustainable Production (MOTSP) 2016. Porec 2016.

Regenfelder, M; Slowak, A.P.; Santacreu, A. (2016b): Closed-Loop Innovation for Mobile Electronics – the Business Model Innovation Approach of the sustainablySMART Project. In: Proceedings of Electronic Goes Green+ (EGG+) 2016. Berlin 2016.

Regierung von Indien (2013): National Action Plan on Climate Change: 4.3 National Mission on Sustainable Habitat. New Delhi 2013.

Rennings, K. (2000): Redefining Innovation: Eco-innovation Research and the Contribution from Ecological Economics. In: Ecological Economics 32 (2000), 2, S. 319–332.

Reuter, U. (2011): Der ressourcenbasierte Ansatz als theoretischer Bezugsrahmen – Grundlagen, Theoriebausteine und Prozessorientierung. In: Diskussionspapierreihe Innovation, Servicedienstleistungen und Technologie. Stuttgart 2011.

Rifkin, J. (1982): Entropie. Frankfurt 1982.

Rogers, D; Tibben-Lembke, R. (1998): Going Backwards: Reverse Logistics Trends and Practices. Reno 1998.

Roine, K. (2000): Does Industrial Ecology Provide any new Perspectives? Trondheim 2000.

Roine, K.; Brattebo, H. (2003): Towards a methodology for assessing effectiveness of recovery systems: A process system approach. In Perspectives on industrial ecology 100 (2003), 11, S. 101-111.

Rompf, S. (2014): System Trust and Cooperation: The Case of Recycling Behavior – Working Paper. In: MPRA Paper No. 60279. Köln 2014.

Sargut, G.; McGrath, S. (2011): Learning to Live with Complexity. In: Harvard Business Review 89 (2011), 9, S. 68–76.

Schaltegger, S.; Hansen, E.; Lüdeke-Freund, F. (2016): Business Models for Sustainability: Origins, Present Research and Future Avenues. In: Organization & Environment 29 (2016,) 1, S. 3–10.

Scheumann, R. Finkbeiner, M. 2013): Carbon Footprint & ökobilanzielle Bewertung der Aufbereitung und Vermarktung gebrauchter IT-Hardware - Projektbericht im Auftrag der AfB. Berlin 2013.

Schmelzer, H. J.; Sesselmann, W. (2008): Geschäftsprozessmanagement in der Praxis - Kunden zufrieden stellen, Produktivität steigern, Wert erhöhen. 6. Aufl., München 2008.

Schmid, U. (1996): Ökologiegerichtete Wertschöpfung in Industrieunternehmungen – Industrielle Produktion im Spannungsfeld zwischen Markterfolg und Naturbewahrung. Frankfurt 1996.

Schmidt, A. (2015): Überlegene Geschäftsmodelle – Wertgenese und Wertabschöpfung in turbulenten Umwelten. Wiesbaden 2015.

Schmidt-Bleek, F. (1994): Wieviel Umwelt braucht der Mensch? MIPS – Das Maß für ökologisches Wirtschaften. Berlin 1994.

Schoeneberg, K.-P. (2014): Komplexität – Einführung in die Komplexitätsforschung und Herausforderungen für die Praxis. In: Schoeneberg, K.P. (Hg.): Komplexitätsmanagement in Unternehmen. Wiesbaden 2014., S. 13–27.

Schuh, G. (2014): Produktkomplexität managen: Strategien – Methoden – Tools. München, Wien 2014.

Schumpeter, J. A. (1935): Theorie der wirtschaftlichen Entwicklung – Eine Untersuchung über Unternehmensgewinn, Kapital, Kredit, Zins und den Konjunkturzyklus. München, Leipzig 1935.

Schüler D., Buchert, M., Liu R,, Dittrich, S., Merz, C. (2011): Study on Rare Earths and their Recycling. Darmstadt 2011.

Seifert, S.; Butzer, S.; Westermann, H.-H.; Steinhilper, R. (2013): Managing Complexity in Remanufacturing. In: Proceedings of the World Congress on Engineering. London 2013, S. 647–652.

Shafer, S.; Smith, H. J; Linder, J. C. (2005): The Power of Business Models. In: Business Horizons 48 (2005), 3, S. 199–207.

Short, S.; Bocken, N., Barlow, C.; Chertow, M. (2014): From Refining Sugar to Growing Tomatoes. In: Journal of Industrial Ecology 18 (2014), 5, S. 603-618.

Siggelkow, N. (2007): Persuasion with Case Studies. In: Academy of Management Journal 50 (2007), 1, S. 20–24.

Slade M. E. (1982): Trends in Natural-Resource Commodity Prices – An Analysis of the Time Domain. In: Journal of Environmental Economics and Management 9 (1982), 2, S. 122–137.

Slowak, A. P.; Regenfelder, M. (2015): Does Industry Close the Loop? In: Waste and Resource Management 168 (2015), 1, S. 194–206.

Slowak, A. P.; Regenfelder, M. (2017): Creating Value, not Wasting Resources – Sustainable Innovation Strategies. In: Innovation – The European Journal of Social Science Research 30 (2017), 4, S. 455–475.

Sorrell, S.; Dimitropoulos, J.; Sommerville, M. (2009): Empirical Estimates of the Direct Rebound Effect: A Review. In: Energy Policy 37 (2009), 4, S.1356–1371.

Solow, R. M: (1974): The Economics of Resources or the Resources of Economic. In: The American Economic Review 64 (1974), 2, S. 1–14.

Song, Q.; Wang, Z.; Li, J. (2012): Residents' Behaviors, Attitudes and Willingness to pay for Recycling E-Waste in Macau. In: Journal of Environmental Management 106 (2012), S. 8–16.

Steinhilper, R. (1999): Produktrecycling – Vielfachnutzen durch Mehrfachnutzung. Stuttgart 1999.

Sterman, J. D. (2000): Business Dynamics – Systems Thinking and Modelling for a Complex World. Columbus 2000.

Stiglitz, J. (1974): Growth with Exhaustible Natural Resources: Efficient and Optimal Growth Paths. In: The Review of Economic Studies 41 (1974), S.123–137.

Stubbs, W.; Cocklin, C. (2008): Conceptualizing a "Sustainability Business Model". In: Organization & Environment 21 (2008), 2, S. 103–127.

Teece, D. (2010): Business Models, Business Strategy and Innovation. In: Long Range Planning 43 (2010), 2–3, S. 172–194.

Teece, D.; Pisano, G.; Shuen, A. (2008): Dynamic Capabilities and Strategic Management. In: Teece, D. (Hg.): Technological Know-How, Organizational Capabilities and Strategic Management. Business Strategy and Enterprise Development in Competitive Environments. Hackensack 2008, S. 27–52.

Tikkanen, H.; Lamberg, J. A.; Parvinen, P.; Kallunki, J. P. (2005): Managerial cognition, action and the business model of the firm. In: Management Decision 43 (2005), 6, S. 789–809.

Timlett, R. E.; Williams, I. D. (2008): Public Participation and Recycling Performance in England: A Comparison of Tools for Behaviour Change. In: Resources, Conservation and Recycling 52(2008), 4, S. 622–634.

Tucker, R. B. (2001): Strategy Innovation Takes Imagination. In: Journal of Business Strategy, 22(2001), 3, S. 23–27.

Tukker, A. (2004): Eight Types of Product Service System: Eight ways to Sustainability? Experiences from SUSPRONET. In: Business Strategy and the Environment 13 (2004), 4, S. 246–260.

Tukker, A. (2015): Product Services for a Resource-Efficient and Circular Economy – A Review. In: Journal of Cleaner Production 97 (2015), S. 76–91.

Tukker, A.; Tischner, U. (2006): Product-Services as a Research Field: Past, Present and Future – Reflections from a Decade of Research. In: Journal of Cleaner Production 14 (2006), 17, S. 1552-1556.

Turner, G. (2014): Is Global Collapse Imminent? An Updated Comparison of The Limits to Growth with Historical Data. In: MSSI Research Paper, 4(2014).

Ulrich, H.; Probst, G. (1991): Anleitung zum ganzheitlichen Denken und Handeln: Ein Brevier für Führungskräfte. Bern, Stuttgart 1991.

UNEP; TU Delft (2006): Design for Sustainability: A Practical Approach for Developing Economies - Report. Paris, Delft, Bonn 2006.

US Department of Commerce (2010): Measuring the Green Economy - Report April 2010, Washington D.C. 2010.

US Geological Survey (2013): Mineral Commodity Summaries 2013. Reston 2013.

Vanhaverbeke, W.; Cloodt, M. (2006): Open Innovation in Value Networks. In. Chesbrough, H.; Vanhaverbeke, W., West, J. (Hg.): Open Innovation – Researching a new Paradigm. Oxford 2006, S. 258–281.

VDA (2012): VDA Band 2 Sicherung der Qualität von Lieferungen Produktionsprozess- und Produktfreigabe. 5. Aufl., Berlin 2012.

VDI (1993): VDI-Richtlinie 2243 'Konstruieren recyclinggerechter technischer Produkte, Grundlagen und Gestaltungsregeln. Berlin 1993.

VDI (2001): VDI-Richtlinie 2343 'Recycling elektrischer und elektronischer Geräte' – Blatt 1 Grundlagen und Begriffe. Berlin 2001.

VDI (2002): VDI-Richtlinie 2243 'Recyclingorientierte Produktentwicklung'. Berlin 2002.

VDI (2009): Richtlinie VDI 2343 Recycling elektr(on)ischer Geräte – Blatt 3 Demontage. Berlin 2009.

VDI (2010): Richtlinie VDI 2343 Recycling elektr(on)ischer Geräte – Blatt 2 Logistik. Berlin, 2010

VDI (2012): Richtlinie VDI 2343 Recycling elektr(on)ischer Geräte – Blatt 4 Aufbereitung. Berlin 2012.

VDI (2014a): VDI-Richtlinie 2343 'Recycling elektrischer und elektronischer Geräte' - Blatt 7 ReUse. Berlin 2014.

VDI (2014b): VDI-Richtlinie 2343 'Recycling elektrischer und elektronischer Geräte' - Blatt 5 Stoffliche und energetische Verwertung und Beseitigung. Berlin 2014.

Vereinte Nationen (2015): Transformation unserer Welt: die Agenda 2030 für nachhaltige Entwicklung'. Von der Generalversammlung auf ihrer neunundsechzigsten Tagung an das Gipfeltreffen der Vereinten Nationen zur Verabschiedung der Post-2015-Entwicklungsagenda überwiesener Resolutionsentwurf. New York 2015.

Von Hauff, M. (2012): Von der Ökologischen Ökonomie zur Industrial Ecology Science. In: von Hauff, M.; Isenmann, R.; Müller-Christ, G. (Hg.) Industrial Ecology Management Nachhaltige Entwicklung durch Unternehmensverbünde. Wiesbaden 2012, S. 31–42.

Wackernagel, M; Rees, W. (1998): Our Ecological Footprint: Reducing Human Impact on the Earth. Gabriola Island 1998.

Warnecke, H. J.; Steinhilper, R. (1982): Instandsetzung, Aufarbeitung, Aufbereitung: Recylingverfahren und Produktgestaltung. In: VDI-Zeitschrift 124 (1982), 20, S. 751–758.

Watson, M. (2008): A Review of Literature and Research on Public Attitudes, Perceptions and Behaviour Relating to Remanufactured, Repaired and Reused Products - Report for the Centre for Remanufacturing and Reuse. Sheffield 2008.

WCED (1987): Our Common Future. Oxford 1987.

Weick, K. E. (1995): Sensemaking in Organizations. Thousand Oaks 1995.

Weick, K. E. (2007): The Generative Properties of Richness. In: Academy of Management Journal 50 (2007), 1, S. 14–19.

Weick, K. E.; Sutcliffe, K.; Obstfeld, D. (2005): Organizatiions and the Process of Sensemaking. In: Organization Science 16 (2005), 4, S. 409–421.

White, M. A. (2013): Sustainability: I Know it when I See it. In: Ecological Economics 86 (2013), S. 213–217.

Wirtz, B. (2000): Electronic Businesses. Wiesbaden 2000.

Wirtz, B. (2001): Electronic Businesses. 2. Aufl., Wiesbaden 2001.

Wirtz, B. (2011): Business Model Management: Design – Instruments – Success Factors. Wiesbaden 2011.

Wirtz, B.; Pistoia, A.; Ullrich, S.; Göttel, V. (2016): Business Models: Origin, Development and Future Research Perspectives. In: Long Range Planning 49 (2016), 1, S. 36–54.

Wolfs, P. (2010): An Economic Assessment of 'Second Use' Lithium-Ion Batteries for Grid Support. In: Proceedings of 20th Australasian Universities Power Engineering Conference. Christchurch 2010, S. 1–6.

WWF (2016): Living Planet Report 2016 – Risk and Resilience in a new era. Gland, 2016.

Xerox (2012): Environment, Health and Safety Report. Norwalk 2012.

Yang, Y.; Boom, R.; van Heerden, D. J.; Kuiper, P.; de Witt, H. (2012): Recycling of Composite Materials. In: Chemical Engineering and Processing 51 (2012), S. 53–68.

Yin, R. (2009): Case Study Research – Design and Methods. 4. Aufl., Thousand Oaks 2009.

Yin, J.; Gao, Y.; Xu, H. (2014): Survey and Analysis of Consumers' Behaviour of Waste Mobile Pphone Recycling in China. In: Journal of Cleaner Production 65 (2014), S. 517–525

Ylä-Mella, J.; Keiski, R.; Pongrácz, E. (2015): Electronic Waste Recovery in Finland: Consumers' Perceptions towards Recycling and Re-Use of Mobile Phones. In: Waste Management 45 (2015), S. 374–384.

Zahn, E. (1973): Wachstumsbegrenzung als Voraussetzung einer wirksamen Umweltpolitik. In: Horn C. H., Walterskirchen M. P. von, Wolff J. (Hg.). Frauenfeld Stuttgart 1973, S, 73–109.

Zahn, E. (1986): Innovations – und Technologiemanagement – eine strategische Schlüsselaufgabe für Unternehmen. In: Zahn, E. (Hg,): Technologie- und Innovationsmanagement. Berlin 1986, S. 9–48.

Zahn, E. (1997): Planung und Controlling. In Gleich, E.; Seidenschwarz, W. (Hg.): Die Kunst des Controllings. München 1997, S. 65–91.

Zahn, E. (1998): Innovation, Wachstum, Ertragskraft – Wege zur nachhaltigen Unternehmensentwicklung. In: Zahn, E.; Foschiani, S. (Hg.): Innovation, Wachstum, Ertragskraft – Wege zur nachhaltigen Unternehmensentwickklung. Stuttgart 1998, S. 1–23.

Zahn, E. (2001): Wertorientierung mit dynamischen Strategien. In: Erich Zahn und Stefan Foschiani (Hg.): Geschäftsstrategien im dynamischen Wettbewerb. Aachen 2001, S. 1–24.

Zahn, E. (2010): Strategieoptionen auf dem Weg zum Lösungsanbieter. In: Horvath, P. (Hg.): Vom Produkt zum Lösungsanbieter. Bonn 2010, S. 27–46.

Zahn, E. (2011): Strategisches Management globaler Produktionsnetzwerke. In: Kemper, H.-G.; Pedell, B.; Schäfer, H. (Hg.): Management vernetzter Produktionssysteme. München 2011; S.18–34.

Zahn, E. (2017): Strategische Unternehmensführung zur Ko-Evolution von Unternehmen und Umwelt. In: Burr, W.; Stephan, M. (Hg.): Technologie, Strategie und Organisation. Wiesbaden 2017, S. 193–215.

Zahn, E.; Hülsmann O. (2007): Systems Dynamics: Analyse komplexer Supply Chain Systeme. In: Supply Chain Management (2007), 3, S. 9–49.

Zahn, E.; Dogan, D. (1996): Umweltschutz im Wertschöpfungssystem. In: Eyerer, P. (Hg.): Ganzheitliche Bilanzierung – Werkzeug zum Planen und Wirtschaftten in Kreisläufen. Berlin, Heidelberg 1996, S. 48–64.

Zahn, E.; Schmid, U. (1992): Wettbewerbsvorteile durch umweltschutzorientiertes Management. In. Zahn, E.; Gassert, H. (Hg.): Umweltschutzorientiertes Management. Stuttgart 1992, S. 39–93.

Zahn, E.; Schmid, U.; Seebach, A. (1996): Zusammenspiel von Ökonomie und Ökologie. In: Eyerer, P. (Hg.): Ganzheitliche Bilanzierung – Werkzeug zum Planen und Wirtschaften in Kreisläufen. Berlin, Heidelberg 1996, S. 65–90.

Zahn, E.; Weidler, A. (1995): Integriertes Innovationsmanagement. In: Zahn, E. (Hg.): Handbuch Technologiemanagement. Stuttgart 1995, S. 351–376.

Zott, C.; Amit, R. (2010): Business Model Design – An Activity System Perspective. In: Long range planning 43 (2010), 2-3, S. 216–226.

Zott, C.; Amit, R.; Massa, L. (2011): The Business Model: Recent Developments and Future Research. In: Journal of Management 37 (2011), 4, S. 1019–1042.